高等学校计算机专业规划教材

软件项目综合实践教程
——C语言篇

舒新峰 主编

梁琛 张丽丽 黄茹 王小银 副主编

清华大学出版社

北京

内 容 简 介

本书主要面向高等学校计算机及其他信息类相关专业的本科生,读者在学完"C语言程序设计"课程后,已经具备了初步的编程知识,需要进一步了解IT企业的软件项目开发过程,掌握综合运用所学知识独立进行软件分析和设计及撰写开发文档的能力。

本书以一个企业级案例"剧院票务管理系统"为主线,系统介绍软件项目的开发流程,详细讲解面向过程分析、设计方法和主流的开发技术和工具,并展示企业级软件开发技术文档的内容组织和撰写方法。此外,本书还给出了教师应如何使用本书组织学生进行集中实践的实验组织、过程管理和考核方案,使学生在正确的指导下得到及时、有效的训练,了解软件项目开发流程,能看懂软件分析、设计文档,能按照软件设计说明书高质量编写出软件,并撰写一定的开发文档,同时培养沟通协调能力、团队协作精神和集体荣誉感,为进一步的学习和从事软件研发工作奠定坚实基础。

图书在版编目(CIP)数据

软件项目综合实践教程:C语言篇/舒新峰主编.—北京:清华大学出版社,2020.6(2025.1重印)
高等学校计算机专业规划教材
ISBN 978-7-302-54359-6

Ⅰ.①软… Ⅱ.①舒… Ⅲ.①C语言－程序设计－高等学校－教材 Ⅳ.①TP312.8

中国版本图书馆 CIP 数据核字(2019)第 263871 号

责任编辑:龙启铭
封面设计:何凤霞
责任校对:梁　毅
责任印制:宋　林

出版发行:清华大学出版社
　　　　网　　址:https://www.tup.com.cn,https://www.wqxuetang.com
　　　　地　　址:北京清华大学学研大厦 A 座　　　　　　邮　　编:100084
　　　　社 总 机:010-83470000　　　　　　　　　　　　邮　　购:010-62786544
　　　　投稿与读者服务:010-62776969,c-service@tup.tsinghua.edu.cn
　　　　质量反馈:010-62772015,zhiliang@tup.tsinghua.edu.cn
　　　　课件下载:https://www.tup.com.cn,010-83470236
印 装 者:天津鑫丰华印务有限公司
经　　销:全国新华书店
开　　本:185mm×260mm　　　　印　　张:18　　　　字　　数:429 千字
版　　次:2020 年 6 月第 1 版　　　　　　　　　　　　印　　次:2025 年 1 月第 3 次印刷
定　　价:49.00 元

产品编号:075933-01

前言

　　软件产业作为信息产业的核心,是国家重点支持和发展的基础性、战略性产业。当前,以新一代移动通信、物联网、云计算、大数据、人工智能等为代表的信息技术正孕育着重大突破,为我国"互联网+""中国制造2025""新一代人工智能"等国家"新经济"发展战略提供强大的支撑,是我国实现核心领域突破和优势领域赶超,构筑先发优势,在未来全球创新生态系统中能占据战略制高点的重要战略机遇期,需要大量的高素质软件人才,对作为主要人才培养基地的高校计算机类专业提出了更高的要求。

　　高素质软件人才的培养是传授知识、培养能力和提高素质的统一体,需要遵循认知规律循序渐进。即首先解决好软件构造问题,在给定设计方案下能够用程序设计语言高质量地把软件编出来;其次解决软件设计问题,在给定需求后能够给出一个合理的系统设计方案;接着解决需求分析问题,从给定的问题领域中准确获取分析出软件系统的需求;然后解决软件的验证问题,确保能够给客户提交一个高质量的软件;最后解决软件项目管理问题,从而初步具备组织领导一个团队进行项目开发的能力。

　　为提升软件人才的培养效果与质量,西安邮电大学软件工程专业在"陕西省专业综合改革试点项目"和"陕西省一流(培育)专业建设项目"的支持下,以软件工程系统能力为培养目标,对实践教学体系进行统一规划和布局;以精心选择的企业级软件项目为主线,将专业知识传授和工程能力训练融合在项目研发中。理论教学中各专业课程利用该项目作为教学案例进行针对性讲解,实现传授知识为本向培养能力为本的转变。实践教学环节根据专业知识的掌握进度分为初级、中级和高级三个阶段进行软件项目综合训练,对学生的软件分析、设计规划、编程实现、项目管理、沟通协调和团队协作等方面进行系统训练,促进学生工程实践能力与综合素质的全面提高。

　　"初级软件项目综合训练"安排在"C语言程序设计"课程学习之后,此时学生已经具备了初步的编程知识,但是缺乏对软件项目开发过程的了解,且不具备综合运用所学知识独立进行软件分析和设计及撰写开发文档的能力。本书重点训练学生在项目团队中的协同编程实现能力。

　　本书以突出规范性、系统性、先进性、专业性和实践性为指导思想,以企业级项目案例"剧院票务管理系统"(Theater Tickets Management System,TTMS)为主线,遵循软件工程的指导思想,结合当前优秀的软件工程实践,介绍软件项目的开发流程,系统、详细地给出了项目的分析、设计和实现的关键技术，并展示企业级软件开发技术文档的内容组织和撰写方法，使学生能够在本教程的指导下得到及时、有效的训练，从而了解软件项目开发流程，能看懂软件分析、设计文档，能按照软件设计说明书高质量地编写软件，并撰写一定的开发文档，同时培养沟通协调能力、团队协作精神和集体荣誉感，为进一步地学习和从事软件研发工作奠定坚实基础。

全书分为7章：第1章概述，介绍软件开发的基础知识、TTMS项目案例和本书学习路线，并给出了一个使用本书进行课程设计（集中实践）的教学方案；第2章预备知识，为读者补充了C语言高级编程的知识和TTMS所使用的链表机制和分页技术；第3章系统需求和第4章系统设计，分别按照软件企业的文档标准给出了TTMS的需求规格说明书和设计说明书；第5章系统实现，介绍了开发环境的搭建、基于测试驱动的开发方法以及软件测试；第6章项目验收，介绍了项目结题验收流程、要求和评分办法；第7章进一步学习，介绍了C图形用户界面和数据库技术，并给出了将字符界面版TTMS升级为图形用户界面网络版的具体方法。此外，附录介绍了相关的技术规范。本教程项目案例获2018年中国计算机协会软件工程专委会全国软件工程教学案例比赛二等奖。

本教材由舒新峰和王曙燕老师统一规划设计，由舒新峰、梁琣、黄茹、王小银、张丽丽等5位老师共同编写，其中第1章、第2章、第7章及4.1节、4.2节、4.4节和5.2节由舒新峰编写；第3章（3.4.5～3.4.15节除外）、4.3.1节、4.3.2节、4.3.14节、4.5.1节、4.5.2节和5.14节由梁琣编写；3.4.5～3.4.8节、4.3.3～4.3.6节以及4.5.3～4.5.6节由黄茹编写；3.4.9～3.4.11节、4.3.7～4.3.9节、4.5.7～4.5.9节以及第5章（5.2节除外）由王小银编写；3.4.12～3.4.15节、4.3.10～4.3.13节、4.5.10～4.5.13节、第6章以及附录由张丽丽编写。全书由舒新峰和梁琣统稿。

由于水平所限，书中难免有不足之处，希望读者在阅读学习本书时，为我们提供宝贵的修改建议和意见。

编　者

2020年1月

目录

第1章　概述　/1

1.1　从程序设计到软件开发 …………………………………………… 1
1.1.1　"做桌子"与"软件开发" ……………………………… 1
1.1.2　过程组织与管理 ……………………………………… 4
1.1.3　个人与团队 …………………………………………… 6
1.2　开发案例简介 …………………………………………………… 6
1.3　如何使用本书 …………………………………………………… 7
1.4　集中实践教学方案 ……………………………………………… 8
1.4.1　实验目的 ……………………………………………… 8
1.4.2　任务及要求 …………………………………………… 8
1.4.3　过程组织与管理 ……………………………………… 9
1.4.4　实践考核 ……………………………………………… 9
1.5　本章小结 ………………………………………………………… 11

第2章　预备知识　/12

2.1　多源文件软件开发 ……………………………………………… 12
2.1.1　函数声明与定义分离 ………………………………… 12
2.1.2　静态变量与静态函数 ………………………………… 16
2.1.3　内联函数 ……………………………………………… 17
2.1.4　const 变量与形参 …………………………………… 18
2.2　宏函数 …………………………………………………………… 19
2.3　文件存储 ………………………………………………………… 20
2.3.1　文件操作流程及函数 ………………………………… 20
2.3.2　文件格式设计 ………………………………………… 25
2.3.3　文件数据维护 ………………………………………… 26
2.3.4　多文件存储 …………………………………………… 29
2.4　动态内存管理 …………………………………………………… 36
2.4.1　内存管理函数 ………………………………………… 36
2.4.2　动态数组 ……………………………………………… 38
2.4.3　动态链表 ……………………………………………… 41

2.5　TTMS 的链表机制 ·· 52

　　2.5.1　数据结构定义 ·· 52

　　2.5.2　链表操作 ··· 53

2.6　TTMS 的分页技术 ·· 58

2.7　本章小结 ··· 62

第 3 章　系统需求　/63

3.1　需求开发概述 ··· 63

3.2　项目背景 ··· 64

3.3　应用环境 ··· 65

　　3.3.1　软件环境 ··· 65

　　3.3.2　硬件环境 ··· 65

3.4　业务流程 ··· 65

3.5　功能需求 ··· 66

　　3.5.1　参与者定义 ·· 67

　　3.5.2　系统用例图 ·· 67

　　3.5.3　管理演出厅(TTMS_UC_01) ·· 67

　　3.5.4　设置座位(TTMS_UC_02) ··· 69

　　3.5.5　管理剧目(TTMS_UC_03) ··· 70

　　3.5.6　安排演出(TTMS_UC_04) ··· 71

　　3.5.7　生成演出票(TTMS_UC_05) ······································· 71

　　3.5.8　查询演出(TTMS_UC_06) ··· 72

　　3.5.9　查询演出票(TTMS_UC_07) ······································· 72

　　3.5.10　售票(TTMS_UC_08) ·· 72

　　3.5.11　退票(TTMS_UC_09) ·· 73

　　3.5.12　统计销售额(TTMS_UC_10) ······································· 73

　　3.5.13　统计票房(TTMS_UC_11) ··· 74

　　3.5.14　维护个人资料(TTMS_UC_98) ····································· 74

　　3.5.15　管理系统用户(TTMS_UC_99) ····································· 74

3.6　非功能需求 ··· 75

　　3.6.1　界面需求 ··· 75

　　3.6.2　其他需求 ··· 75

　　3.6.3　设计与实现约束 ··· 76

3.7　产品提交 ··· 76

3.8　本章小结 ··· 76

第 4 章　系统设计　/77

4.1　软件设计概述 ··· 77

4.1.1　数据结构设计 ··· 77
4.1.2　体系结构设计 ··· 78
4.1.3　接口设计 ·· 78
4.1.4　过程设计 ·· 79
4.2　设计决策 ·· 79
4.3　逻辑架构设计 ··· 80
4.3.1　管理演出厅(TTMS_UC_01) ····························· 81
4.3.2　设置座位(TTMS_UC_02) ································· 87
4.3.3　管理剧目(TTMS_UC_03) ································· 92
4.3.4　安排演出(TTMS_UC_04) ································· 98
4.3.5　生成演出票(TTMS_UC_05) ··························· 103
4.3.6　查询演出(TTMS_UC_06) ······························ 108
4.3.7　查询演出票(TTMS_UC_07) ··························· 111
4.3.8　售票管理(TTMS_UC_08) ······························ 112
4.3.9　退票管理(TTMS_UC_09) ······························ 116
4.3.10　统计销售额(TTMS_UC_10) ························· 117
4.3.11　统计票房(TTMS_UC_11) ···························· 121
4.3.12　维护个人资料(TTMS_UC_98) ····················· 125
4.3.13　管理系统用户(TTMS_UC_99) ····················· 127
4.3.14　主键服务 ·· 133
4.4　开发架构设计 ··· 134
4.4.1　工程目录结构 ··· 134
4.4.2　源代码文件 ·· 135
4.4.3　数据文件 ··· 140
4.5　详细设计 ··· 140
4.5.1　管理演出厅(TTMS_UC_01) ·························· 140
4.5.2　设置座位(TTMS_UC_02) ······························ 147
4.5.3　管理剧目(TTMS_UC_03) ······························ 155
4.5.4　安排演出(TTMS_UC_04) ······························ 166
4.5.5　生成演出票(TTMS_UC_05) ························· 171
4.5.6　查询演出(TTMS_UC_06) ······························ 175
4.5.7　查询演出票(TTMS_UC_07) ··························· 177
4.5.8　售票管理(TTMS_UC_08) ······························ 181
4.5.9　退票管理(TTMS_UC_09) ······························ 189
4.5.10　统计销售额(TTMS_UC_10) ························· 190
4.5.11　统计票房(TTMS_UC_11) ···························· 194
4.5.12　维护个人资料(TTMS_UC_98) ····················· 198
4.5.13　管理系统用户(TTMS_UC_99) ····················· 199

4.5.14　主键服务 ……………………………………………………… 207

4.6　本章小结 ……………………………………………………………… 209

第 5 章　系统实现　/210

5.1　开发环境 ……………………………………………………………… 210

5.1.1　开发工具 …………………………………………………………… 210

5.1.2　版本控制工具 ……………………………………………………… 215

5.2　测试驱动开发 ………………………………………………………… 220

5.2.1　测试驱动开发简介 ………………………………………………… 220

5.2.2　测试驱动开发原则 ………………………………………………… 220

5.2.3　测试驱动开发举例 ………………………………………………… 221

5.3　系统测试 ……………………………………………………………… 226

5.3.1　测试设计 …………………………………………………………… 226

5.3.2　测试报告 …………………………………………………………… 228

5.4　本章小结 ……………………………………………………………… 230

第 6 章　项目验收　/231

6.1　验收流程 ……………………………………………………………… 231

6.2　成绩评定 ……………………………………………………………… 233

6.2.1　验收评定小组的成绩评定 ………………………………………… 233

6.2.2　教师的成绩评定 …………………………………………………… 235

6.3　项目总结 ……………………………………………………………… 235

6.4　本章小结 ……………………………………………………………… 237

第 7 章　进一步学习　/238

7.1　C 图形用户界面技术 ………………………………………………… 238

7.1.1　图形用户界面简介 ………………………………………………… 238

7.1.2　GUI 开发技术与工具 ……………………………………………… 239

7.1.3　Linux GTK＋GUI 开发 …………………………………………… 241

7.1.4　开发实例 …………………………………………………………… 245

7.2　数据库技术 …………………………………………………………… 256

7.2.1　数据库技术简介 …………………………………………………… 256

7.2.2　SQL 语言简介 ……………………………………………………… 257

7.2.3　MySQL 数据库软件开发 ………………………………………… 259

7.2.4　开发实例 …………………………………………………………… 265

7.3　本章小结 ……………………………………………………………… 269

附录 A　开发计划　/270

附录 B   开发日志   /271

附录 C   C 语言编程规范   /272

C.1   排版 ··· 272

C.2   注释 ··· 273

C.3   标识符、变量、宏、常量 ·· 274

C.4   函数 ··· 276

附录 D   用户手册模板   /278

第1章

概　　述

读者在掌握了 C 语言程序设计的基本知识后,还需要学以致用,亲自参与软件项目实践,了解软件项目研发的相关知识,体验软件开发的氛围和组织模式,提升自己的工程实践能力、组织管理能力和团队协作精神。本章首先介绍软件开发流程、开发过程管理与组织、个人在软件开发团队中的作用等软件项目研发的知识,然后介绍本书使用的项目案例,接着给出利用本书进行项目实践的学习路线,最后对在教学中如何使用本书进行课程设计(集中实践)提供一个参考的教学方案。

1.1　从程序设计到软件开发

在 C 语言课程的学习中,读者已经编写过一些程序,例如面积计算、数组排序、学生成绩管理等。这些程序要解决的问题都比较简单,只需要在大脑里经过分析设计后,一个人就可以直接把程序编写出来。在计算机刚开始应用的时候,开发人员也是这样编写程序来为用户解决实际问题的,由于是针对用户的问题直接编写出程序,因此这个工作称为程序设计。

随着计算机应用范围的日益扩大,要解决问题的规模和复杂度也越来越高,这种程序设计模式已经无法满足新时期软件开发与维护的需要,导致了很多新软件开发失败以及大量现有软件无法维护,该现象称为"软件危机"。为解决软件危机问题,在 1968 年德国举办的北约科技委员会的学术会议上,正式提出了"软件工程"这个专业术语,后来发展成为一门专门研究用工程化的技术、方法、工具来开发和维护软件的学科。本节概要介绍软件工程学科中软件项目研发的基本知识。

1.1.1　"做桌子"与"软件开发"

为了让读者能够直观理解软件开发中要解决的核心问题,下面结合一个企业采购办公桌的项目案例进行分析说明。

1. 项目描述

某企业为了办公需要,拟采购一批办公桌,具体要求如下:

(1) 数量 200 张,放在 800 平方米的办公室内。

(2) 总价不超过 10 万元。

2. 问题分析

如果把这个"做桌子"的项目交给读者去完成,请读者思考实施这个项目时要重点解决下面问题。

（1）项目是否具备可行性？要考虑根据目前桌子的制作工艺和成本，能否做出合适大小的桌子放在 800 平方米的办公室内，还要给办公椅和过道留足够的空间，而且总成本和利润①加起来不超过 10 万元。如果项目不具有可行性，就不用继续后面的工作了。

（2）要完成的项目目标是否已经明确？企业仅对办公桌的数量、大概的尺寸（根据面积推算）和价钱提出要求，但办公桌满足办公业务需要的功能需求与桌子承重、防滑性、环保、使用寿命等非功能需求，以及要放置桌子的办公室布局、电源布线等环节需求都不清楚。只有当这些需求目标都明确后，才能针对性地给出设计方案，否则按照常规去设计、生产出的办公桌很有可能满足不了企业的需要，导致项目失败。

（3）针对项目目标，如何给出合理的设计方案？当项目需求目标明确之后，接下来需要给出办公桌的设计方案。设计时采用总体到局部的策略，首先根据办公室的环境布局和业务特点进行总体规划设计，划分出过道和不同的工作区域，然后根据各工作区的面积、办公桌用途及项目成本预算，确定桌子的外观尺寸、功能部件构成及尺寸、部件间连接接口、各部件使用材料等，最后对桌子各部件进行详细设计，给出具体的生产加工方法。

（4）针对设计方案，如何把桌子按要求高质量生产出来？办公桌的设计方案制定之后，剩下的工作就是按照设计方案生产出桌子的零部件，然后按照部件接口装配起来即可构成完整的桌子。其中任何一个环节出现问题（如板子尺寸或装配孔位置误差过大）都会影响到最终桌子的质量。一个高质量的产品，除了设计方案优秀外，还离不开能够按照设计图纸高质量完成零部件生产和装配的工人，以及企业严格的产品质量监控体系。

（5）如何证明生产的桌子符合企业的需要？桌子生产出来后，还需要以企业的需求为依据对桌子进行一系列检测，包括功能完整性检测，承重、防护、环保等非功能需求达标情况检测，并出具相应的检测报告。然后，在企业的办公室中按照设计方案安装部署办公桌，经企业验收合格后，项目才成功结束。

（6）如何管理组织项目实施过程？由于项目实施过程需要产品、设计、生产、质检等多种岗位角色的工程技术人员协同完成，管理人员必须制订可行的项目实施计划，根据要解决问题的不同，将项目划分为若干个子任务，确定每个子任务的实施时间、需要的岗位角色及其数量、负责人和人员分工，确保项目能够在预定的成本下按期交付。

软件项目开发与“做桌子”类似，是一个复杂系统工程，需要多种角色的软件技术人员协同来完成。为了便于分工协作和控制软件开发的进度和质量，软件工程学科一般将软件开发过程划分为如图 1.1 所示的 7 个阶段，每个阶段要完成的任务与“做桌子”要解决的核心问题的对应关系，通过上面的数字编号进行标识，且前一个阶段工作完成后才能进入下一个阶段；项目管理则贯穿软件项目研发的全过程。

下面简单介绍每个阶段的工作重点：

- 可行性研究。根据客户的项目要求，从经济、技术和社会三方面论证项目可行性，包括评估项目的投资和收益是否值得去开发，目前可用的技术和资源能否把软件项目做出来，以及项目的研发过程和产品是否存在法律、伦理和环境等问题。如

---

① 企业依赖项目利润才能生存，所以在项目论证时除了考虑开发成本外，还要把企业利润考虑进来。一般情况下没有利润或者亏本的项目是没有实施价值的。

图 1.1　软件开发流程

果项目可行,要为客户推荐合适的项目实施方案,并制订初步的项目研发计划。可行性研究阶段最终要提交软件项目的《可行性研究报告》(Feasibility Study Report,FSR)供客户企业高层进行决策。

- 需求分析。客户提出的项目需求一般比较粗糙,仅能作为软件项目要达到的目标,但要作为软件设计的依据,其信息量是远远不够的。因此在软件项目立项后,需要围绕客户的项目要求,对客户利用软件要办理的业务、业务处理流程、业务规则等功能需求,软件业务处理的并发度(例如同时在线办理业务人数)、响应时间、安全性、可靠性等非功能要求,以及软件运行的软硬件环境平台要求等所有细节都必须清楚地把握,经过分析整理后,撰写软件的《需求规格说明书》(Software Requirement Specification,SRS)。

- 软件设计。根据 SRS 中的软件需求设计出具体的软件开发方案,包含总体设计(概要设计)和详细设计两个阶段。总体设计要给出软件的体系架构、数据存储和界面设计方案,将软件分解为便于编程开发的软件模块(例如 C 语言的函数),确定每个模块要完成的任务、接口以及各模块之间的调用关系。详细设计则要给出每个模块内部的处理流程和算法。本阶段的最终成果为软件的《设计说明书》(Software Design Specification,SDS)。

- 程序编码。使用编程语言将 SDS 中的软件设计方案转换成程序代码,也就是大家熟知的编程序。在软件开发中,编程仅占据整个项目研发 $10\%\sim20\%$ 的工作量,而且软件的质量主要取决于软件的分析和设计质量,编码对软件的质量也有影响,但不是主要的。

- 软件测试。对开发的软件进行严格的检测验证,力求尽可能多地发现软件中的错误与缺陷并加以修正,最终为客户提交一个高质量的软件产品。根据测试对象和任务的不同,测试可以划分为单元测试、集成测试、系统测试和验收测试 4 个阶段。其中单元测试是按照接口与功能对每个软件模块的正确性进行验证;集成测试则是把经过单元测试的模块按照设计说明书组装起来,验证各模块之间是否能很好地配合以完成预期的业务目标;系统测试主要是在客户生产环境下部署开发好的软件,验证软件能否在实际环境下正确完成预期的功能,并满足非功能需求限定的各种约束条件。软件测试阶段最终要出具软件能够交付使用的证明材料,即《软件测试报告》(Software Test Report,STR)。

- 项目验收。由客户对项目所提交的成果进行逐一验收,检测是否达到预期要求。项目验收的重点是使用实际的业务数据,按照软件的用户手册使用软件办理业务,确认软件是否已经具备了 SRS 中所规定的功能和非功能目标,该工作通常又称为验收测试。除此之外,还需要按照软件项目开发合同检测其他需要提交的项目成果,如开发文档、管理员手册、软件安装文件等是否齐全,内容是否达到要求等。验收通过后,该软件项目研发正式结束。

- 项目管理。软件项目的成功实施离不开良好的组织管理。在立项初期,项目经理需要制订项目开发计划,估算每个阶段的工作量、成本、需要的技术人员数量和工作时间,安排软件的开发进度,然后按照开发计划有序展开研发工作,监控软件开发的进度和质量,协调解决研发中出现的问题,确保项目能按计划完成。项目验收后,总结本次项目研发在组织管理上获得的经验和教训,为后面的项目管理奠定良好基础。

在上述 7 个阶段中,前 6 个阶段为技术工作,最后一个为管理工作,而早期软件行业之所以陷入"软件危机",也主要是因为项目组织管理的问题。为了解决软件项目的研发问题,软件工程学科将人类在机械制造、建筑工程等传统领域积累的项目经验与方法引入到软件开发中来,同时研究应用好的软件开发技术、方法与工具,一手抓管理,一手抓技术,有效地缓解了软件危机问题,使得软件行业得到了蓬勃发展,人类进入了日新月异的信息化、智能化时代。

1.1.2 过程组织与管理

在实施软件项目研发时,涉及软件开发模型的选择、软件开发团队的组建、软件配置管理、进度(成本)管理、质量管理、风险管理等诸多方面,下面仅介绍开发团队组建与软件配置管理,其他内容请参阅"软件项目管理"和"软件过程管理"等相关资料。

1. 开发团队组建

软件开发和传统行业不同,属于知识密集型行业,能够将工程技术人员的劳动直接转换为产品,人是软件开发中的最核心要素。因此,在软件开发中能够根据项目的规模和特点,组建岗位角色清晰、职责分明的合适开发团队,是顺利、高效完成软件项目的关键。

在开发团队的组建上,不同软件企业在发展过程中都会形成自己的风格和特色。一般而言,越是正规的软件企业,员工的岗位角色和分工越明晰和具体。表 1.1 给出了一个中型软件项目开发团队的组建方案,形成岗位角色与承担任务的关系矩阵,水平方向为开发任务维,包含项目管理、需求分析(含业务需求分析和软件需求分析)、软件设计(含总体设计和详细设计)等 8 个活动,竖直方向为岗位角色维。

表 1.1 中型软件项目的开发团队组建方案

开发任务 岗位角色	项目管理	业务需求	软件需求	总体设计	详细设计	编码	软件测试	配置管理
项目经理	■							
需求分析师		■	■	■				■
架构设计师			■	■	■		■	
开发工程师				■	■	■		
测试工程师						■	■	
配置管理员								■

各岗位角色承担的主要任务说明如下。

（1）项目经理,专注于项目管理工作,包括开发计划制订、项目跟踪监控、风险分析和控制等,同时兼顾对内外进行协调沟通,确保项目顺利开展。

（2）需求分析师,主要负责和客户进行沟通交流,获取客户的业务需求,并分析定义出软件系统的需求,以及参与软件的测试设计工作,给出验证软件达到用户要求的评测方案。

（3）架构设计师,主要负责软件总体方案的设计,给出软件的体系结构,确定软件模块的构成、功能、接口及关系,参与部分功能模块的详细设计以及集成测试时测试方案的设计。

（4）开发工程师,主要承担软件功能模块的详细设计以及编码工作,并且对自己开发的软件模块进行单元测试,以验证是否正确完成了分配的任务。

（5）测试工程师,测试工程师是专职的测试人员,不参与软件设计开发,站在第三方角度对开发的软件系统进行全面评测,尽可能发现软件中的错误与缺陷。

（6）配置管理员,负责软件配置项（软件的文档、程序代码等）的存储管理、内容审核、变更控制等,确保软件研发不会出现版本混乱的现象。

2. 软件配置管理

软件配置是软件开发过程中产生的所有成果的集合,包括用户需求调研报告、分析设计文档、编写的程序、采集的业务数据等。软件配置是软件开发到某一时候所取得成果的影像,随着软件开发过程的不断推进,生成的软件配置项也越来越多,一旦管理不当,将会引发软件配置项的版本混乱,从而造成不必要的损失。软件配置管理不当的典型情况有:

（1）两个及以上的开发人员在没有充分沟通的情况下,同时修改同一个文件,导致内容互相覆盖。

（2）对于存在依赖关系的配置项,例如 SDS 依赖于 SRS,而软件源代码依赖于 SDS,一旦前面阶段的工作由于某种原因必须进行修改,则要确保后面阶段工作的对应部分也要做同步修改,以保持内容的一致性。

（3）软件版本由于采用不同技术路线而出现分支,必须能跟踪管理到每个版本的软件配置。例如微软公司的 Windows 操作系统,在 Windows 10 的时候,以前的 Windows XP、Windows 7 等操作系统还在使用和维护,都必须管理相应的软件配置项。

软件配置管理是维护、管理软件配置项的管理活动,应用于软件项目研发过程。配置管理活动的主要目标是:

（1）标识变更。跟踪配置项每一次版本的变化,并可根据需要提取出任何一个历史版本。

（2）控制变更。对以前各阶段生成的配置项进行变更时,要严格审核评估,仅当必须修改时才进行变更,同时要评估变更的影响面,并制订变更计划。

（3）确保变更正确地实现。执行变更计划,把所有影响的技术人员都通知到,确保相关工作必须同步修改。

软件配置管理有专用软件工具提供支持,例如 Git、GitHub、SVN 等,在项目研发初期就可以建立项目的产品库（配置项库）,支持账户/权限管理、版本管理、变更控制等功能,在管理工具的支持下即可高效完成配置管理工作。本书 5.1 节有 Git 的安装配置和使用方法介绍,读者在开发本书中的项目案例时可以搭建使用 Git。

1.1.3　个人与团队

复杂一些的软件项目都需要由多个软件技术人员组成项目团队共同来完成。项目能否高效推进和顺利完成,离不开团队成员之间的精诚协作、紧密配合、积极奉献。相应地,每个项目组成员应不遗余力地为团队的高效运行奉献自己的聪明才智,营造积极向上的工作氛围,增加团队的凝聚力和战斗力,同时从优秀的团队中汲取营养,提高技术能力水平,不断成长进步,具体要做到:

(1) 具有奉献精神。一分耕耘,一分收获,无论从事什么工作,都要有高度的责任感,把分配给自己的工作做到最好,为团队发展壮大贡献力量,团队强大了才有利于自己成长。

(2) 具有集体荣誉感。要有大局意识,凡事要以团队的利益为最终目标,要时刻心系团队,与团队荣誉与共,每一项工作都要全力以赴,绝不拖团队的后腿。

(3) 注重团队协作。对方需要帮助时能主动协作配合、适时反馈,能合适地表达自己的观点和希望对方接收的信息,使工作关系中的个体相互促进,共同进步。

具备良好的沟通能力、协调能力与团队协作精神是软件技术人才必须具备的能力和素质,也是软件企业招聘时对应聘者的基本要求。这些能力和素质需要在以团队形式开展的软件项目实践中不断地锻炼和培养。

1.2　开发案例简介

本书面向高素质应用型软件人才的培养需要,结合企业级案例"剧院票务管理系统"(Theater Tickets Management System,TTMS)和当前优秀的软件工程实践方法及专业的技术文档,按照学生的知识能力水平对软件的分析、设计和实现方法进行精讲,帮助学生实现从程序设计到软件设计的跨越,提升学生软件开发的兴趣和能力,促进学生工程实践能力与综合素质的全面提高。

TTMS 定位在为中小规模的剧院(包含电影院、歌剧院、演唱会等)开发一个通用的票务管理软件,实现剧院演出业务的全程计算机管理。提供的主要功能包括:

(1) 演出厅管理:能够根据剧院的实际需要,创建多个演出厅,并设置演出厅内座位的布局。

(2) 剧目管理:对上演的剧目信息进行管理维护。

(3) 安排演出:对上演的剧目制订演出计划,确定演出的时间及地点(演出厅),并能够根据演出厅的座位设置,批量生成演出票。

(4) 售票/退票:根据顾客要求进行售卖演出票或者退票。

(5) 统计销售额:能够统计售票员的日/月销售额。

(6) 统计票房:统计上演剧目的总票房及排行。

TTMS 采用分层架构设计,使用 C 语言开发,利用文件存储业务数据,为字符界面单机版,虽然和当前广泛使用的、具有图形用户界面的网络软件相比还有不少差距,但是完全按照企业级的产品和要求进行设计和开发,如果将字符界面层和文件存储分别替换为GUI界面和数据库后,就能够作为软件产品在剧院中使用。

本书以TTMS研发为主线,在第2章里为读者补充C语言高级编程的知识和TTMS所使用的链表机制和分页技术;第3章和第4章分别按照软件企业的文档标准给出TTMS的需求规格说明书和设计说明书;第5章介绍开发环境的搭建、基于测试驱动的开发方法以及软件测试;第6章介绍项目验收流程、要求和评分办法;第7章介绍了C图形用户界面和数据库技术,并给出了将字符界面版TTMS升级为图形用户界面网络版的具体方法。

1.3　如何使用本书

本书的学习路线如图1.2所示,具体说明如下。

图1.2　本教程的学习路线

(1) 在学习了第1章软件开发的基础知识后,按照5.1节介绍的方法安装配置TTMS的开发环境,本书推荐使用Eclipse for C/C++作为开发工具。该工具为图形用户界面的开发工具,集源代码的编辑、编译和运行调试于一体,并且在Windows和Linux平台上均可以运行。

(2) 学习第2章,掌握C语言编程的一些高级知识,以及TTMS所使用的链表机制和分页技术。为了便于理解,该章配有大量的例程供读者学习。该章内容对TTMS开发过程中可能会碰到的技术问题进行重点解析,需要读者认真学习和熟练掌握,然后才能进入后面章节的学习。

(3) 学习第3章,要求能看懂基于用例图表达的TTMS的软件需求规格说明书,理解TTMS的业务处理流程,以及每个系统用例的业务目标和处理逻辑。

(4) 学习第4章,要求能看懂基于分层设计的TTMS的软件设计说明书,理解TTMS分层设计的思路、内存数据结构和文件存储结构、模块划分和接口命名方法、源程序的工程目录结构等,并能够将用例描述和用例设计结合起来,理解用例的处理流程设计。本书只给出了TTMS核心用例的分析和设计,还留有一些扩展用例让读者自己练习实践。

(5) 学习5.2节基于用例驱动的开发方法,然后进行分工协作,按照第4章里各个用例的设计方案,遵循附录C介绍的编程规范,将各个函数模块编写出来完成整个项目开发,并设计测试用例进行软件测试,完成后撰写软件测试报告。

(6) 学习第6章,撰写、提交软件开发项目总结报告,进行软件项目的验收答辩和考核。如果读者仅是个人进行软件项目实践,可在了解项目总结报告的撰写方法后,继续学习第 7 章的内容。

(7) 通过前面章节的学习,读者已经掌握了字符界面单机版 TTMS 的研发,如果有兴趣可以继续学习第 7 章的内容,将 TTMS 升级为图形用户界面网络版。

为了让读者能在较短时间内掌握 TTMS 的设计思想,本书的资源文件里给出了 TTMS 的源程序工程框架,并且提供了演出厅管理的完整源代码。读者在阅读第 4 章演出厅管理的设计方案时,可以对照源代码进行学习。

1.4 集中实践教学方案[①]

信息类专业的学生在学习了"C 语言程序设计"课程后,可以利用本书安排 2 周(下面以 2 周为例)以上的"C 语言综合项目实践"的实践课程(课程设计),要求学生以项目团队开发模式,根据本书的设计方案完成"剧院票务管理系统"字符界面单机版的开发,并撰写相应的开发文档。本节提供了一种实践教学方案供实践课教师参考。

1.4.1 实验目的

学生通过"C 语言综合项目实践"的训练,预期达到的具体目标如下:
- 了解软件项目的开发流程和主要工作。
- 熟悉团队开发模式,具备一定的项目组织管理与团队协作的能力。
- 具备阅读和理解软件需求规格说明书和软件设计说明书的能力。
- 具备按照软件设计说明书编写出高质量代码的能力。
- 具备对开发的软件进行测试验证的能力。
- 具备一定的开发文档的撰写能力。
- 具备一定的项目开发总结、汇报和答辩的能力。

1.4.2 任务及要求

"C 语言综合项目实践"的具体实验任务和要求如下:

(1) 成立 4~6 人的软件开发团队,设置组长 1 名,负责项目组的协调、组织管理与任务分配;副组长 1 名,负责项目的测试,以及辅助组长进行项目管理;配置管理员 1 名,负责项目成果的收集与管理。项目组长要求编程能力较强,且具备一定的组织管理能力。每个成员都必须参与项目的开发和文档的撰写。

(2) 学习第 1 章和第 2 章,了解软件开发的基本知识,掌握 C 高级编程的知识、TTMS 的链表机制和分页技术。

(3) 阅读第 3 章,理解待开发软件的系统需求,明确项目的开发目标和要求,并了解软件需求规格说明书的撰写方法。

(4) 阅读第 4 章,理解待开发软件的设计方案,明确软件的分层逻辑架构、处理流程、数据组织管理与存储方案,并了解软件设计说明书的撰写方法。

---

① 本节引导实践教师使用本书设计集中实践课程,其他读者可以跳过本节学习后面章节。

（5）阅读第 5 章,掌握软件开发环境的搭建方法以及版本控制工具的使用;掌握基于测试驱动的软件开发方法;按照设计说明书实施软件编程开发,撰写软件测试报告和软件用户手册。

（6）撰写软件开发总结报告,制作项目答辩 PPT 并进行项目结题答辩。

1.4.3　过程组织与管理

1. 实验前准备

实验前 2 周,指导教师布置实验目标、任务和要求,介绍过程考核和成绩评定方法,并介绍项目实践的环境和工具,要求学生提前搭建实验环境,学习掌握前 2 章的内容。另外,要求学生提前成立 4～6 人的项目团队,并制订软件开发计划。

2. 实验过程

（1）第 1 天:学生提交开发计划,并阅读系统需求和系统设计;指导教师对项目开发计划做必要的审核和指导。

（2）第 2～9 天:各个团队按照开发计划组织实施项目开发,撰写测试报告和用户手册,必要时可对开发计划进行调整,以确保开发的进度。

（3）在项目开发期间,指导教师在每日实验开始时,深入到每个项目小组进行讨论交流,了解项目团队的进展,参加项目方案的讨论,并解决项目团队开发时遇到的问题。

（4）为确保项目工程进度以及每个人在项目中做出必要的贡献,要求项目组长汇报项目团队的每日工作进展及存在的问题,并要求每个成员提交工作日志,汇报个人每日的项目开发情况、收获及遇到的问题。该部分是平时成绩的主要评定依据。

3. 实验总结

在实验完成后,每个小组及成员需要按照第 6 章给出的模板撰写项目总结报告,总结项目小组在项目研发期间的经验和教训,以及个人对软件项目开发的认识、在整个项目实践过程中的收获和存在的问题等。

4. 实验验收

在实验的最后一天,对各个团队的开发成果进行验收,并举行项目结题答辩,以确定每个团队的实践成绩,具体内容见 1.4.4 节。

1.4.4　实践考核

实践环节考核的总体方案设计如下:

个人总成绩＝平时成绩×20％＋个人总结报告×20％

＋（项目成绩×50％＋答辩成绩×20％＋开发文档×30％）

×个人贡献系数×60％

每个人的最终成绩上线不超过 100 分。各个成绩指标点的具体评定方法如下:

1. 平时成绩

考核内容:到课情况、开发过程日志的质量及在项目团队的表现等。

评分方式:采用 100 分制,每个人标准分 80,由指导教师评分。

评分点:缺课及未及时提交开发日志一次扣 10 分;迟到及日志质量较差一次扣 5 分。

开发日志质量好,或在项目团队表现突出一次酌情加 5～10 分。平时成绩上限为 100 分。

2. 个人总结报告

考核内容:报告规范性、开发目标的认知、开发任务完成情况以及项目经验总结等。

评分方式:采用 100 分制,由指导教师评分。

评分点:文档格式(10%)＋文字论述(20%)＋开发任务的完成情况(40%)＋开发经验总结(30%)。

3. 项目成绩

考核内容:开发好的软件系统,具体包括项目功能的正确性、完整性、易用性等。

评分方式:采用 100 分制,每个小组的基准分为 80 分。采用指导教师及开发小组互评模式。评分时,每个小组派出一个代表成立项目验收评定小组,在指导教师的带领下对每个小组的开发成果进行验收评定,每个代表不对自己所在的小组评分。

评分点:每缺少一个基本功能块扣 10 分;存在一个明显 Bug 扣 5 分;每完成一个扩展功能加 10 分;界面友好、系统健壮可靠每个点酌情加 5～10 分。上限不超过 100 分。令班内小组总个数为 N,第 i 个小组的成绩 GS_i 计算公式如下:

$$GS_i = T \times 50\% + \left(\sum_{\substack{j \neq i}}^{1 \leqslant j \leqslant N} S_j\right) / (N-1) \times 50\%$$

其中,T 为指导教师对该组的评分,S_j 为其他小组对第 i 组的评分。

4. 答辩成绩

考核内容:PPT 质量、讲述的思路清晰度以及质疑问题回答的正确性等。

评分方式:采用 100 分制。采用指导教师及开发小组互评模式。评分时,每个小组派出一个代表成立答辩评定小组,在指导教师的带领下对每个小组的项目答辩进行评定,每个代表不对自己所在的小组评分。

评分点:PPT 质量(20%)＋答辩陈述(50%)＋问题回答(30%)。计算方法与项目成绩的计算方法相同。

5. 开发文档

考核内容:文档规范性、内容完整性及方案的合理性等。

评分方式:采用 100 分制,由指导老师评定。

评分点:文档格式(10%)＋文字论述(20%)＋文档质量(50%)＋文档完整性(20%)。

6. 个人贡献系数

考核内容:个人在项目团队中的贡献。

评分方式:采用百分比形式,在项目组内部由项目组成员按个人在项目开发中所做贡献进行评分。打分时,每个成员需要对每个项目组成员(包括自己)进行评分,且所有评分加起来必须等于 100%。

评分点:令小组成员个数为 n,第 k 个小组的成员的个人贡献系数 P_k 计算公式如下:

$$P_k = S_k * 30\% + \left(\sum_{\substack{j \neq i}}^{1 \leqslant j \leqslant n} S_j\right) / (n-1) * 70\%$$

其中 S_k 为自评成绩,S_j 为小组其他成员对该同学的评分。

1.5　本章小结

　　本章对软件开发的基础知识、本书使用的项目案例、学习路线进行了介绍,并给出了一个使用本书进行课程设计(集中实践)的教学方案,引导读者有效使用本书进行学习和实践。对仅掌握了一些 C 语言基础编程知识的读者而言,从课内单独练习编写小程序直接跨越到多人协同开发复杂的软件项目,的确是一个很大的挑战,但相信在读者的坚持和努力下,通过本书的系统训练会对软件项目研发树立系统、全面的意识,同时,个人的软件设计、编程、文档撰写以及组织协调能力均会有全面的提高。

第 2 章

预 备 知 识

通过"C 语言程序设计"课程的学习,读者已经掌握了使用 C 语言进行编程的基本知识,但与进行软件项目开发还有一定距离。本章为读者介绍 TTMS 开发中用到的一些 C 语言高级编程知识,包括多源文件软件开发、函数、宏、文件存储、动态内存管理等,以及 TTMS 的链表机制和分页技术。请读者完成本章的学习后,再学习后面章节。

2.1 多源文件软件开发

在复杂软件项目研发中,通常需要多位软件工程师共同来完成程序代码的编写。为方便分工协作,需要把程序源代码根据软件模块的划分,保存在多个源程序文件中。本节介绍软件项目采用多源文件开发的相关知识。

2.1.1 函数声明与定义分离

编译器在对 C 程序进行编译时要对源程序进行语法检查,对于遇到的每一个用户标识符(包括变量、函数等),都必须先经过声明或定义,否则会认为有语法错误而无法通过编译。因此,对于包含多个函数的 C 程序,可以将所有被调用函数的定义都放在调用函数之前,或者在 C 源文件开始的位置声明所有函数,然后在源文件的任何位置给出函数定义即可。后者为编程时采用的主要方式。

函数声明仅需要给出函数头即可,即函数的返回值类型、函数名称和参数列表;而函数定义则除了函数头外,还有函数体的定义。例 2.1 给出了一个计算与标准值差异最小的整数的程序,其中 GetMin 和 GetDiff 函数就是采用先声明、后定义的方式。

【例 2.1】 函数声明与定义分离

```
/* Exam2_1.c */
#include<stdio.h>
int GetMin(int a, int b);                    /* GetMin 函数声明 */
unsigned int GetDiff(int a);                 /* GetDiff 函数声明 */
const int std_value=100;                     /* const 标准值变量定义 */
int main(void) {
    int a, b;
    scanf("%d%d", &a, &b);
    printf("Min:%d\n", GetMin(a,b));
    return 0;
```

```
}

int GetMin(int a, int b){                /* GetMin 函数定义 */
    return GetDiff(a)<=GetDiff(b)?a:b;
}

unsigned int GetDiff(int a){             /* GetDiff 函数定义 */
    int value=std_value-a;               /* 计算与标准值的差异 */
    return value>0?value:-value;         /* 返回绝对值 */
}
```

如果软件项目包含多个 C 源程序文件,其编译链接过程如图 2.1 所示。编译器首先对每个 C 源程序单独进行编译,语法检查通过后会编译生成对应的目标代码(.obj 文件),然后链接器再将所有的目标代码及库函数链接到一起,生成一个可执行文件。

如果两个不同 C 源文件中的函数之间存在相互调用的情况,尽管 C 语言在语法上允许通过编译预处理命令 include 将被调用函数所在的 C 源文件包含进来,但编译器在编译时,在两个源文件中均会生成该函数的目标代码,从而导致链接时出现该函数被多次重复定义的错误。例如,将例 2.1 中的两个数学函数提取出来,单独保存在 MyMath.c 文件中,得到的程序如例 2.2 所示。由于 MyMath.c 的函数 GetMin 被 Exam2_2.c 中的 main 函数调用,在 Exam2_2.c 中如果直接将 MyMath.c 包含进来,则编译时在 MyMath.obj 和 Exam2_2.obj 中均会有函数 GetMin 的目标代码,链接时会出现函数 GetMin 重复定义的错误。

图 2.1　多源程序文件编译链接过程

为解决此问题,C 语言提供了 extern 关键词在一个源文件中把被调用函数声明为外部函数,在其他源文件中进行定义,从而避免了直接包含 C 源文件带来的错误。利用此方法可以把例 2.2 修改为例 2.3 所示。从而可以正确通过编译链接而生成可执行代码。

【例 2.2】　C 源文件直接包含(有链接错误)

```
/* Exam2_2.c */
#include <stdio.h>
#include "MyMath.c"
int main(void) {
    int a, b;
    scanf("%d%d", &a, &b);
    printf("Min:%d\n", GetMin(a,b));
    return 0;
}
```

```
/* MyMath.c */
int GetMin(int a, int b);
unsigned int GetDiff(int a);
const unsigned int std_value=100;

int GetMin(int a, int b){
    return GetDiff(a)<=GetDiff(b)?a:b;
}

unsigned int GetDiff(int a){
    int value=std_value-a;
    return value>0?value:-value;
}
```

【例 2.3】 通过 extern 关键字声明

```
/* Exam2_3.c */
#include <stdio.h>
extern int GetMin(int a, int b);
int main(void) {
    int a, b;
    scanf("%d%d", &a, &b);
    printf("Min:%d\n", GetMin(a,b));
    return 0;
}


/* MyMath.c */
int GetMin(int a, int b);
unsigned int GetDiff(int a);
const unsigned int std_value=100;

int GetMin(int a, int b){
    return GetDiff(a)<=GetDiff(b)?a:b;
}

unsigned int GetDiff(int a){
    int value=std_value-a;
    return value>0?value:-value;
}
```

上面的方法虽然简单易行,但需要在调用外部函数的 C 文件里添加额外的函数声明,为编程开发带来不便。C 语言还提供了头文件(.h 文件)机制,可以将 C 源文件中提供给外部调用的函数(外部函数)的声明放在独立的头文件中,为方便理解两者的对应关系,一般头文件命名与 C 文件相同,扩展名为".h"。注意,不提供给外部调用的函数称为局部函数,其函数声明不放到头文件中。除了函数声明外,头文件中一般还包含用户构造的数据类型(如枚举类型、结构体)、常量和宏的定义等。

由于一个头文件可能被包含到多个 C 源文件中,为了避免其中的函数被多次声明,需要用到编译预处理命令 ♯ifndef … ♯define … ♯endif 进行处理。一般头文件的格式如下:

```
#ifndef  FILENAME_H
#define  FILENAME_H
…;                              /＊函数声明,用户数据类型定义,常量及宏定义等＊/
#endif
```

其中,FILENAME_H 是用来标识头文件的宏,其名称为所在头文件名字的大写并将"."换为"_"。编译预处理命令 ♯ifndef 告诉编译器,如果宏 FILENAME_H 没有定义过,则后面一直到 ♯endif 之前的内容在编译时有效。

引入头文件后,凡是需要调用其他源文件中的函数,只需要把对应的头文件包含进来即可。例如,对例 2.3 的 MyMath.c 文件定义头文件,修改后的程序见例 2.4,其中仅需要将提供给外部调用的函数 GetMin 放到头文件 MyMath.h 中,其他局部函数和变量仍然保留在 C 源程序中。在 Exam2_4.c 文件中,只需要包含头文件 MyMath.h 就可以直接调用 GetMin 函数。

【例 2.4】 通过头文件引用

```
/＊Exam2_4.c＊/
#include <stdio.h>
#include "MyMath.h"
int main(void) {
    int a, b;
    scanf("%d%d", &a, &b);
    printf("Min:%d\n", GetMin(a,b));
    return 0;
}


/＊MyMath.h＊/
#ifndef MYMATH_H_
#define MYMATH_H_
int GetMin(int a, int b);           /＊声明外部函数 GetMin＊/
#endif


/＊MyMath.c＊/
#include "MyMath.h"
unsigned int GetDiff(int a);        /＊声明局部函数 GetDiff＊/
const unsigned int std_value=100;   /＊定义全局变量＊/＊/
int GetMin(int a, int b){           /＊定义外部函数 GetMin＊/
    return GetDiff(a)<=GetDiff(b)?a:b;
}
```

```
unsigned int GetDiff(int a){               /* 定义局部函数 GetDiff */
    int value=std_value -a;
    return value>0? value: -value;
}
```

在软件项目开发中,一般会对一个功能模块设计一到多个源程序文件,而源程序对应头文件中声明的函数,则是该软件模块对其他软件模块提供的访问接口。为了能正确访问软件模块的功能,并实现模块之间的相互独立,在软件模块划分好后,一般先设计各模块的访问接口,也就是先定义模块的头文件,然后再进行模块内部各局部函数的设计。只要模块的接口保持不变,一般对模块内部进行修改维护,不会影响到其他模块的使用。

2.1.2　静态变量与静态函数

在多人协同软件开发时,难免会在不同的 C 源文件中出现相同名称的局部函数和全局变量,并且通过 extern 关键词的声明就可以直接引用另外一个 C 源文件中定义的全局变量和局部函数。例如,对于例 2.4 中的程序,如果在 Exam2_4.c 中的 main 函数前添加了语句"extern unsigned int GetDiff(int a);",就可以在 main 函数中直接调用该函数。这种引用方式可能会导致不同人开发的软件模块间互相干扰,影响到了软件的正确性和可靠性。

为了解决上述问题,对于 C 源程序中不期望外部访问的局部函数和全局变量,可以在声明及定义时给前面加上关键词 static,将其定义为静态函数和静态全局变量,从而使该函数及变量的访问范围限定在所属 C 源程序内部。例如,对于例 2.4 中的 MyMath.c 源文件,将函数 GetDiff 和全局变量 std_value 定义为静态之后的程序见例 2.5,此时该函数及变量的访问范围仅限于 MyMath.c 文件内部,在其他源文件中通过 extern 方式也无法访问。

【例 2.5】　静态变量与静态函数

```
/* MyMath.c */
#include "MyMath.h"
static unsigned int GetDiff(int a);              /* 声明静态局部函数 GetDiff */
static const unsigned int std_value=100;         /* 声明静态全局变量 */

int GetMin(int a, int b){                         /* 定义外部函数 GetMin */
    return GetDiff(a)<=GetDiff(b)? a:b;
}

static unsigned int GetDiff(int a){               /* 定义静态局部函数 GetDiff */
    int value=std_value -a;
    return value>0? value: -value;
}
```

C 语言的关键词 static 尽管也可以用来在函数内部定义局部变量,但会影响到函数本身的可读性,因此除非万不得已不要使用。在软件开发时,static 更多时候是用来限定全局变量和局部函数的访问范围,对于提高软件模块间的相互独立性具有很大的帮助。

2.1.3　内联函数

　　C 语言的函数机制为软件开发带来了极大的便利。对于复杂的软件系统,可以将其分解为若干个相对简单的子模块,并分别由多个函数来实现,然后通过函数调用将这些开发好的函数模块组合起来完成预期的任务。这样既降低了开发难度,还容易保证软件的正确性。

　　函数调用是通过堆栈来完成的。堆栈是一种特殊的线性存储结构(如一维数组或链表),只能在线性存储结构的一端进行数据的添加或者删除,因此具备数据元素后进先出的特点。函数调用前,先将调用函数的实参计算出结果后压入到堆栈中,然后跳转到被调用函数的入口处开始执行。被调函数执行时,直接利用堆栈中压入的实参值初始化形参,然后再执行被调函数的程序代码,执行完毕后将返回值压入到堆栈中,返回到主调函数的函数调用处。主调函数从堆栈中弹出函数的返回值和函数调用时压入的参数值之后,继续执行后面的代码。

　　函数调用时,参数及返回值的入栈和出栈需要花费额外的时间,尤其对于需要频繁调用的函数,会严重影响到整个软件系统的执行效率。为了降低函数调用的时间开销,可以通过关键词 inline 在函数定义时将其定义为内联(inline)函数,编译器在对此函数的调用语句编译时,用函数实现代码去直接替换调用函数语句,而不是像普通函数那样生成新的函数调用代码。编译器会对 inline 函数进行检测判断,如果不是递归函数且函数体相对简单,会在调用处进行展开和替换,否则仍然按照常规函数进行处理。

　　例如,将例 2.4 中 MyMath.c 的局部函数 GetDiff 修改为静态内联函数后的程序见例 2.6。注意,不同编译器对 inline 函数的处理是不同的,一般仅对 inline 函数所在源文件中的函数调用进行展开替换。对于期望在其他 C 源文件进行展开替换的 inline 函数,可以定义在头文件中。

　　【例 2.6】　内联函数

```
/* MyMath.c */
#include "MyMath.h"
static unsigned int GetDiff(int a);          /*声明静态局部函数 GetDiff */
static const unsigned int std_value=100;

int GetMin(int a, int b){                     /*定义外部函数 GetMin */
    return GetDiff(a)<=GetDiff(b)?a:b;
}

inline static unsigned int GetDiff(int a){    /*定义静态内联局部函数 GetDiff */
    int value=std_value -a;
    return value>0?value: -value;
}
```

2.1.4　const 变量与形参

在软件开发时,通常使用一些特殊的变量来保存软件的配置参数,而且这些变量的值并不希望程序员在编程序时不经意进行了修改。为此,C 语言提供了 const 关键词来定义变量(一般是全局变量),并且在定义时要赋给初值,例如例 2.6 中的变量 std_value,这样的变量只能读取,不能修改。

除了定义变量外,const 还通常用来声明函数的指针类型的形参。C 语言函数调用采用值传递方式传递参数值,调用时要将实参的值压入堆栈。如果实参是一个复杂的数据(如复杂的结构体数据),压入堆栈不但需要消耗较多的时间,而且还会占据大量的堆栈空间。为提高函数的调用效率,将实参的地址传递到函数中,为了防止函数内部修改实参的原始值,可以将形参的指针变量定义为 const 类型。const 形参的示例见例 2.7,其中 Print 函数的指针类型形参 p 声明为 const 类型,阻止利用 p 中指针修改原始实参的值。

【例 2.7】　const 形参

```
/* Exam2_7.c */
#include <stdio.h>
typedef struct {
    int ID;
    char name[30];
    int score;
} student_t;
void Print(const student_t * p);


int main(void) {
    student_t stu={1, "Zhang San", 100};
    Print(&stu);
    return 0;
}


void Print(const student_t * p) {
    printf("The data of the student are as follows:\n");
    printf("ID:%d\nName: %s\nScore: %d\n", p->ID, p->name, p->score);
}
```

C 语言和 C++ 语言对 const 类型的指针处理是不同的。C 语言虽然不允许使用 const 类型指针直接修改指向内存空间的值,但将 const 类型指针赋给另外一个非 const 类型的指针变量,通过该变量就可以间接修改。例如,在上例的 Print 函数中,可以定义另外一个一般的指针 q,将 p 的指针值赋给 q 后就可以利用 q 修改原始实参的值。相比之下,C++ 更严格一些,不允许将 const 类型指针赋给非 const 类型的指针变量,从而保证了指向存储空间的只读性。

2.2　宏　函　数

宏是 C 语言提供的一种编译预处理机制,可以通过宏定义来声明一个特殊的标识符(宏名),代表指定的符号串(宏值)。在程序编译时,编译器会先将程序代码中的宏替换为所代表的符号串后,再进行编译。宏定义需要使用 ♯define 命令,一般语法格式为:

♯define 宏名标示符 [(形参列表)] [宏值符号串]

其中,形参列表和宏值符号串均可以为空(例如,头文件中定义的标识头文件的宏)。当形参列表不为空时称为宏函数,否则称为宏常量。宏常量的名字一般用大写字母表示。宏定义的末尾不加分号";",超过一行时用反斜线"\"表示下一行继续此宏的定义。在编译时,程序中的宏常量会被直接替换为对应的宏值,而宏函数则先将宏值中的形参替换为实际传入参数后再进行替换。

例如,在例 2.8 中,分别定义了三个宏函数来计算正方形面积、矩形面积以及输出两个面积中的最大值,其中宏函数 Print_Max 的宏值写在多行上,行之间需要用反斜线"\"进行连接。细心的读者会发现在宏函数 Com_Square_Area 和 Com_Rectangle_Area 的宏值定义中,前者直接使用形参 len 进行了计算,而后者用括号先将形参 width 和 height括起来后再进行计算。如果是常规的函数调用,由于调用时会先计算出实参的值,然后再传递给函数的形参进行运算,在函数体中使用形参时加不加括号是等效的,但是宏函数在进行编译预处理时,直接采用的是符号替换的方式,因此 main 函数中下面的两条语句,

```
squa_area =Com_Square_Area(2+2);
rect_area =Com_Rectangle_Area(2+2, 2+2);
```

经过编译器替换后的结果为

```
squa_area =2+2 * 2+2;
rect_area =(2+2) * (2+2);
```

从而导致了该程序运行的结果是:正方形面积为 8,而矩形面积为 16,最大值为 16。为了避免这种情况的发生,一般在定义宏函数的宏值时,需要将形参用括号括起来。

【例 2.8】　宏函数

```
/* Exam2_8.c */
#include <stdio.h>
#define Com_Square_Area(len)              len * len
#define Com_Rectangle_Area(width, height) (width) * (height)
#define Print_Max(value_1, value_2)    {          \
    if( (value_1) >(value_2))                      \
        printf("max:%f\n", value_1);               \
    else                                           \
        printf("max:%f\n", value_2);               \
}
```

```
int main(void) {
    float squa_area, rect_area;
    squa_area = Com_Square_Area(2+2);                    /* 计算正方形面积 */
    rect_area = Com_Rectangle_Area(2+2, 2+2);            /* 计算矩形面积 */
    printf("Area of square:%f\n", squa_area);            /* 输出正方形面积 */
    printf("Area of rectangle:%f\n", rect_area);         /* 输出矩形面积 */
    Print_Max(squa_area, rect_area);                     /* 输出最大面积 */
    return 0;
}
```

宏函数在编译时会将代码中的宏就地替换为宏值,达到了类似 inline 函数的效果,从而省去了函数调用的代码,提高了程序的执行效率。但是,宏函数也存在可读性较差、出错难以定位和排错等缺点。一般情况下,如果常规函数能满足需要则尽量使用常规函数。

2.3　文　件　存　储

文件是计算机操作系统在外存中管理计算机程序和数据的基本单位,通过文件名进行唯一标识,一个目录中不允许有同名文件存在。软件系统的配置参数以及运行时产生的有价值的业务数据,都需要通过文件在计算机外存中长久保存下来,以便于未来能够重复使用。

根据数据的存储形式,可以把文件分为文本文件和二进制文件两种类型:

(1) 文本文件在存储数据时,先将数据转换为字符串形式,然后写入到文件中。例如存储整数 123456 时,先转换为字符串"123456",然后再写入到文本文件中,数据占 6 个字节的存储空间。文本文件存储的最大优点是文件数据直观可见,使用任何的文本编辑工具都可以打开查看和编辑,但缺点是比较浪费外存空间,且文件读写效率较低。文本文件通常用来存储软件的配置参数,或者实现软件间的数据交换。

(2) 二进制文件在存储数据时,将数据在内存中的二进制编码直接写入到文件中。例如存储整数 123456 时,会将该数字的二进制码直接写入到文件中,数据占 4 个字节的存储空间。二进制文件的数据无法通过文本编辑工具直接查看,但该方式节约外存空间,且数据读写效率高。二进制文件是软件存储业务数据的主要形式。

本节重点介绍 C 语言文件操作的流程和主要函数,以及软件开发时在文件中如何存储、修改、删除和读取业务数据。

2.3.1　文件操作流程及函数

为满足软件开发对文件读写和管理的需要,C 语言为程序员提供了丰富的文件操作与管理函数,常用的函数如表 2.1 所示,除 access 函数声明在 io.h 头文件外,其他函数均声明在 stdio.h 头文件中。文件读写操作的流程相对比较简单,如图 2.2 所示,先需要通过 fopen 函数打开或者创建文件,然后进行读写等数据维护操作,完成后使用 fclose 函数关闭文件。文件类型是文本文件还是二进制文件,需要通过 fopen 的文件打开模式参数在打开文件时进行指定。另外,C 语言提供给文本文件和二进制文件的读写函数是不同的,读写文件时需要根据文件的类型选用合适的函数,不能混合使用。

表 2.1 中基本函数的使用方法请参阅 C 语言教程或相关编程手册。下面仅分类对主要函数的使用要点进行总结说明。

1. 打开与关闭文件

打开文件是文件操作的第一步,需要使用 fopen 函数,其函数声明原型如下:

```
FILE * fopen(const char * filename, const char * mode );
```

其中,filename 为文件的路径名,如果只给出文件名,则默认文件的所在路径为当前执行的应用程序所在的目录;mode 为文件的打开模式;函数返回值为指向打开的文件指针,打开失败则返回空指针 NULL。

表 2.1　常用的文件操作函数

函 数 类 别	文 本 文 件	二 进 制 文 件
打开、关闭文件	fopen、fclose	
读写文件	fscanf、fprintf、fgets、fputs、fgetc、fputc、feof	fread、fwrite
当前位置指针定位	rewind、ftell、fseek	
缓冲区管理	setbuf、setvbuf、fflush	
文件管理	access、remove、rename	

图 2.2　文件操作流程

文件的打开模式是操作模式与文件类型的组合,不区分大小写,其中操作模式包含写(“w”)、读(“r”)、追加(“a”),以及这三者的扩展(“w＋”“r＋”“a＋”);文件类型包括文本文件(“t”)和二进制文件(“b”)两种,为文本文件时“t”可以省略。文件的打开模式及含义见表 2.2。

表 2.2　文件的打开模式及含义

文本文件	二进制文件	含　义
w 或 wt	wb	以只写方式打开文本(二进制)文件,如果文件存在则将其数据清空,不存在则建立新文件
w＋或 wt＋	wb＋	以读写方式打开文本(二进制)文件,如果文件存在则将其数据清空,不存在则建立新文件
r 或 rt	rb	以只读方式打开文本(二进制)文件,该文件必须存在,否则打开失败
r＋或 rt＋	rb＋	以读写方式打开文本(二进制)文件,该文件必须存在,否则打开失败

续表

文本文件	二进制文件	含　义
a 或 at	ab	以追加方式打开文本(二进制)文件,写入的数据会被加到文件尾,如果文件不存在则建立新文件
a+ 或 at+	ab+	以读取及追加方式打开文本(二进制)文件,允许读或在文件末追加数据,如果文件不存在则建立新文件

特别注意,对于包含"w"及"w+"的打开模式,如果要打开的文件已经存在,则打开文件时会将原来的数据清除掉,从而造成原有数据的丢失。该模式一般用于读写临时文件。对于业务数据文件的读写,打开文件时一般使用下面三种模式:

(1) 若要在文件中追加数据却又不确定文件是否已经存在,则使用"a(b)"[①]或"a(b)+"模式,当文件不存在时会创建新文件,如果已经存在则允许在文件末尾写入新数据。

(2) 确定文件已经存在,期望修改文件中的数据或者在文件中写入新数据,则需要用"r(b)+"模式。

(3) 确定文件已经存在且仅是从文件中读取数据,则选用"r(b)"模式即可。

为了提高文件的读写速度,C 语言默认在打开文件时,会在内存中为打开的文件建立数据缓冲区。因此当文件访问完毕后,务必使用 fclose 函数将文件关闭,一方面将缓冲区中修改的数据写回到外存中(否则会造成数据的丢失),另一方面为了回收分配的内存空间。

2. 读/写文件

文件打开成功后,就可以根据文件类型是文本文件还是二进制文件,选用表 2.1 中相应的函数进行数据的读写。下面分别介绍这两种文件在读写时需要注意的问题。

(1) 文本文件的读写。文本文件的内容完全是字符串形式的,因此从文件中读写数据均存在格式的转换问题。C 语言为文本文件提供的 fscanf、fprintf 等读写函数,去掉名字前面的 f 后,就是在键盘、显示终端等标准输入输出(I/O)设备上进行读写的 scanf、printf 等基本 I/O 函数。这些文本文件的读写函数和对应的基本 I/O 函数功能和用法完全相同,唯一差别在于,前者在函数参数中有一个文件指针,需要通过该参数指定进行读写的文件,而后者默认使用标准 I/O 设备进行读写。

读文本文件时,由于预先无法知道文件中数据的多少,因此需要知道当前读写位置是否已经到达文件末尾,如果没有到达末尾则继续读取数据,否则结束。为此,C 语言提供了 feof 函数来检测是否到达文件末尾,其函数的声明原型如下:

```
int feof(FILE * file);
```

其中 file 为文件指针。使用时将当前读取文件的指针传入到该函数中,如果没有到达文件末尾会返回 0,否则返回非 0 值。

(2) 二进制文件的读写。二进制文件的读写比较简单,写文件时使用函数 fwrite 将数据在内存中的二进制编码直接保存到文件中;反之,读文件时使用函数 fread 从文件中

---

① 　符号 a(b)表示 a 或 ab,下文类似符号含义与此相同。

把数据的二进制码直接读入到内存中进行恢复。这两个函数的声明原型如下：

```
size_t fwrite(const void * buf,size_t size,size_t count,FILE * file);
size_t fread(void * buf,size_t size,size_t count,FILE * file);
```

其中，size_t 为无符号整数类型；buf 为数据在内存中的地址；size 为每个数据块的大小；count 为需要写入（读出）的数据块个数；file 为当前操作的二进制文件指针；返回值为实际写入（读出）的数据块的个数。注意，buf 指向的存储空间大小要大于或等于 size×count 个字节，否则读写文件时会出现内存访问越界，从而导致写入无效内容，或者读出数据时将内存中的其他数据覆盖。

读取二进制文件时，同样也需要知道当前读写位置是否已经到达文件末尾，但 feof 函数在判断二进制文件时并不准确。例如，在例 2.9 程序中，先在文件中写入 2 条学生记录，然后通过 feof 函数来控制读数据的循环，文件中仅有 2 条数据，但从输出的 readTimes 变量值看，该循环实际执行了 3 次，其中最后一次循环并没有读出数据，而是将 ID 为 2 的学生数据再输出了一遍。对于二进制文件，可以通过判断 fread 函数的返回值来检测是否达到文件末尾，如果该函数的返回值（即实际读出的数据块个数）小于函数调用时传入的需要读出的数据块个数，则表明已经达到文件末尾，读文件结束，具体示例见例 2.9 中被注释掉的循环语句 while(1){···}。

【例 2.9】 二进制文件读写

```c
/* Exam2_9.c */
#include <stdio.h>
typedef struct {                              /* 定义学生结构体 */
    int ID;
    char name[30];
    int score;
} student_t;

int main(void) {
    /* 定义长度为 2 的学生结构体数组,并进行初始化 */
    student_t stu, data[2]={{1,"stu_1", 100}, {2, "stu_2", 90}};
    FILE * fp=fopen("binayFile.dat", "wb");       /* 为写创建二进制文件 */
    if(!fp){                                      /* 打开失败 */
        printf("Open file for write failed!\n");
        return 0;
    }
    fwrite(data, sizeof(student_t), 2, fp);       /* 写入 2 个学生数据 */
    fclose(fp);                                   /* 关闭文件 */
    fp=fopen("binayFile.dat", "rb");              /* 为读数据打开文件 */
    if(!fp){
        printf("Open file for read failed!\n");
        return 0;
    }
```

```
    int readTimes=0;                                    /* 用来统计读数据次数 */
    while(!feof(fp)){                                   /* 测试是否到达文件末尾 */
        fread(&stu, sizeof(student_t), 1, fp);         /* 每次读入 1 个学生数据 */
        printf("ID:%d\nName: %s\nScore: %d\n", stu.ID, stu.name, stu.score);
        readTimes++;
    }
    /* while(1){
        if( fread(&stu, sizeof(student_t), 1, fp) <1)
            break;
        printf("ID:%d\nName: %s\nScore: %d\n", stu.ID, stu.name, stu.score);
        readTimes++;
    } */
    fclose(fp);
    printf("Read times:%d\n", readTimes);
    return 0;
}
```

3. 文件当前位置指针重定位

在对文件读写时,每读写一次,文件的当前位置指针默认往文件末尾方向移动 size (size 为实际写入或读出数据大小)个字节。如果需要再次访问读写过的数据,或者往文件末尾方向跳跃若干个字节后继续读数据,就需要使用 C 语言提供的如下文件位置指针重定位函数:

- void rewind(FILE * file):将文件的当前位置指针重新指向文件的开头。
- long ftell(FILE * file):获取当前位置指针相对于文件首的偏移字节数。
- int fseek(FILE * file, long offset, int origin):移动文件的当前位置指针。
- int fgetpos(FILE * file, fpos_t * pos):获取文件的当前位置指针。
- int fsetpos(FILE * file, const fpos_t * pos):设置文件的当前位置指针。

其中 fseek 根据给定的参数将当前位置指针移动到指定位置;参数 origin 为定位的基准点,其取值只能是 SEEK_SET 或 0(表示文件头)、SEEK_CUR 或 1(表示当前位置)、SEEK_END 或 2(表示文件末尾)。offset 为相对于基准点的偏移量,大于 0 时当前位置指针从基准点开始往文件末尾方向移动 offset 个字节,否则从基准点开始往文件开始方向移动 |offset| 个字节。fseek 函数返回 0 表示定位成功,否则返回 -1。fgetpos 和 fsetpos 函数分别用于将文件的当前位置指针获取到指针变量 pos 中,以及将当前位置指针定位在 pos 处,其中 fpos_t 为 64 位整数类型。

文件当前位置指针经过重定位成功后,是否能从新的当前位置开始进行数据的读写操作,取决于文件的打开模式,例如,对于使用"ab"或"ab+"打开的文件,无论当前位置指针位于何处,往文件中写入数据时始终是追加到文件末尾。

上述三个定位函数虽然对文本文件和二进制文件都可以使用,但是在使用文本文件保存软件的业务数据时,由于每个业务数据可能占用的字节数不同,不太容易将文件指针直接定位到期望读写的数据记录上,因此这些函数一般用于二进制文件读写定位。

4. 缓冲区管理

为了提高文件的读写效率,C 语言在打开文件时,默认在内存中为打开的文件建立数据缓冲区,并且根据缓冲区中的数据情况自动启动外存设备进行数据读写。同时,也提供了下面的函数,允许软件开发人员自己定制和管理文件缓冲区:

- void setbuf(FILE * file, char * buf):将 buf 设置为缓冲区。
- int setvbuf(FILE * file, char * buf, int mode, size_t size):设置缓冲区及工作模式。
- int fflush(FILE * file):刷新缓冲区。

其中,前面两个函数都可以将 buf 设置为 file 的文件缓冲区,但第二个函数还可以指定缓冲区的工作模式 mode 和大小 size。缓冲区工作模式只能是_IOFBF(满缓冲)、_IOLBF(行缓冲)或_IONBF(无缓冲):取值为_IOFBF 时,缓冲区装满后才进行数据读写;取值为_IOLBF 时,缓冲区接收到换行符才进行数据读写;取值为_IONB 时不使用缓冲区,直接从文件中读写数据。setbuf 函数的第二个参数 buf 为 NULL 时,表示不使用缓冲区。fflush 函数强制将 file 缓冲区中更改的数据写入到文件中,并清空缓冲区。

一般情况下,不需要程序员自己管理文件的缓冲区,操作系统会自动进行管理。但如果软件涉及视频、音频、图像处理等需要大量读写外存数据的情况,可以考虑用 setbuf 或 setvbuf 开辟较大的缓冲区来优化文件的读写性能。

在设计操作系统时,为了方便管理各种 I/O 设备,将设备也抽象为一种特殊的文件,称为设备文件,文件的操作函数也可以用来从设备中读入或者输出数据。为方便编程,C 语言在 stdio.h 中定义了两个文件指针变量 stdin 和 stdout,分别指向了标准的输入设备(默认为键盘)和输出设备(默认为显示器)。因此上述三个函数也可以用来通过文件指针 stdin 和 stdout 管理标准 I/O 设备的缓冲区,一个典型例子是将输出设备的缓冲区禁用,从而用输出语句输出的数据,在屏幕上立即就可以看到。具体函数调用语句为:

```
setvbuf(stdout, NULL, _IONBF, 0);
```

5. 文件管理

C 语言除了提供文件的操作函数外,还提供了一些函数来管理外存上的文件,基本的包括判断文件是否存在或有访问权限、重命名和删除等:

- int access(const char * filename, int mode);   /* 判断文件是否存在
                                                                  或有访问权限 */
- int remove(const char * filename);   /* 删除文件 */
- int rename(const char * oldname, const char * newname);   /* 文件重命名 */

其中,access 函数的参数 mode 为判断模式,取值只能是 F_OK(文件是否存在),或者 R_OK(读权限)、W_OK(写权限)、X_OK(执行权限)及它们之间的位运算(如 R_OK|W_OK),该函数返回 0 表示判断成功(即文件存在或者具有对应权限),否则返回 -1;后面两个函数分别用来删除文件和对文件进行重命名,返回 0 表示操作成功,否则返回非 0 值。

2.3.2 文件格式设计

使用文件保存软件数据时,首先要根据用途决定采用文本文件存储还是二进制文件

存储。如果期望能使用通用文本编辑工具直接查看及编辑文件内容,例如安装软件时设置软件的运行参数,或者要在不同软件之间进行数据交换,则需要采用文本文件存储,否则优先考虑采用二进制文件存储。

其次,无论是文本文件还是二进制文件,都需要根据数据的特征,设计数据在文件中的存储组织格式(简称"文件格式"),基本原则是要求文件结构清晰,便于高效地进行数据的读写和解析。一般的软件都有自己定制的数据存储格式,例如 Word 文档的.doc 文件和存储图片的.jpg 文件,只有知道文件的存储格式,才能编写出专用代码来对文件数据进行正确的读写和解析。

为了方便软件间进行数据交换,文本文件出现了一些通用文件格式,如 XML 和 JSON,并有专门的工具可以进行数据的读写和解析,具体可查阅相关资料。二进制文件通常采用的存储格式见图 2.3,宏观上由文件头和数据区两部分构成,文件头部分为文件描述的结构体数据,其成员一般包括文件格式的版本号、数据长度、校验码等,数据区用来实际存储业务数据,里面由一个个的具体业务数据记录构成。写文件时,首先要根据业务数据的情况计算并填写好文件头结构体,然后将文件头数据写入到文件中,其次才写入业务数据;读文件时,先要读出文件头数据,然后在文件头信息的引导下,读出数据区的数据并进行数据校验和解析。当业务数据比较简单时,也可以不要文件头而直接存储业务数据。本书默认的文件存储格式均不带文件头。

文件头	数据1	...	数据区	...	数据n

图 2.3   二进制文件的一般格式

2.3.3   文件数据维护

首次将软件的业务数据保存到文件中时,可以新建一个数据文件,然后将业务数据按照设计的文件格式写入到文件中。在后期的软件使用中,往往需要维护管理文件的业务数据,给文件中添加新数据,或者修改、删除文件中的现有数据。由于文件保存在计算机外存中,在对文件进行数据维护时,如果仅向文件中添加新业务数据,则可以采用"a(b)"或"a(b)+"模式打开文件,直接写入新数据即可,否则需要将业务数据读入到内存中,经过分析处理后再写回到文件中。

如果文件数据量不大,可以在内存中开辟足够大小的数组或者链表,一次将文件中所有数据都读入到内存中(使用"r"或"rb"模式打开文件),然后在内存中根据需要对数据进行修改或者删除,完成后再将内存中的数据写回到文件中(使用"w"或"wb"模式打开文件)。这种方法简单易行,但需要消耗较多的内存来缓存所有的数据记录,效率比较低,不适用于文件数据量比较大的情况。

对于数据量比较大的文件,修改及删除数据记录时通常采用下面的策略。

1. 修改数据

首先以"r+"(二进制文件用"rb+")方式打开文件,然后循环读入文件中的每一条数据记录,并按照修改条件对读入的数据进行比较匹配,如果是要修改的记录,则调用 fgetpos 函数获取文件的当前位置指针 pos,接着调用 fseek 函数将当前文件位置指针后退一个数据记录大小的字节数,然后将最新的数据写入到文件中来覆盖原有的数据记录,最后调用 fsetpos 函数将当前位置指针重新定位在 pos 处,继续搜索修改后面的数据记录。依次处理完文件中的所有数据记录后,关闭文件即可。

注意,由于数据记录在文件的数据区一般是连续存放,类似于 C 语言中一维数组对数组元素的组织管理模式,故此方法仅适用于文件中所有数据记录的大小完全相同的情况(即"等长记录式文件"),否则在对文件中要修改的数据记录进行写入时,可能会覆盖后面相邻的数据记录而导致数据丢失。

2. 删除数据

首先以"r"(或"rb")方式打开原始文件,同时以"w"(或"wb")方式新建立一个临时文件,然后循环读入原始文件中的每一条数据记录,并按照删除条件对读入的数据进行比较匹配,如果是不要删除的数据记录,则将其写入到临时文件中,否则扔掉不做任何处理。依次处理完原始文件中所有数据记录后,关闭打开的两个文件,然后调用 remove 函数将原始文件删除,并调用 rename 函数将该临时文件重新命名为原始文件的名字。

例 2.10 给出了一个二进制文件的数据维护实例,该文件用来存储学生成绩,为等长记录式文件。程序中的 InitFile 函数用于创建一个数据文件 student.data,并在其中写入 3 个学生的数据;Modify 函数根据输入的学生 ID 把数据文件中对应的学生名字和成绩分别修改为 stu_new 和 99;Delete 函数根据输入的学生 ID 把数据文件中对应的学生记录删除;Print 函数输出文件的内容。

【例 2.10】 文件数据维护

```c
/* Exam2_10.c */
#include <io.h>
#include <stdio.h>
typedef struct {                              /* 定义学生结构体 */
    int ID;
    char name[30];
    int score;
} student_t;

const char * file_name="student.dat";         /* 数据文件名 */
const char * file_name_tmp="student_tmp.dat"; /* 临时数据文件名 */
void InitFile(void);                          /* 初始化数据文件 */
void Modify(void);                            /* 修改文件数据 */
void Delete(void);                            /* 删除文件数据 */
void Print(const char * msg);                 /* 输出文件数据 */

int main(void) {
    setvbuf(stdout, NULL, _IONBF, 0);         /* 禁用输出缓冲区 */
    InitFile();
    Print("Original data in the file:");
    Modify();
```

```
        Print("Data of the file after modification:");
        Delete();
        Print("Data of the file after deletion:");
        return 0;
    }

    void InitFile(void){                                    /* 初始化数据文件 */
        student_t data[]={{1,"stu_1", 100}, {2, "stu_2", 90},{3, "stu_3", 80}};
        FILE * fp=fopen(file_name, "wb");                   /* 创建二进制文件 */
        if(!fp){
            printf("Open file for write failed!\n");
            return;
        }
        fwrite(data, sizeof(student_t), 3, fp);             /* 写入学生成绩数据 */
        fclose(fp);
    }

    void Modify(void){                                      /* 修改文件数据 */
        student_t stu_tmp, stu ={0, "stu_new", 99};
        printf("Input the ID of the student to be modified:");
        scanf("%d", &(stu.ID));                             /* 输入要修改的学生 ID */
        FILE * fp=fopen(file_name, "rb+");                  /* 以读写方式打开文件 */
        if(!fp){
            printf("Open file for modification failed!\n");
            return;
        }
        while(1){
            if(fread(&stu_tmp, sizeof(student_t), 1, fp)<1)/* 依次读入每条记录 */
                break;
            if(stu_tmp.ID==stu.ID){                         /* 找到要修改的学生 */
                fpos_t pos;
                fgetpos(fp, &pos);                          /* 保存当前读取位置 */
                fseek(fp, -(int)sizeof(student_t), SEEK_CUR);
                                                            /* 后退一个学生记录 */
                fwrite(&stu, sizeof(student_t), 1, fp);/* 写入新数据进行覆盖 */
                fsetpos(fp, &pos);                          /* 恢复当前读取位置 */
            }
        }
        fclose(fp);
    }

    void Delete(void){                                      /* 删除文件数据 */
        int ID;
        printf("Input the ID of the student to be deleted:");
```

```
        scanf("%d", &ID);                              /* 输入要修改的学生 ID */
        FILE * fp_read=fopen(file_name, "rb");         /* 以读方式打开原始数据文件 */
        FILE * fp_write=fopen(file_name_tmp, "wb");/* 创建新临时文件 */
        if(!fp_read || !fp_write){
            printf("Open file for deletion failed!\n");
            return;
        }
        student_t stu_tmp;
        while(1){
            if(fread(&stu_tmp, sizeof(student_t), 1, fp_read)<1)
                break;                          /* 读入学生数据失败,结束循环 */
            if(stu_tmp.ID!=ID){                 /* 不是要删除的学生则保留到临时文件中 */
                fwrite(&stu_tmp, sizeof(student_t), 1, fp_write);
            }
        }
        fclose(fp_read);
        fclose(fp_write);
        remove(file_name);                       /* 删除原始文件 */
        rename(file_name_tmp, file_name);        /* 将临时重文件命名为原始文件名 */
    }

    void Print(const char * msg){                /* 打印输出文件数据 */
        printf("%s\n", msg);
        FILE * fp=fopen(file_name, "rb");
        if(!fp){
            printf("Open file for read failed!\n");
            return ;
        }
        student_t stu;
        while(1){
            if(fread(&stu, sizeof(student_t), 1, fp)<1)
                break;
            printf("ID:%d\nName: %s\nScore: %d\n", stu.ID, stu.name, stu.score);
        }
        fclose(fp);
    }
```

2.3.4　多文件存储

对于包含多种业务数据的软件系统,为了方便数据维护管理,一般需要建立多个文件来存储业务数据,每种业务数据单独存储在一个文件中,并且需要为每条数据记录建立一个唯一的标识(称为"主键",不允许出现重复),同时通过在业务数据的属性间建立必要的约束来确保业务数据的完整性和一致性,并减少数据的冗余。

例如,在学生成绩管理系统中,由于每个同学选修的课程不同,至少要建立三个文件来存储业务数据,分别是学生文件(属性:学生 ID,学号,姓名)、课程文件(属性:课程 ID,课程名、学分)和成绩文件(属性:选课 ID,学生 ID,课程 ID,成绩),其中带下画线的属性为对应业务数据的主键;成绩文件中的任何一条成绩记录,其包含的学生 ID 和课程 ID 分别对应了学生文件和课程文件中的一个学生和一个课程记录数据的 ID 值(主键),通过这种属性间的约束关系,分别在学生文件和课程文件中进行检索就可以知道这是哪个学生在什么课程上取得的成绩,并且避免了在成绩文件中反复存储课程和学生的属性信息而造成的数据冗余及存储空间的浪费。

采用多文件存储业务数据时,需要重点考虑和解决以下三个技术问题。

1. 主键分配

业务数据记录的主键要求能够唯一识别一条业务数据。主键的数据类型可以是任何 C 语言支持的类型,只要能保证为每个业务对象都分配一个唯一值即可,但是为编程方便,一般都采用长整型。每次新生成一个业务数据时,都要根据一定的策略来为其分配一个唯一的主键值,最简单的方法是依次遍历整个数据文件,得到当前数据记录主键的最大值并加 1 后,作为新记录的主键。

除此之外,还可以使用一个专用的主键数据文件来对所有业务数据的主键进行集中管理,存储每种业务数据主键的结构体包含业务数据名和主键值两个属性。分配主键时,根据业务数据名称对主键文件进行检索,找到对应的主键记录后将主键值加 1,并利用最新主键修改主键文件中的记录,最后返回最新的主键值即可。该方法的示例见例 2.11 中的函数 GetNewKey。

2. 数据维护

在维护多文件存储的业务数据时,单个文件的数据维护方法同 2.3.3 节,但要确保文件间业务数据的完整性和一致性。例如,在学生成绩管理系统中,如果删除了学生文件中某个学生的数据记录,则可能会导致成绩文件中某些成绩记录根据学生 ID 匹配原则找不到对应的学生,从而出现了数据的不一致现象。为解决此问题,简单做法是在学生文件中删除一个学生数据时,将其在成绩文件中对应的所有成绩记录也删除掉[①]。

3. 跨文件检索

多文件存储业务数据方便了数据维护,减少了数据冗余,但是要直观展示业务数据就必须检索多个数据文件。例如,在学生成绩系统中,如果要直观显示成绩文件中的所有学生成绩,就需要根据每个成绩记录的学生 ID 和课程 ID,分别根据 ID 匹配原则从学生文件和成绩文件中读入对应的学生和课程数据,然后进行汇总并展示给用户。

下面以学生成绩管理为例,展示如何利用多文件存储业务数据,并进行数据维护和检索,具体代码如例 2.11 所示,部分函数留给读者自行练习完成。

【例 2.11】 多文件存储

```
/*Exam2_11.c*/
```

---

① 在实际软件开发中,业务数据作为历史记录的存在,一般是不直接删除的,而是将数据记录的状态根据业务需求改为删除或者其他状态即可。例如,在学生成绩管理系统中,当学生退学或者其他情况发生时,只需要将学生的状态修改为退学等状态即可,其取得的历史成绩依然保存在成绩文件中。

```c
#include <io.h>
#include <stdio.h>
typedef struct {                              /* 定义学生结构体 */
    long ID;                                  /* 学生 ID */
    char num[10];                             /* 学号 */
    char name[30];                            /* 姓名 */
} student_t;
typedef struct {                              /* 定义课程结构体 */
    long ID;                                  /* 课程 ID */
    char name[30];                            /* 课程名 */
    int credit;                               /* 学分 */
} course_t;
typedef struct {                              /* 定义成绩结构体 */
    long ID;                                  /* 选课 ID */
    long stuID;                               /* 学生 ID */
    long courID;                              /* 课程 ID */
    int score;                                /* 成绩 */
} score_t;
typedef struct {                              /* 定义存储业务数据主键的结构体 */
    char name[41];                            /* 业务数据名称 */
    long key;                                 /* 主键值 */
} entity_key_t;
const char * file_student="student.dat";      /* 学生文件名 */
const char * file_course="course.dat";        /* 课程文件名 */
const char * file_score="score.dat";          /* 成绩文件名 */
const char * file_key ="key.dat";             /* 主键文件名 */
long GetNewKey(const char * entName);         /* 为业务数据分配主键 */
…;                                            /* 声明其他所有函数 */

int main(void) {
    setvbuf(stdout, NULL, _IONBF, 0);         /* 取消标准输出缓冲区 */
    remove(file_key);                         /* 删除现存的主键文件 */
    remove(file_score);                       /* 删除现存的成绩文件 */
    Student_InitFile();                       /* 初始化学生文件 */
    Course_InitFile();                        /* 初始化课程文件 */
    Student_PrintAll();                       /* 打印输出所有学生数据 */
    Course_PrintAll();                        /* 打印输出所有课程数据 */
    Score_InitFile();                         /* 初始化成绩文件 */
    Score_PrintAll();                         /* 打印输出成绩文件中所有成绩 */
    long ID;
    printf("\nInput the ID of the student to delete:");
    scanf("%ld", &ID);
    printf("\nThe student with ID:%ld has been deleted!\n", ID);
    if(Student_Delete(ID)){                   /* 删除学生数据 */
```

```
            Score_DelByStuID(ID);                    /* 为保证数据一致性,删除该学生的成绩 */
            Score_PrintAll();                        /* 输出删除后的所有成绩数据 */
        }
        else
            printf("\nThe student does not exist!\n");
        return 0;
    }


/* 根据传入的业务数据名 entName,为其新数据记录分配唯一的主键 */
long GetNewKey(const char * entName) {
    entity_key_t ent;
    FILE * fp;
    int found = 0;
    long newEntKey = 1;
    if (access(file_key, 0)) {                        /* 判断文件是否存在 */
        if (!(fp = fopen(file_key, "wb+")))           /* 新建文件 */
            return 0;
    } else {
        if (!(fp = fopen(file_key, "rb+")))           /* 以读写更新模式打开 */
            return 0;
    }
    while (1) {
        if (fread(&ent, sizeof(entity_key_t), 1, fp) < 1) /* 读入每个主键记录 */
            break;
        if (0 == strcmp(ent.name, entName)) {          /* 匹配业务数据名 */
            fseek(fp, -((int)sizeof(entity_key_t)), SEEK_CUR);
            ent.key ++;                                /* 主键值加 1 */
            newEntKey = ent.key;
            fwrite(&ent, sizeof(entity_key_t), 1, fp); /* 写入最新主键值 */
            found = 1;
            break;
        }
    }
    if (!found) {           /* 未找到业务数据的主键记录,将新加主键记录到文件末尾 */
        strcpy(ent.name, entName);
        ent.key = 1;
        fwrite(&ent, sizeof(entity_key_t), 1, fp);
    }
    fclose(fp);
    return newEntKey;                                  /* 返回分配的主键值 */
}


void Student_InitFile(void) {                          /* 初始化学生数据文件 */
    student_t stu_data[] = {{0, "001", "stu_1"},{0, "002", "stu_2"},
```

```
                        {0, "003", "stu_3"} };
    FILE * fp_stu = fopen(file_student, "wb");
    if (!fp_stu) {
        printf("Open file \"%s\" for write failed!\n", file_student);
        return;
    }
    for(int i=0; i<3; i++)
        stu_data[i].ID = GetNewKey("student");        /* 使用"student"分配主键 */
    fwrite(stu_data, sizeof(student_t), 3, fp_stu);/* 保存到学生文件中 */
    fclose(fp_stu);
}


void Course_InitFile(void) {                         /* 初始化课程数据文件 */
    course_t cour_data[] = { { 0, "C Language", 4 },
                            { 0, "Advanced Mathematics", 6 } };
    …;       /* 与函数 Student_InitFile 类似,数据文件 file_score,业务数据名"score" */
}


void Student_PrintAll(void) {                        /* 打印输出所有学生数据 */
    student_t stu_tmp;
    FILE * fp = fopen(file_student, "rb");
    if (!fp) {
        printf("Open file \"%s\" for read failed!\n", file_student);
        return ;
    }
    printf("\nData records in the file of students:\n");
    while (1) {
        if (fread(&stu_tmp, sizeof(student_t), 1, fp) <1)
            break;
        printf("id:%ld, num:%s, name:%s\n", stu_tmp.ID,
                stu_tmp.num, stu_tmp.name);
    }
    fclose(fp);
}


void Course_PrintAll(void) {                         /* 打印输出所有课程数据 */
    …;                       /* 与函数 Student_PrintAll 类似,数据文件为 file_score */
}


void Score_InitFile(void) {                          /* 初始化成绩文件 */
    score_t score;
    while (1) {
        printf("\nInput student ID, course ID, and score[0 for exist]:");
        scanf("%ld%ld%d",&(score.stuID),&(score.courID),&(score.score));
```

```
        if (0 ==score.stuID)
            break;
        if (Student_IsExist(score.stuID)&&Course_IsExist(score.courID))
            Score_Add(&score);      /* 检测数据一致性,确保学生和课程有效才能存储 */
        else
            printf("The data has errors!\n");
    }
}

int Score_Add(score_t * ptScore) {          /* 在成绩文件中添加一个新成绩 ptScore */
    int rtn =0;
    ptScore->ID =GetNewKey("score");     /* 通过业务数据名"score"分配新主键 */
    FILE * fp_sco =fopen(file_score, "ab");
    if (!fp_sco) {
        printf("Open file \"%s\" for write failed!\n", file_score);
        return 0;
    }
    rtn =fwrite(ptScore, sizeof(score_t), 1, fp_sco);   /* 将成绩写入文件中 */
    fclose(fp_sco);
    return rtn;
}

int Student_IsExist(long stuID) {          /* 检测 ID 为 stuID 的学生是否存在,存在则
                                              返回 1 */
    int found =0;
    student_t stu_tmp;
    FILE * fp =fopen(file_student, "rb");
    if (!fp) {
        printf("Open file \"%s\" for read failed!\n", file_student);
        return 0;
    }
    while (1) {
        if (fread(&stu_tmp, sizeof(student_t), 1, fp) <1)
            break;
        if (stu_tmp.ID ==stuID) {
            found =1;
            break;
        }
    }
    fclose(fp);
    return found;                          /* 返回 1 表示存在,否则返回 0 */
}

/* 查找 ID 为 stuID 的学生记录并保存在 stu 指向的内存中,找到返回 1,否则返回 0 */
```

```
int Student_GetByID(long stuID, student_t * stu) {
    …;          /* 过程与函数 Student_IsExist 相同,将找到的学生数据赋给 * stu 即可 */
}

/* 检测 ID 为 courID 的课程数据记录是否存在,如果存在则返回1,否则返回 0 */
int Course_IsExist(long courID) {
    …;              /* 过程与函数 Student_IsExist 类似,使用数据文件为 file_course */
}

/* 查找 ID 为 courID 的课程记录并保存在 cour 指向的内存中,找到返回1,否则返回 0 */
int Course_GetByID(long courID, course_t * cour) {
    …;              /* 过程与函数 Course_IsExist 相同,将找到的课程数据赋给 * cour */
}

/* 删除学生文件中 ID 为 stuID 的学生记录,返回实际删除的记录数 */
int Student_Delete(long stuID) {          /* 操作的数据文件为 file_student */
    int count = 0;
    …;          /* 方法同例 2.10 中的 Delete 函数,将删除的记录数保存在 count 中 */
    return count;
}

/* 删除成绩文件中 ID 为 stuID 的所有学生成绩,返回实际删除的记录数 */
int Score_DelByStuID(long stuID) {          /* 操作的数据文件为 file_score */
    int count = 0;
    …;          /* 方法同例 2.10 中的 Delete 函数,将删除的记录数保存在 count 中 */
    return count;
}

void Score_PrintAll(void) {          /* 以表格形式打印输出成绩文件中所有成绩数据 */
    score_t sco;
    student_t stu;
    course_t cour;
    int i, count = 0;
    FILE * fp = fopen(file_score, "rb");
    if (!fp) {
        printf("Open file \"%s\" for read failed!\n", file_score);
        return;
    }
    printf("\nData records in the file of scores:\n");
    for (i = 0; i < 95; i++)                    /* 绘制表格线 */
        putchar('-');
    printf("\n%15s|%15s|%15s|%25s|%10s|%10s\n", "Student ID",
            "Student Num.", "Student Name", "Course Name",
            "Score", "Credit");                    /* 输出表格头 */
```

```
    for (i =0; i <95; i++)
        putchar('-');
putchar('\n');
while (1) {
    if (fread(&sco, sizeof(score_t), 1, fp) <1)
        break;
    /* 根据 ID 获取对应学生和课程数据 */
    if (!Student_GetByID(sco.stuID, &stu) ||
            !Course_GetByID(sco.courID, &cour)) {
        printf("\nThe data has errors!\n");              /* 找不到则数据出错 */
        break;
    }
    printf("%15ld|%15s|%15s|%25s|%10d|%10d\n", stu.ID, stu.num,
            stu.name, cour.name, sco.score, cour.credit);
    count++;                                              /* 统计记录数 */
}
fclose(fp);
for (i =0; i <95; i++)
    putchar('-');
printf("\nTotal %d records!\n", count);                  /* 显示总记录数 */
}
```

通过本节的学习,读者应该体会到文件的读写流程还是比较简单的,但如果软件中有多种数据需要存储管理,则需要编写大量的专用文件读写代码,而且这些代码的内容和方法类似,最大的差别仅是处理的数据不同而已。为提高软件开发效率,20 世纪 60 年代出现了专门用于管理数据的数据库技术来替代文件存储,成为今天软件开发首选的数据存储方案,相关介绍请阅读 7.2 节。

2.4 动态内存管理

在软件开发时,经常遇到待管理的数据记录个数无法预知的情况。此时,如果使用数组进行管理,则在定义时需要直接给出数组长度,或者通过数组元素初值间接给出数组长度,以便编译器为数组分配需要的内存单元。如果数组定义过大则造成内存空间的浪费,定义过小则无法满足数据存储需要。为了解决此问题,C 语言允许软件开发人员根据实际需要,向操作系统动态申请内存空间来存储数据。本节先介绍经常使用的内存管理函数,然后重点介绍两种常用的动态内存管理技术,即动态数组和动态链表。

2.4.1 内存管理函数

C 语言为方便动态内存管理,提供了申请、调整大小和释放内存空间函数,以及内存块初始化、内存块间数据复制等函数,软件开发中经常使用的有:
- void * malloc(size_t size):申请 size 字节的内存块,如成功则返回分配的内存起始地址,否则返回 NULL。

- void * calloc(size_t num, size_t size):申请 size×num 个字节的内存块,如成功则将分配的内存块全部置为 0 并返回内存块的起始地址,否则返回 NULL。
- void * realloc(void * ptr, size_t newsize):将 ptr 指向的内存块大小调整为 newsize 个字节,如调整成功则返回调整后的内存起始地址,否则返回 NULL。
- void free(void * ptr):释放 ptr 指向的内存块。
- void * memset(void * ptr, int ch, size_t n):将 ptr 指向的内存块中的前 n 个字节全部初始化为 ch,返回 ptr 的值。
- void * memcpy(void * dest, const void * src, size_t n);:将 src 指向的内存块中的前 n 个字节复制到 dest 指向的内存块,返回 dest 的值。

其中,前 4 个函数声明在 stdlib.h 头文件中,后 2 个函数声明 string.h 中。malloc 与 calloc 函数均可以申请内存,但前者仅是分配内存,而分配到的内存单元保留原始值不变(为随机值),后者将分配到的内存块全部置为 0。realloc 函数用于将 ptr 指向内存块的大小从 oldsize 调整为 newsize,当 newsize<oldsize 时缩小 ptr 内存块,将 ptr 内存块的尾部 oldsize-newsize 个字节释放(可能会导致数据丢失);当 newsize>oldsize 时扩充 ptr 内存块,如果 ptr 内存块后面有足够大空闲内存,则直接在 ptr 内存块尾部增加内存,如果 ptr 内存块后面的空闲内存不够,则重新分配另一块 newsize 大小的内存,然后将 ptr 内存块的内容复制到新内存块中,释放 ptr 内存块并返回新内存块的指针。

动态申请的内存,与程序中直接定义的变量、数组等所占的内存空间不同,后者由编译器在对源程序进行编译时静态分配和回收,而前者需要程序员自己进行内存空间管理,稍有不慎容易产生错误。在进行动态内存管理时,一般应遵循以下基本原则:

(1)调用 malloc、calloc 及 realloc 函数时,必须通过判断返回值是否为 NULL 来检测内存申请或调整成功与否,仅当不为 NULL 时程序才能继续执行后面的代码。

(2)申请到的内存块通过起始地址进行标识,任何时候都必须确保当前申请到的每一个内存块的起始地址都得到有效的存储和管理,例如记录在指针变量或指针数组中。

(3)通过申请到的内存块起始地址,就可以直接在该内存块中存储和处理数据,但必须确保对内存块的访问在有效的地址范围内(即:起始地址~起始地址+内存块大小),不能越过内存块的边界。

(4)当内存块使用完毕后,一定要用 free 函数将内存块释放掉,否则会造成内存泄露。如果程序执行期间经常只申请内存但不释放,会造成由于系统内存耗尽而产生异常错误。调用 free 函数释放内存块时,必须传入首地址进行整体释放,不允许释放内存块的一部分。

(5)内存块释放完成后存储空间已经被系统收回,即使还保存了该内存块的起始地址,但对该内存块访问也属于非法地址访问。

动态内存管理是 C 语言的主要特色之一,软件开发人员可以在程序运行时,根据实际需要动态申请内存来存储和处理数据,极大地方便了软件开发。下面通过动态数组和动态链表来展示如何进行动态内存管理。

2.4.2 动态数组

数组是一种线性的数据存储结构,数组元素按顺序依次存储在相邻的内存单元中,并且可以通过数组下标直接访问数组中的任何元素,为数据的存储和高效分析处理带来了很大的便利。本小节给出在程序运行时动态创建一维和二维数组的方法。

1. 动态一维数组

在程序中直接定义一个一维数组,编译器要为该数组分配一块连续的内存空间(大小为数组元素大小×数组长度),将数组元素按顺序存储在该内存块中,且数组名即为该内存空间的起始地址。在动态创建一维数组时,需要根据数组数据元素的类型和数组长度调用 malloc 或 calloc 函数申请一个合适大小的内存块。malloc 和 calloc 函数只关注要申请的内存块大小(字节数),无法知道内存块申请成功后用于存储什么类型的数据,因此函数返回值为 void 型指针。需要将返回的 void 型指针强制转换为数组数据元素类型的指针,然后保存到对应类型的指针变量中,通过该指针变量就可以按照数组方式使用下标访问数组元素。

动态创建一维整型数组的示例如例 2.12 所示。程序根据用户输入的数组长度使用 malloc 函数或者 calloc 函数动态申请内存,并将申请到的内存块首地址保存在指针变量 ptr,成功后就可以把 ptr 看作一维数组,通过下标访问数组元素。

【例 2.12】 动态创建一维数组

```
/* Exam2_12.c */
#include <io.h>
#include <stdio.h>
#include <stdlib.h>
int main(void) {
    int i, len, * ptr =NULL;
    setvbuf(stdout, NULL, _IONBF, 0);
    printf("Input the length of the array:");
    scanf("%d", &len);
    ptr =(int * )malloc(sizeof(int) * len);      /* 申请存储 len 个整数的内存空间 */
/* ptr =(int * )calloc(len, sizeof(int)); */      /* 通过 calloc 申请相同大小的内存 */
    if(NULL==ptr){                                /* 检测内存申请是否成功 */
        printf("Memory allocated failed!\n");
        return 0;
    }
    for(i=0; i<len; i++)
        ptr[i] =i * i;                            /* 按一维数组方式访问内存块,写入数据 */
    printf("The data in the array are as follow:\n");
    for(i=0; i<len; i++)
        printf("%-5d", ptr[i]);                  /* 按一维数组方式访问内存块,读出数据 */
    free(ptr);                                    /* 使用完毕,释放内存块 */
    return 0;
}
```

2. 动态二维数组

由于内存空间为线性地址空间,C 语言对于程序中直接定义的二维数组,采用按行存储的模式,先将数组元素按顺序保存在内存中,然后依次类推把剩余各行的数组元素保存在内存中,这种存储特点要求在定义二维数组时必须最少给出数组的列数。直接定义的二维数组在内存中也占据了一大块连续的内存空间,并且二维数组名即为该内存块的起始地址,通过数组名和数据元素的行与列下标就可以计算出数据元素在内存中的地址。例如,对于整型二维数组 int a[5][10],数组元素 a[i][j] 的地址为:（void ∗ ）a + sizeof (int) ∗ (i ∗ 10+j)。

如果二维数组的列数预先(令其为 COL)可以确定而行数未知,可以采用与动态创建一维数组类似的方式,首先需要定义一个指向长度为 COL 的一维数组的指针变量,然后根据行数和列数,一次性为二维数组申请需要的内存空间,再将返回的内存地址经过类型转换后赋给定义的指针变量,完成后就可以使用该指针变量按照二维数组模式进行访问数组元素,具体示例如例 2.13 所示。

【例 2.13】 列数已知情况下动态创建二维数组

```
/ * Exam2_13.c * /
#include <io.h>
#include <stdio.h>
#include <stdlib.h>
const int COL =10;               / * 已知二维数组列数为 10 * /

int main(void) {
    int i, j, row;
    int ( * ptr)[COL]=NULL;       / * ptr 为指向长度为 COL 的一维整型数组的指针变量 * /
    setvbuf(stdout, NULL, _IONBF, 0);
    printf("Input the row count of the array:");
    scanf("%d", &row);
    / * 申请内存并将返回值强制转换为指向长度为 COL 的一维整型数组的指针 * /
    ptr =(int ( * )[COL])calloc(row * COL, sizeof(int));
    if(NULL==ptr){
        printf("Memory allocated failed! \n");
        return 0;
    }
    for(i=0; i<row; i++)
        for(j=0; j<COL; j++)
            ptr[i][j] =i * 10 +j;        / * 按二维数组方式访问内存块,写入数据 * /
    printf("The data in the array are as follow:\n");
    for(i=0; i<row; i++){
        for(j=0; j<COL; j++)
            printf("%-5d", ptr[i][j]);    / * 按二维数组方式访问内存块,读出数据 * /
        putchar('\n');
    }
```

```
        free(ptr);                              /* 释放申请的内存空间 */
        return 0;
    }
```

当要动态创建的二维数组行数和列数均无法预先确定(令其分别为 row 和 col),则首先需要动态创建一个长度为 row 的指针数组(令其为 ptr),然后为二维数组每一行动态创建 row 个长度为 col 的一维数组,并将得到的一维数组地址依次保存在 ptr 中,完成后就可以使用 ptr 按照二维数组模式访问数组元素。当二维数组使用完毕后,需要先根据 ptr 中缓存的地址释放为每一行分配的内存块,然后再释放为 ptr 分配的内存块,具体示例如例 2.14 所示。

【例 2.14】 行和列数均未知情况下动态创建二维数组

```c
/* Exam2_14.c */
#include <io.h>
#include <stdio.h>
#include <stdlib.h>

int main(void) {
    int i, j, row, col;
    int * * ptr=NULL;           /* 定义二级整型指针,用来保存整型指针数组的首地址 */
    setvbuf(stdout, NULL, _IONBF, 0);
    printf("Input the numbers of row and column of the array:");
    scanf("%d%d", &row, &col);                  /* 输入二维数组行和列数 */
    ptr =(int * * )calloc(row, sizeof(int * ));  /* 创建长度为 row 的指针数组 */
    if(NULL==ptr){
        printf("Memory allocated failed!\n");
        return 0;
    }
    for(i=0; i<row; i++){                        /* 为二维数组每一行申请内存空间 */
        /* 将每一行的内存块首地址保存在 ptr 中 */
        ptr[i] =(int * )calloc(col, sizeof(int));
        if(NULL==ptr[i]){
            printf("Memory allocated failed!\n");
            return 0;
        }
    }
    for(i=0; i<row; i++)
        for(j=0; j<col; j++)
            ptr[i][j] =i * 10 +j;               /* 按二维数组方式写入数据 */
    printf("The data in the array are as follow:\n");
    for(i=0; i<row; i++){
        for(j=0; j<col; j++)
            printf("%-5d", ptr[i][j]);          /* 按二维数组方式读出数据 */
        putchar('\n');
```

```
    }
    for(i=0; i<row; i++)                    /* 释放为二维数组每一行申请的内存块 */
        free(ptr[i]);
    free(ptr);                              /* 释放指针数组的内存块 */
    return 0;
}
```

动态二维数组虽然可以按照行与列下标模式访问数组元素,例如 ptr[i][j],但是需要先根据行号在指针数组中读取第 i 行所在的内存块地址 ptr[i],然后将 ptr[i] 看作一维数组再访问其第 j 个元素,这个过程与直接定义的二维数组是完全不同的。另外,动态创建的二维数组虽然每一行占了一块连续的内存,但是整个二维数组占据的内存空间不一定连续。

动态二维数组一旦创建好后,使用起来与常规数组没什么差别,可以高效访问数组中任何元素,但如果要再次调整数组大小(尤其是扩大数组存储空间)就比较麻烦,C 语言提供的 realloc 函数虽然也可以支持,但是执行效率是比较低的。另外,数组元素由于在内存中连续存储,要在中间插入或删除数组元素就需要移动插入位置后面的所有数组元素。动态数组适用于数组大小和数组元素个数相对稳定的情况。

2.4.3　动态链表

动态链表[①](简称"链表")也是一种常用的线性数据结构,以结点为单位将业务数据(通常一个结点保存一条业务数据,但也可以根据需要保存多条)离散存储在内存空间中,结点中定义有指针域来保存相邻结点在内存中的地址,从而通过指针域将所有结点连接起来构成了结点的线性序列,只要知道链表的第一个结点,沿着指针域就可以访问到链表任何一个结点。链表可以根据实际需要动态申请结点空间来存储数据,只要能保持链表指针域的线性关系,就可以高效地实现结点的插入和删除,不需要移动链表元素,是数据规模无法确定且数据元素个数变化较大情况下的最佳选择。本小节介绍各种常见链表的结构和特点,并结合示例对不带头结点链表和带头结点链表在维护管理上的特点进行分析比较。

1. 链表分类

在使用链表时,需要定义一个指针变量,用来指向(存储)链表的第一个结点(地址,头指针)。为了便于说明,下文中用指针变量 list 来存储链表头指针。根据链表中指针的构成以及是否带头结点,分为以下几种类型。

1) 单向链表

单向(循环)链表的结构示意图见图 2.4。链表结点只包含一个指针域 next(见图 2.4(a)),用于存储下一个结点地址(指向下一个结点),从而构成了单向指针链。从头指针开始沿 next 指针链,就可以方便地访问链表中的所有结点。

当链表不为空时,list 指向链表第一个结点。若链表最后一个结点的 next 指针为

---

① 链表有动态链表和静态链表之分。本书只介绍动态链表,静态链表在"数据结构"课程中介绍。

NULL,则是**单向非循环链表**,简称**单向链表**(见图 2.4(b));若链表最后一个结点的 next 指针指向链表的第一个结点,则是**单向循环链表**(见图 2.4(d))。

当链表为空时,无论是循环链表还是非循环链表,此时链表中都没有任何结点,list= NULL(见图 2.4(c))。

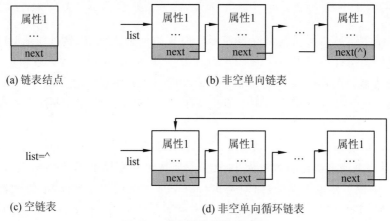

(a) 链表结点　　　　　(b) 非空单向链表

(c) 空链表　　　　　(d) 非空单向循环链表

图 2.4　单向链表结构示意图

单向链表只能沿 next 指针域顺序遍历。如果要删除链表中某个结点 p,或者要在 p 前面插入一个新结点 q 时,需要找到 p 的前一个结点才可以,编程效率较低。

2)双向链表

双向链表的结构示意图见图 2.5。链表结点包含两个指针域 prev 和 next(见图 2.5(a)),其中 next 用于存储下一个结点地址(指向下一个结点),而 prev 用于指向前一个结点,从而构成了 next 顺序指针链和 prev 逆向指针链。从双向链表中任意结点 p 出发,可以方便找到链表中的任何一个结点。

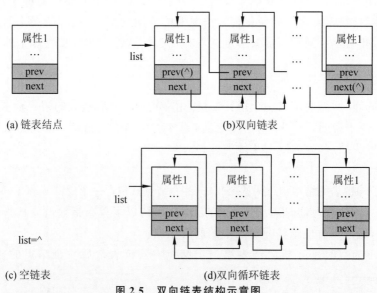

(a) 链表结点　　　　　(b)双向链表

(c) 空链表　　　　　(d)双向循环链表

图 2.5　双向链表结构示意图

- 当链表不为空时,list 指向链表第一个结点。若链表第一个结点的 prev 为 NULL 且最后一个结点的 next 指针为 NULL,则是双向非循环链表,简称双向链表(见图 2.5(b));若链表第一个结点的 prev 指向最后一个结点,而最后一个结点的 next 指针指向链表第一个结点,则构成双向循环链表(见图 2.5(d))。
- 当链表为空时,无论是双向循环链表还是双向非循环链表,此时链表中都没有任何结点,list=NULL(见图 2.5(c))。

双向链表由于每个结点拥有 prev 和 next 两个指针,可以很方便地沿着 next 指针链对链表进行顺序遍历,或者沿着 prev 指针链对链表进行逆向遍历。另外,在链表中删除某结点 p,或者在 p 前面插入一个新结点 q 时,由于可以通过 prev 直接找到前一个结点,因此可以高效地完成操作。

3)带头结点链表

带头结点的链表,顾名思义,就是链表的最前面有一个额外的结点——头结点。头结点的数据类型与链表其他结点相同,但头结点本身并不存储任何数据,头结点的引入是为编程开发带来了便利。后面将结合实例分析比较带不带头结点对编程的影响。

前面介绍的各种链表都可以加上一个头结点,从而构成相应带头结点的链表,结构示意图见图 2.6。在引入头结点后,链表的头指针 list 指向头结点。

- 带头结点的单向链表。当链表为空时,头结点的 next 指针域为 NULL(图 2.6(a))。当链表不为空时,头结点的 next 指针域指向第一个数据结点(图 2.6(b))。
- 带头结点的单向循环链表。当链表为空时,头结点的 next 指针域指向头结点自己(图 2.6(c))。当链表不为空时,头结点的 next 指针域指向第一个数据结点,而链表最后一个结点的 next 指针指向头结点(图 2.6(d))。
- 带头结点的双向链表。当链表为空时,头结点的 prev 及 next 指针域均为 NULL(图 2.6(e))。当链表不为空时,头结点的 prev 指针域为 NULL,next 指针域指向第一个数据结点;最后一个结点的 prev 指针域指向倒数第二个结点,next 指针域为 NULL(图 2.6(f))。
- 带头结点的双向循环链表。当链表为空时,头结点的 prev 及 next 指针域均指向头结点自己(图 2.6(g))。当链表不为空时,头结点的 prev 指针域指向最后一个结点,next 指针域指向第一个数据结点;最后一个结点的 prev 指针域指向倒数第二个结点,next 指针域指向头结点(图 2.6(h))。

软件开发时,首先应根据业务数据的特点选择合适的链表,其次应熟悉所选链表的结构特点(包括链表为空条件,结点指针域的构成和含义,及链表结点间的关系等),在对链表进行创建、增加结点、删除结点及销毁等操作时,当操作完成后必须使链表的结构特征保持不变。

2. 头结点对链表操作的影响

这里结合示例,以单链表为例对带头结点和不带头结点的链表操作差异进行分析比较。带头结点的双向链表与此类似,具体示例略。

1)不带头结点的链表

在进行软件开发时,往往需要在函数里完成对链表的插入或删除操作。如果遇到需

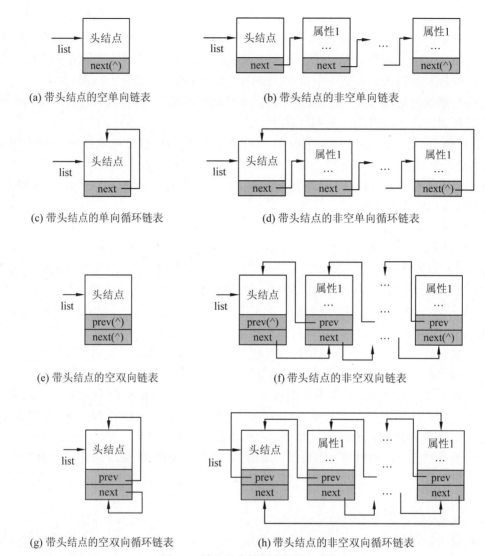

(a) 带头结点的空单向链表   (b) 带头结点的非空单向链表

(c) 带头结点的单向循环链表   (d) 带头结点的非空单向循环链表

(e) 带头结点的空双向链表   (f) 带头结点的非空双向链表

(g) 带头结点的空双向循环链表   (h) 带头结点的非空双向循环链表

图 2.6 带头结点的链表结构示意图

要修改头指针的情况,例如,在链表头插入一个新结点,或者删除链表的第一个结点,此时需要把链表最新的头指针返回到主调函数中去。解决方案有两个:

(1) 将主调函数中存储链表头指针的变量地址通过函数参数传进来(该参数为指向指针的指针变量,即二级指针变量)。例 2.15 中的 CreateList_Method1 函数使用此方案以头插法建立链表,每次将新结点插入到链表开头,链表中的结点顺序和结点建立顺序相反。该方法可以通过返回值返回受操作影响的结点个数(例如添加的结点个数),但是由于使用了二级指针,编程时稍有不慎就容易出错,并且程序的可读性较差。

(2) 通过返回值将链表头指针返回到主调函数中。例 2.15 中的 CreateList_Method2 函数使用了该方案以尾插法建立链表,每次将新结点插入到链表末尾,因此链表中的结点顺序和结点建立顺序相同。该方法编程相对简单,但缺点是无法直接返回受操作影响的结点个数。

　　不带头结点单链表的维护管理示例如例 2.15 所示,首先分别用上述的两种方法创建链表并输出链表的数据,然后在保持链表结点按照 ID 大小有序排列的前提下,在第 2 种方法建立的链表中分别插入和删除一个结点,最后销毁链表,释放为链表分配的内存空间。

　　【例 2.15】　不带头结点的单链表

```c
/* Exam2_15.c */
#include<stdio.h>
#include<stdlib.h>
#include<string.h>
typedef struct student_node{                        /* 链表结点定义 */
    int ID;
    charname[30];
    int score;
    struct student_node * next;
}student_node_t, * student_list_t;

int CreateList_Method1(student_list_t * list);    /* 按方案 1 创建链表 */
student_list_t CreateList_Method2(void);          /* 按方案 2 创建链表 */
void ShowList(student_list_t list);               /* 输出链表内容 */
int AddNode(student_list_t * list);               /* 添加结点 */
int DeleteNode(student_list_t * list);            /* 删除结点 */
void DestroyList(student_list_t list);            /* 销毁链表,释放所有结点空间 */

intmain(void){
    student_list_t list=NULL;             /* 定义保存链表头指针的指针变量 */
    setvbuf(stdout, NULL, _IONBF, 0);
    printf("Create list with method 1\n");
    CreateList_Method1(&list);            /* 使用方法 1 创建链表,传入 list 的地址 */
    ShowList(list);                       /* 显示链表内容 */
    DestroyList(list);                    /* 销毁链表 */
    printf("Create list with method 2\n");
    list=CreateList_Method2();            /* 使用方法 2 创建链表 */
    ShowList(list);
    printf("Add a new node to the list\n");
    AddNode(&list);                       /* 添加结点 */
    ShowList(list);
    printf("Delete a node from the list\n");
    DeleteNode(&list);                    /* 删除结点 */
    ShowList(list);
    DestroyList(list);
    return 0;
}
```

```c
/* 创建链表, 通过参数 list 带回头指针, 返回值为实际创建的数据结点个数。list 为指向指针
   变量的指针, 即二级指针 */
int CreateList_Method1(student_list_t * list) {
    int i = 0;
    student_node_t * p;
    * list = NULL;
    for (i = 0; i < 10; i++) {
        p = (student_node_t *) malloc(sizeof(student_node_t));   /* 申请内存 */
        if (NULL == p)
            break;
        p->ID = i * 5;
        p->score = i * 10;
        sprintf(p->name, "%s%d", "Student-", i * 5);
        p->next = list;                      /* 采用头插法将新结点加入到链表 list 中 */
        * list = p;                          /* 修改链表头指针, 让 list 指向最新头结点 */
    }
    return i;                                /* 返回建立的结点个数 */
}


/* 创建链表, 返回值为创建好的链表头指针 */
student_list_t CreateList_Method2(void) {
    int i = 0;
    student_node_t * p, * q;
    student_list_t list = NULL;              /* 定义指针变量 list 来存储链表头指针 */
    for(i = 0; i < 10; i++) {
        p = (student_node_t *) malloc(sizeof(student_node_t));   /* 申请内存 */
        if (NULL == p)
            break;
        p->ID = i * 5;
        p->score = i * 10;
        p->next = NULL;
        sprintf(p->name, "%s%d", "Student-", i * 5);
        /* 采用尾插法将新结点 p 加入到链表 list 中 */
        if(NULL == list)
            q = list = p;                    /* 用 list 记录链表头指针, q 指向最后一个结点 */
        else{
            q->next = p;                     /* 将新结点插入到链表末尾 */
            q = p;                           /* 修改 q, 指向最后一个结点 */
        }
    }
    return list;                             /* 返回链表头指针 */
}
```

```
void ShowList(student_list_t list) {/* 输出链表内容 */
    student_node_t * p=list;
    printf("==============Student List ================\n");
    printf("%5s%20s%8s\n", "ID", "Name", "Score");
    printf("---------------------------------------------\n");
    while (p !=NULL ) {              /* 依次遍历每个链表结点 */
        printf("%5d%20s%8d\n", p->ID, p->name, p->score);
        p =p->next;
    }
    printf("===========================================\n");
}


/* 按 ID 顺序添加新结点,返回实际添加的结点个数 */
int AddNode(student_list_t * list) {
    student_node_t * p, * q;
    p = (student_node_t * ) malloc(sizeof(student_node_t));   /* 申请结点空间 */
    if (NULL ==p)
        return 0;
    /* 创建新结点 */
    printf("Input the ID of the student to add:");
    scanf("%d", &(p->ID));
    p->score =p->ID * 10;
    sprintf(p->name, "%s%d", "Student-", p->ID);
    if( NULL== * list || p->ID<=( * list)->ID ) {
        /* 链表为空或新结点的 ID 比第一个结点的 ID 小/
        p->next = * list;            /* 新结点插入到最开始位置 */
        * list =p;                   /* 修改头指针 */
    }else{
        q = * list;
        /* 按 ID 顺序寻找插入位置,q 指向比新结点 ID 值小的最大 ID 值的结点 */
        while(q->next!=NULL && q->next->ID<p->ID)
            q =q->next;
        if(q->next!=NULL &&q->next->ID ==p->ID) {       /* ID 出现重复 */
            printf("The student with %d already exists in the list!\n",
                p->ID);
            free(p);                 /* 不允许 ID 值重复,故释放 p,返回 0 */
            return 0;
        }else{              /* 将新结点 p 插入到 q 之后,保证 next 指针链的完整性 */
            p->next =q->next;        /* p 的 next 指针域保存 q 下一个结点的地址 */
            q->next =p;              /* 将 q 的 next 指针指向新结点 p */
        }
    }
    return 1;
}
```

```
/* 删除结点,返回值为实际删除的结点个数 */
int DeleteNode(student_list_t * list) {
    int ID;
    if (NULL == * list)
        return 0;
    printf("Input the ID of the student to delete:");
    scanf("%d", &ID);                 /* 读入要删除的结点 ID */
    student_node_t * p, * q = * list;
    if ((* list)->ID == ID) {         /* 第 1 个结点就是要删除的结点 */
        * list = q->next;             /* 修改头指针指向第 2 个结点 */
        free(q);                      /* 释放第 1 个结点 */
    } else {
        /* 遍历链表,寻找要删除的结点,q 指向要删除结点的前一个结点 */
        while (q->next != NULL && q->next->ID != ID)
            q = q->next;
        if (NULL == q->next) {        /* 遍历完链表,没有找到 */
            printf("The student with %d does not exist in the list!\n", ID);
            return 0;
        } else {                      /* q->next 为要删除的结点 */
            p = q->next;              /* p 指向要删除的结点 */
            q->next = p->next;        /* 将 q 的 next 指向 p 后结点,将 p 从链表中去掉 */
            free(p);                  /* 释放 p 的空间 */
        }
    }
    return 1;
}

void DestroyList(student_list_t list) {  /* 销毁链表,释放所有结点空间 */
    student_node_t * p;
    while(NULL != list) {
        p = list;                     /* p 指向第一个结点 */
        list = list->next;            /* 头指针后移到下一个结点 */
        free(p);                      /* 释放第一个结点 */
    }
}
```

2) 带头结点的链表

带头结点的链表在使用时,一般遵循以下流程:

(1) 初始化链表,创建头结点。

(2) 对链表进行插入、删除、修改和遍历操作。

(3) 使用完毕后销毁链表,释放数据结点及头结点。

带头结点单链表的维护管理示例如例 2.16 所示,首先初始化链表,然后采用尾插法建立学生记录按照 ID 值递增有序排列的单链表,接着分别在链表中插入和删除一个结点,最后销毁链表。

【例 2.16】 带头结点单链表的使用

```c
/*Exam2_16.c*/
#include<stdio.h>
#include<stdlib.h>
#include<string.h>
#include<assert.h>
typedef struct student_node{                    /*链表结点定义*/
    int ID;
    charname[30];
    int score;
    struct student_node * next;
}student_node_t, * student_list_t;

int InitList(student_list_t * list);            /*初始化链表,创建链表头结点*/
int CreateList(student_list_t list);            /*创建链表数据结点*/
void ShowList(student_list_t list);             /*输出链表内容*/
int AddNode(student_list_t list);               /*添加结点*/
int DeleteNode(student_list_t list);            /*删除结点*/
void DestroyList(student_list_t * list);        /*销毁链表,释放所有结点空间*/

int main(void){
    student_list_t list=NULL;                   /*注意:list 为指针变量*/
    setvbuf(stdout, NULL, _IONBF, 0);
    InitList(&list);                            /*初始化链表。注意:对 list 取地址*/
    CreateList(list);                           /*创建链表数据结点*/
    ShowList(list);                             /*显示链表内容*/
    printf("Add a new node to the list\n");
    AddNode(list);                              /*添加结点*/
    ShowList(list);
    printf("Delete a node from the list\n");
    DeleteNode(list);                           /*删除结点*/
    ShowList(list);
    DestroyList(&list);                         /*销毁链表。注意:对 list 取地址*/
    return 0;
}

/*初始化链表,返回 0 表示失败,1 表示成功。list 为指向指针变量的指针,即二级指针*/
int InitList(student_list_t * list){
    * list =(student_node_t *) malloc(sizeof(student_node_t));
    if ( * list){                               /*初始化链表头结点*/
        ( * list)->next=NULL;
        return 1;
```

```
        }else
            return 0;
    }


/*创建链表数据结点,list 为头结点地址,返回值为实际创建的数据结点个数*/
int CreateList(student_list_t list) {
    assert(NULL!=list);                 /*带头结点的链表头指针任何时候都不能为 NULL*/
    int i =0;
    student_node_t * p, * q;
    q =list;                            /*q指向头结点,也是链表中唯一结点*/
    for (i =0; i <10; i++) {            /*采用尾插法将新结点加入到链表 list 中*/
        p = (student_node_t * ) malloc(sizeof(student_node_t));   /*申请内存*/
        if (!p)
            break;
        p->ID =i * 5;
        p->score =i * 10;
        printf(p->name, "%s%d", "Student-", i * 5);
        p->next =NULL;
        q->next =p;                     /*将新结点插入到链表末尾*/
        q =p;                           /*修改 q,指向最后一个结点*/
    }
    return i;                           /*返回建立的数据结点个数*/
}


void ShowList(student_list_t list) { /*输出链表内容*/
    assert(NULL!=list);                 /*带头结点的链表头指针任何时候都不能为 NULL*/
    student_node_t * p =list->next;
    printf("============Student List ================\n");
    printf("%5s%20s%8s\n", "ID", "Name", "Score");
    printf("------------------------------------------\n");
    while (p !=NULL ) {                 /*依次遍历每个数据结点,并输出内容*/
        printf("%5d%20s%8d\n", p->ID, p->name, p->score);
        p =p->next;
    }
    printf("==========================================\n");
}


/*按 ID 顺序添加新结点,返回实际添加的结点个数*/
int AddNode(student_list_t list) {
    assert(NULL!=list);                 /*带头结点的链表头指针任何时候都不能为 NULL*/
    student_node_t * p, * q;
    p = (student_node_t * ) malloc(sizeof(student_node_t));   /*申请结点空间*/
    if (NULL ==p)
        return 0;
```

```
/*创建新结点*/
printf("Input the ID of the student to add:");
scanf("%d", &(p->ID));
p->score =p->ID * 10;
sprintf(p->name, "%s%d", "Student-", p->ID);
q=list;
/*按 ID 顺序寻找插入位置,q 指向比新结点 ID 值小的最大 ID 值的结点*/
while(q->next!=NULL && q->next->ID<p->ID)
    q =q->next;
if(q->next !=NULL && q->next->ID ==p->ID){    /* ID 出现重复*/
    printf("The student with %d already exists in the list!\n", p->ID);
    free(p);                            /*不允许 ID 值重复,故释放 p,返回 0*/
    return 0;
}else{                                  /*将新结点 p 插入到 q 之后,保证 next 指针链的完
                                          整性*/
    p->next =q->next;                   /*p 的 next 指针域保存 q 下一个结点的地址*/
    q->next =p;                         /*将 q 的 next 指针指向新结点 p*/
}
return 1;
}


/*删除结点,返回值为实际删除的结点个数*/
int DeleteNode(student_list_t list) {
    assert(NULL!=list);                 /*带头结点的链表头指针任何时候都不能为 NULL*/
    int ID;
    printf("Input the ID of the student to delete:");
    scanf("%d", &ID);                   /*读入要删除的结点 ID*/
    student_node_t * p, * q;
    /*遍历链表,寻找要删除的结点,q 指向要删除结点的前一个结点*/
    q =list;
    while (q->next !=NULL && q->next->ID !=ID)
        q =q->next;
    if (NULL ==q->next) {               /*遍历完链表,没有找到*/
        printf("The student with %d does not exist in the list!\n", ID);
        return 0;
    } else {                            /* q->next 为要删除结点,从链表中去掉,并保持
                                          next 指针链完整性*/
        p =q->next;                     /*p 指向要删除的结点*/
        q->next =p->next;               /*将 q 的 next 指向 p 后结点,将 p 从链表中去掉*/
        free(p);                        /*释放 p 的空间*/
    }
    return 1;
}
```

```
/*销毁链表,释放所有结点(含头结点)的内存空间*/
void DestroyList(student_list_t * list) {
    student_node_t * p, * q;
    q = ( * list)->next;              /*q指向第一个数据结点*/
    while (NULL !=q) {                /*依次释放所有数据结点*/
        p =q;                        /*p指向当前要释放数据结点*/
        q =p->next;                  /*q指针指向下一个数据结点*/
        free(p);                     /*释放数据结点p*/
    }
    free( * list);                    /*释放头结点空间*/
    * list =NULL;                     /*将头指针置NULL*/
}
```

通过比较例2.15与例2.16,对于带头结点的链表,由于头结点在链表使用期间一直存在,在函数中即使对链表的数据结点进行了添加、删除或修改也不会影响到头指针,因此编程时只需要把链表头指针作为参数直接传给函数即可,链表维护的程序代码要简洁一些,具有更好的可读性。

2.5 TTMS 的链表机制

经过上一节的学习,读者会发现在对链表进行管理维护时,只涉及结点指针域的修改或者访问,而与结点中存储的业务数据无关。考虑到 TTMS 在开发时有大量的业务数据需要使用链表进行管理,为提高开发效率,避免重复编写针对链表进行增、删、改、遍历等操作的代码,将软件开发人员的主要精力放在业务逻辑处理上来,TTMS 统一采用带头结点的双向循环链表进行数据组织管理,并通过宏函数的形式定义针对链表操作的各种函数,使用链表管理数据时仅需要调用宏函数即可。

2.5.1 数据结构定义

TTMS 的链表结构示意图如图 2.7 所示。对于 TTMS 业务领域的业务实体,在开发时首先需要根据其属性特征定义结构体,命名为 entity_t;其次,定义管理实体数据的链表结点结构体(构成见图 2.7 (b)),成员包含 entity_t 类型的 data,以及 prev 和 next 两个指针域。注意,为了定义统一的链表操作宏函数,链表结点中的这两个指针域必须命名为 next 和 prev。另外,在链表结点中通过结构体变量 data 来存储业务实体的数据,而不是将实体的属性直接定义在链表结点中,有利于编程时直接提取出结点中的业务实体数据。

例如,对于前面例子中的学生实体 student,如果按照 TTMS 的链表管理模式,相关数据结构定义如下:

```
typedef struct{                      /*定义描述业务实体 student 的结构体*/
    int ID;
    char name[20];
    int score;
```

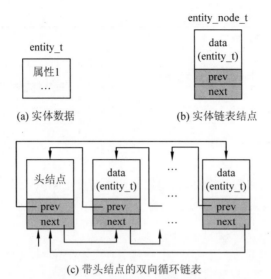

(a) 实体数据　　　　　　　(b) 实体链表结点

(c) 带头结点的双向循环链表

图 2.7　TTMS 的链表结构示意图

```
}student_t;
typedef struct student_node{        /* 定义管理业务实体 student 的链表结点 */
    student_t data;
    struct student_node * prev;
    struct student_node * next;
}student_node_t, * student_list_t;
```

2.5.2　链表操作

为提高 TTMS 的开发效率,避免重复写针对链表操作的代码,专门通过宏的形式定义针对链表操作的各种函数,宏函数的接口及功能如表 2.3 所示,其中函数参数 list 为要操作的链表头指针,list_node_t 为链表对应的结点类型。这些链表操作的宏函数定义在List.h 头文件中,使用链表时只需要将该头文件包含进来即可。

表 2.3　TTMS 提供的链表宏函数一览

序号	宏函数接口	功　　能
1	List_Init(list，list_node_t)	将链表 list 初始化为带头结点的双向循环链表
2	List_Free(list，list_node_t)	释放链表 list 中所有数据结点空间
3	List_Destroy(list，list_node_t)	销毁链表 list,释放所有数据结点及头结点
4	List_AddHead(list，newNode)	头插法,将结点 newNode 插入到链表 list 开头
5	List_AddTail(list，newNode)	尾插法,将结点 newNode 插入到链表 list 末尾
6	List_InsertBefore(node，newNode)	将结点 newNode 插入到链表结点 node 之前
7	List_InsertAfter(node，newNode)	将结点 newNode 插入到链表结点 node 之后

续表

序号	宏函数接口	功　　能
8	List_IsEmpty(list)	判断 list 是否为空。为空时为 true,否则为 false
9	List_DelNode(node)	将数据结点 node 从链表中删掉(不释放空间)
10	List_FreeNode(node)	将数据结点 node 从链表中删除并释放结点
11	List_ForEach(list，curPos)	使用链表指针变量 curPos 逐个遍历 list 中的每个数据结点

下面仅介绍部分宏函数的定义,其他宏函数请阅读 List.h 头文件。

- 初始化链表。将链表 list 初始化为空的带头结点的双向循环链表,定义如下:

```
#define List_Init(list, list_node_t) {                    \
    list=(list_node_t * )malloc(sizeof(list_node_t));     \
    (list)->next=(list)->prev=list;                       \
}
```

- 头插法添加新结点。将新结点 newNode 插入到链表 list 开头,定义如下:

```
#define List_AddHead(list, newNode) {                     \
    (newNode)->next=(list)->next;                         \
    (list)->next->prev=newNode;                           \
    (newNode)->prev=(list);                               \
    (list)->next=newNode;                                 \
}
```

- 尾插法添加新结点。将新结点 newNode 插入到链表 list 末尾,定义如下:

```
#define List_AddTail(list, newNode) {                     \
    (newNode)->prev=(list)->prev;                         \
    (list)->prev->next=newNode;                           \
    (newNode)->next=list;                                 \
    (list)->prev=newNode;                                 \
}
```

- 判断链表 list 是否为空,为空时取值 true,否则 false。该宏函数为双向循环链表的判空条件,定义如下:

```
#define List_IsEmpty(list)  ((list !=NULL)               \
    && ((list)->next ==list)&&(list ==(list)->prev))
```

- 使用指针变量 curPos 遍历链表 list。该宏函数为 for 循环的控制条件,循环体由程序员根据需要编写,在循环体内可以使用 curPos 访问当前指向的结点,定义如下:

```
#define List_ForEach(list, curPos)                        \
    for ( curPos =(list)->next; curPos !=list;            \
        curPos=curPos->next)
```

TTMS 链表的使用流程如图 2.8 所示,具体说明如下。

(1)定义存储链表头指针的指针变量,例如将其命名为 list。

(2)调用 List_Init 对链表进行初始化。在初始化时会动态创建头结点,并将其初始化为空的双向循环链表。

(3)对链表进行维护操作。在链表初始化好后,就可以使用 List_AddTail、List_AddHead、List_DelNode、List_ForEach 等宏函数对链表进行增、删、遍历等操作。

(4)调用 List_Destroy 销毁链表。在链表使用完毕后需要销毁链表,释放链表所有为数据结点和头结点分配的内存空间。

图 2.8　TTMS 链表的使用流程

下面仍以学生成绩管理为例,展示如何使用 TTMS 链表进行数据管理与维护的过程和宏函数的使用方法。

【例 2.17】　TTMS 链表使用示例

```
/* Exam2_17.c */
#include<stdio.h>
#include<string.h>
#include"List.h"
typedef struct{                          /* 定义实体 student 结构体 */
    int ID;
    char name[20];
    int score;
}student_t;
typedef struct student_node{             /* 定义管理 student 的链表结点 */
    student_t data;
    struct student_node * prev;
    struct student_node * next;
}student_node_t, * student_list_t;

int CreateList_Head(student_list_t list);    /* 头插法创建链表数据结点 */
int CreateList_Tail(student_list_t list);    /* 尾插法创建链表数据结点 */
void ShowList(student_list_t list);          /* 输出链表内容 */
int AddNode(student_list_t list);            /* 添加结点 */
int DeleteNode(student_list_t list);         /* 删除结点 */

int main(void) {
    student_list_t list =NULL;               /* 定义链表头指针变量 */
    setvbuf(stdout, NULL, _IONBF, 0);
    List_Init(list, student_node_t);         /* 初始化链表 list */
```

```
        printf("Create list with head-insert method\n");
        CreateList_Head(list);                      /* 头插法创建链表数据结点 */
        ShowList(list);                             /* 输出链表内容 */
        List_Free(list, student_node_t);            /* 调用宏函数释放所有数据结点 */
        printf("Create list with tail-insert method\n");
        CreateList_Tail(list);                      /* 尾插法创建链表数据结点 */
        ShowList(list);
        printf("Add a new node to the list\n");
        AddNode(list);                              /* 给链表中添加一个结点 */
        ShowList(list);
        printf("Delete a node from the list\n");
        DeleteNode(list);                           /* 从链表中删除一个结点 */
        ShowList(list);
        List_Destroy(list, student_node_t);         /* 调用宏函数销毁链表 list */
        return 0;
    }


    /* 以头插法创建链表 list,返回创建的数据结点个数 */
    int CreateList_Head(student_list_t list) {
        int i = 0;
        student_node_t * p;
        for (i = 0; i < 10; i++) {
            /* 创建新数据结点,并初始化值 */
            p = (student_node_t *) malloc(sizeof(student_node_t));
            if (!p)
                break;
            p->data.ID = i * 5;
            p->data.score = i * 10;
            printf(p->data.name, "%s%d", "Student-", i * 5);
            List_AddHead(list, p);   /* 调用宏函数 List_AddHead 将 p 插入到 list 头部 */
        }
        return i;
    }


    /* 以尾插法创建链表 list,返回创建的数据结点个数 */
    int CreateList_Tail(student_list_t list) {
        int i = 0;
        student_node_t * p;
        for (i = 0; i < 10; i++) {
            p = (student_node_t *) malloc(sizeof(student_node_t));
            if (!p)
                break;
            p->data.ID = i * 5;
            p->data.score = i * 10;
```

```c
        sprintf(p->data.name, "%s%d", "Student-", i * 5);
        List_AddTail(list, p);   /* 调用宏函数 List_AddTail 将 p 插入到 list 末尾 */
    }
    return i;
}


void ShowList(student_list_t list) { /* 输出链表内容 */
    student_node_t * p;
    printf("=============Student List ================\n");
    printf("%5s%20s%8s\n", "ID", "Name", "Score");
    printf("-------------------------------------------\n");
    /* 调用宏函数 List_ForEach 使用指针变量 p 遍历链表 list */
    List_ForEach(list, p) {     /* 根据输出需要,编写循环体输出 p 指向当前结点的值 */
        printf("%5d%20s%8d\n", p->data.ID, p->data.name, p->data.score);
    }
    printf("==========================================\n");
}


int AddNode(student_list_t list) { /* 按 ID 顺序添加新结点,返回添加的结点个数 */
    student_node_t * p, * q;
    p = (student_node_t *) malloc(sizeof(student_node_t)); /* 申请结点空间 */
    if (NULL ==p)
        return 0;
    /* 创建新结点 */
    printf("Input the ID of the student to add:");
    scanf("%d", &(p->data.ID));
    p->data.score =p->data.ID * 10;
    sprintf(p->data.name, "%s%d", "Student-", p->data.ID);
    /* 调用宏函数 List_ForEach 使用指针变量 q 遍历链表 list,寻找插入位置 */
    List_ForEach(list, q) {
        if (q->data.ID ==p->data.ID) {   /* 不允许 ID 值重复,故释放 p,返回 0 */
            printf("The student with %d already exists in the list!\n", p->data.ID);
            free(p);
            return 0;
        } else if (q->data.ID >p->data.ID) {
            break;          /* q 指向结点的 ID 大于 p 结点 ID,找到插入位置,跳出循环 */
        }
    }
    List_InsertBefore(q, p);    /* 将 p 结点插入到 q 之前 */
    return 1;
}


int DeleteNode(student_list_t list) { /* 删除结点,返回值为实际删除的结点个数 */
    int ID;
```

```
    printf("Input the ID of the student to delete:");
    scanf("%d", &ID);                /* 读入要删除的结点 ID */
    student_node_t * q;
    /* 调用宏函数 List_ForEach 使用指针变量 q 遍历链表 list,寻找待删除结点 */
    List_ForEach(list, q) {          /* 根据需要,编写查找并释放结点的循环体 */
        if(q->data.ID==ID) {
            List_FreeNode(q);        /* 调用宏函数 List_FreeNode 将 q 从链表中删除 */
            return 1;
        }
    }
    printf("The student with %d does not exist in the list!\n", ID);
    return 0;
}
```

通过上面的例子可以看出,TTMS 的链表机制通过宏函数将链表增、删、遍历等操作进行了封装,使用时只需要按照宏函数的接口调用就可以了,程序中看不到任何对链表结点的指针变量进行修改的代码。因此,相比例 2.15 和例 2.16 中的程序,同样的任务,显然使用 TTMS 的链表机制进行数据管理与维护的程序代码要清晰得多。另外,TTMS 的宏函数经过了严格测试,只要能理解带头结点双向循环链表的结构特点,并且正确使用宏函数就可以完成链表管理任务,为软件开发带来了极大便利。

2.6　TTMS 的分页技术

当数据过多时,为方便用户查看数据,通常使用分页技术来在屏幕上显示数据。TTMS 以宏的方式配合 TTMS 链表提供了分页机制,其基本策略是通过一个结构体(分页器)来记录页面大小、总数据记录数、偏移量及当前页面的起始位置等,并通过提供的一组分页操作宏函数实现页面的定位和遍历。

TTMS 的分页器类型和分页操作宏函数的定义在 List.h 头文件中,其中分页器的结构体类型定义如下:

```
typedef struct {                    /* 定义分页器结构体,简称分页器类型 */
    int totalRecords;               /* 总数据记录数 */
    int offset;                     /* 当前页起始记录相对于第一条记录的偏移记录数 */
    int pageSize;                   /* 页面大小 */
    void * curPos;                  /* 当前页起始记录在链表中的结点地址 */
}Pagination_t;
```

TTMS 分页器相关的宏函数接口及功能见表 2.4,其中 list 为被分页的链表,paging 为分页器,list_node_t 为链表结点类型。下面仅介绍部分宏函数的定义,其他宏函数请阅读 List.h 头文件。

- 将分页器 paging 定位到链表 list 的第一页,定义如下:

```
#define Paging_Locate_FirstPage(list, paging) {                          \
```

```
    paging.offset=0;                                              \
    paging.curPos=(void *)((list)->next);                        \
}
```

- 将分页器 paging 定位到链表 list 的最后一页,其基本策略是首先根据页面大小和数据总数计算出最后一页的记录数 i,然后根据 i 值修正偏移量并从 list 头结点开始 prev 指针逆向遍历链表,分页器 curPos 定位在最后一页的起始结点上。宏定义如下:

```
#define Paging_Locate_LastPage(list, paging, list_node_t) {      \
    int i=paging.totalRecords % paging.pageSize;                 \
    if (0==i &&paging.totalRecords>0)                            \
        i=paging.pageSize;                                       \
    paging.offset=paging.totalRecords-i;                         \
    list_node_t * pos=(list)->prev;                              \
    for(;i>1;i--)                                                \
        pos=pos->prev;                                           \
    paging.curPos=(void *)pos;                                   \

}
```

- 根据分页器 paging 计算出当前的页号,函数宏定义为:

```
#define Pageing_CurPage(paging)(0==(paging).totalRecords? 0      \
    :1+(paging).offset/(paging).pageSize)
```

- 根据给定的链表 list 及分页器 paging,以整型变量 i 作为计数器,使用指针 curPos 依次遍历 paging 所指向页面中的每个结点,函数宏定义为:

```
#define Paging_ViewPage_ForEach(list, paging, list_node_t, pos, i) \
    for (i=0, pos =(list_node_t *)(paging.curPos);               \
    pos !=list && i <paging.pageSize;                            \
        i++, pos=pos->next)
```

表 2.4 TTMS 的分页宏函数一览

序号	函 数 接 口	功 能
1	List_Paging(list, paging, list_node_t)	根据分页器 paging 的偏移量 offset 将分页器定位到链表 list 的对应位置
2	Paging_Locate_FirstPage(list, paging)	将分页器 paging 定位到链表 list 的第一页
3	Paging_Locate_LastPage(list, paging, list_node_t)	将分页器 paging 定位到链表 list 的最后一页
4	Paging_Locate_OffsetPage(list, paging, offsetPage, list_node_t)	对于链表 list,将分页器 paging 向前(后)移动 offsetPage 个页面 • 当 offsetPage<0 时,向前(链表头方向)移动 |offsetPage|个页面 • 当 offsetPage>0 时,向后(链末尾方向)移动 offsetPage 个页面

续表

序号	函 数 接 口	功　　能
5	Paging_ViewPage_ForEach(list, paging, list_node_t, pos, i)	根据链表 list 及分页器 paging,使用指针变量 curPos 依次遍历 paging 所指向页面中的每个结点,这里 i 为整型变量用作计数器
6	Pageing_CurPage(paging)	根据分页器 paging 计算当前的页号
7	Pageing_TotalPages(paging)	根据分页器 paging 计算总的页数
8	Pageing_IsFirstPage(paging)	根据 paging 判断当前页面是否为第一页,结果为 true 表示是,否则 false
9	Pageing_IsLastPage(paging)	根据 paging 判断当前页面是否为最后一页,结果为 true 表示是,否则 false

TTMS 分页器的使用流程如图 2.9 所示,具体步骤说明如下。

(1) 定义分页器变量,如 paging。

(2) 初始化分页器参数,包括页面大小和链表数据结点总数。

(3) 将分页器默认定位在第一页或最后一页上。

(4) 在软件界面上显示当前页面的数据、当前页号、总页数以及翻页命令。

(5) 根据用户的翻页操作命令,调用对应的宏函数将分页器定位到对相应页面上,完成后跳转到第(4)步显示页面数据。

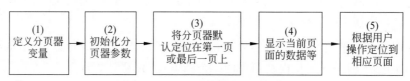

图 2.9　TTMS 分页器的使用流程

TTMS 的分页器使用示例如例 2.18 所示,先将用于管理学生数据的 TTMS 链表创建好后,将链表头结点指针 list 和数据结点综述传入到函数 ShowListByPage 中进行分页显示。该函数根据传入的参数和用户输入的页面大小对分页器 paging 进行初始化,并将分页器默认定位在第一页上,然后显示当前的页面数据以及用于翻页的字符命令,接收到用户翻页命令后将分页器定位到指定页面,然后再次显示页面数据和等待用户翻页命令,重复这一过程直到用户输入结束字符"E"(或"e")为止。

【例 2.18】　TTMS 分页器使用示例

```c
/ * Exam2_18.c * /
#include<stdio.h>
#include<string.h>
#include"List.h"
typedef struct{                              / * 定义实体 student 结构体 * /
    int ID;
    char name[20];
    int score;
```

```
}student_t;
typedef struct student_node{                    /* 定义管理 student 的链表结点 */
    student_t data;
    struct student_node * prev;
    struct student_node * next;
}student_node_t, * student_list_t;
int CreateList_Tail(student_list_t list);    /* 尾插法创建链表数据结点 */
void ShowListByPage(student_list_t list, int listSize);/* 分页显示链表内容 */

int main(void){
    setvbuf(stdout, NULL, _IONBF, 0);
    student_list_t list;                        /* 定义链表头指针变量 */
    int recCount =0;
    List_Init(list, student_node_t);            /* 调用宏函数初始化链表 list */
    recCount =CreateList_Tail(list);            /* 创建链表 */
    ShowListByPage(list, recCount);             /* 分页显示链表内容 */
    List_Destroy(list, student_node_t);         /* 调用宏函数销毁链表 list */
    return 0;
}

/* 以尾插法创建链表 list,返回创建的数据结点个数 */
int CreateList_Tail(student_list_t list) {
    …;    /* 代码同例 2.17 中 CreateList_Tail 函数 */
}

/* 以分页方式输出显示链表 list 的内容,listSize 为链表中数据结点个数 */
void ShowListByPage(student_list_t list, int listSize) {
    int pageSize, i;
    student_node_t * p;
    char choice;
    printf("Input page size:");                 /* 输入页面大小 */
    scanf("%d", &pageSize);
    if(pageSize<=5)                             /* 设定最小为 5 */
        pageSize=5;
    Pagination_t paging;                        /* 定义分页器 */
    paging.pageSize =pageSize;                  /* 初始化分页器参数 */
    paging.totalRecords =listSize;
    Paging_Locate_FirstPage(list, paging);    /* 使用宏函数定位到第一页 */
    do {
        printf("=============Student List ================\n");
        printf("%5s%20s%8s\n", "ID", "Name", "Score");
        printf("------------------------------------------------\n");
        /* 根据分页器 paging 使用宏函数遍历链表 list 当前页的每一个结点 p */
        Paging_ViewPage_ForEach(list, paging, student_node_t, p, i) {
```

```
            printf("%5d%20s%8d\n", p->data.ID, p->data.name, p->data.score);
        }
        printf("--Total Records:%2d--------Page %2d/%2d--\n", paging.
        totalRecords,Pageing_CurPage(paging), Pageing_TotalPages(paging));
        printf("[F]irst|[P]rev|[N]ext|[L]ast | [E]xit\n");
        printf("=========================================\n");
        printf("Your Choice:");
        fflush(stdin);                          /*清空输入缓冲区*/
        scanf("%c", &choice);                   /*读入用户翻页操作选项*/
        switch (choice) {
        case 'F':
            Paging_Locate_FirstPage(list, paging);      /*定位到第一页*/
            break;
        case 'P':
            if (!Pageing_IsFirstPage(paging))   /*通过宏函数检测是否为第一页*/
                Paging_Locate_OffsetPage(list, paging, -1, student_node_t);
            break;
        case 'N':
            if (!Pageing_IsLastPage(paging))    /*通过宏函数检测是否为最后一页*/
                Paging_Locate_OffsetPage(list, paging, 1, student_node_t);
            break;
        case 'L':                               /*定位到最后一页*/
            Paging_Locate_LastPage(list, paging, student_node_t);
            break;
        }
    } while (choice !='e' && choice !='E');
}
```

2.7　本章小结

　　本章对 C 语言课程中学习的多源文件编译、宏、文件、链表等基础知识进行了总结分析，并结合实际软件项目开发需要，对相关的软件设计和高级编程知识进行补充和强化。另外，为读者重点介绍了 TTMS 的链表和分页技术，相关链表的维护管理以及数据的分页操作已经通过宏函数定义在 List.h 头文件中，开发 TTMS 时可以包含进来直接使用。

　　软件企业在长期从事软件开发中，为提高软件开发效率，降低软件开发成本，会将软件项目开发中一些通用的程序代码提取出来，经过严格测试后生成开发工具包，在后来的软件项目开发中就可以直接调用，实现了程序代码的复用。TTMS 的链表和分页技术也是这样的，在其他使用 C 语言开发的软件项目中，可以将 List.h 头文件包含进来，用于管理和显示数据。

第 3 章

系统需求

软件需求(Software Requirements)是客户及用户对软件项目需要完成的任务目标及约束条件的具体要求。在实施软件项目开发时,必须先对用户进行充分的需求调研和分析,明确软件项目需要完成的任务目标后,才能有针对性地设计出合理的解决方案,确保开发出的软件产品符合用户的需要。本章首先介绍系统需求开发的相关知识,然后完整地给出"剧院票务管理系统"(Theater Tickets Management System,TTMS)的具体需求,包括应用环境、业务流程、功能需求、非功能需求和项目最终提交的产品等。

3.1 需求开发概述

需求开发的任务是清楚地理解客户及用户使用软件项目要解决的问题,完整、准确地获取软件需求,并用"软件需求规格说明书"(Software Requirements Specification,SRS)的形式准确、规范地表达软件需求。SRS 是进行软件设计、软件测试及软件项目验收的基础和依据,是软件项目开发中极其重要的一个开发文档。

需求开发的流程如图 3.1 所示,开发过程分为 4 个阶段[①],具体说明如下。

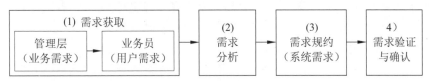

图 3.1　需求开发流程

1. 需求获取(Requirement Elicitation)

需求获取是软件开发团队的需求开发人员和项目客户的业务主管、业务人员、领域专家等项目涉众,通过需求讨论会、访谈、调查问卷等调研方式进行充分的沟通与交流,从而发现软件需求的过程。根据调研对象不同,需求获取又分为以下两个阶段。

(1) 管理层需求调研。需求获取首先需要调研项目客户(用户)的企业负责人、业务主管等高层管理人员,获取企业(部门)对项目的高层次的目标、要求与期望,以及项目涉及的业务与业务处理流程。该部分需求称为**业务需求**,是整个软件项目最终必须实现的目标。

---

① 一些文献资料将需求开发流程统称为"需求分析",读者需要根据上下文理解术语的具体含义。

（2）业务人员需求调研。按照获取的业务处理流程，调研每个业务环节的工作人员，获取业务处理的规则与细节，以及他们对软件项目的要求与期望。业务人员是未来软件系统的主要使用者，他们的需求称为**用户需求**，软件项目必须满足每个业务人员的业务办理需要。

2. 需求分析（Requirements Analysis）

需求分析是需求开发人员对需求获取得到的业务需求和用户需求进行综合整理分析，结合成熟、先进的计算机技术对客户的业务处理流程进行优化，设计出软件项目的宏观方案，划分出待开发软件系统的边界与范围，确定出哪些环节需要由其他外部的软、硬件系统来完成，而哪些任务由待开发的软件系统完成，最终定义出待开发软件系统的需求（简称**系统需求**）的过程。

系统需求由功能需求和非功能需求两部分构成。功能需求是软件系统为业务人员完成业务办理提供的功能服务，必须保持清晰、准确、完备和一致，并且能够实现业务需求里规定的所有业务目标。系统的非功能需求描述了软件产品在提供功能服务时需要满足的约束条件，比如性能、安全性、可靠性等。正确的实现功能需求是软件系统的最低要求，而非功能需求则决定了软件系统的设计方案和实现技术，因此需求分析时除了要关注软件系统的功能需求外，还要特别注意软件系统是否存在特殊的非功能需求。

3. 需求规约（Requirements Specification）

需求规约是需求开发人员将需求分析的结果经过总结整理，按照规范性、准确性、清晰性、易读性、完整性和一致性的要求，撰写为需求规格说明书（SRS）的过程。SRS通常包括软件项目的研发背景、应用环境、业务流程、功能需求、非功能需求和软件产品预期提交的成果等内容。

为了清晰、准确地描述软件系统的需求，在撰写SRS时通常需要借助专用的图形化符号工具来描述软件系统的需求模型，并给予必要的文字进行说明。需求建模使用的图形化工具主要分为面向过程与面向对象两类，前者包括功能结构图、系统流程图和数据流图等，后者包括统一建模语言（Unified Modeling Language，UML）的用例图、活动图等。本书使用UML的用例图和活动图来描述软件系统功能模型与业务流程，并配合用例描述，对每个用例的具体使用流程和要求进行定义说明。

4. 需求验证与确认（Requirements Verification & Validation）

在SRS撰写完成后，还需要对SRS进行严格的审查，期望尽可能地发现存在的错误和问题，以减少后期不必要的需求变更和由于需求错误或不准确而导致的软件缺陷。本阶段工作分两步完成：（1）需求验证，由软件公司内部按照质量标准对SRS进行审查，检测需求是否正确、完备和一致，且能够为后续设计开发和测试提供足够的基础；（2）需求确认，由软件公司和客户共同完成，让客户确认SRS中描述的需求正确地反映用户对软件的要求。

3.2 项目背景

在计算机及其他信息类相关专业的学生学习完"C语言程序设计"课程之后，为了强化学生的编程能力，帮助学生实现从程序设计到软件开发的跨越，本书以中小规模的剧院

（包含电影院、歌剧院、演唱会等）的演出票管理业务作为项目案例，为学生系统介绍软件项目开发的相关知识，并结合当前优秀的软件工程实践方法及专业的技术文档，按照学生的知识能力水平对软件的分析、设计和实现方法进行精讲，促进学生工程实践能力与综合素质的全面提高。

　　本书开发的项目名称为"剧院票务管理系统"（Theater Tickets Management System，TTMS），是一个为中小规模剧院开发的通用票务管理软件，能够对剧院的演出厅、剧目、演出计划、售票、销售统计等业务实现全程计算机管理。TTMS 使用 C 语言开发，利用文件存储业务数据，为字符界面单机版。要求学生在项目实践时，根据 TTMS 的需求及设计文档，完成软件系统的开发和测试，并撰写一定的开发文档。

3.3　应 用 环 境

　　TTMS 为字符界面单机版系统，运行环境要求如下。

3.3.1　软件环境

　　操作系统：Windows 7 以上版本，Linux 各种版本。

3.3.2　硬件环境

　　普通 PC，配置如下：
- CPU：Pentium4，1.8GHz。
- 内存：256MB 以上。
- 分辨率：推荐使用 1024 像素×768 像素。

3.4　业 务 流 程

　　剧院的核心业务是为顾客提供剧目观看服务，相应地，TTMS 的业务流程分为顾客观看演出的业务流程，以及剧院内部剧目上演的业务流程。

1. 顾客观看演出流程

　　顾客观看演出的业务流程见图 3.2，首先需要选择、购买演出票，然后按照演出时间到达剧院，通过检票入场后观看演出，看完演出后退场离开。若购票后因故不能观看演出，则可在演出开场前退票。TTMS 提供购买和退票功能，而检票入场、观看演出及退场需要人工完成。

2. 剧院剧目上演流程

　　剧院内部的剧目上演业务流程见图 3.3，引进一个新剧目后，需要根据剧院演出厅的实际情况制订合理的演出计划（演出场次数量不限），然后进行

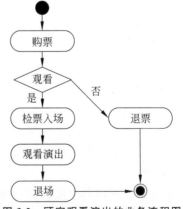

图 3.2　顾客观看演出的业务流程图

剧目宣传,并制作演出票和售票。相应地,顾客通过剧目宣传了解剧目的内容,并选择购买合适场次的演出票来观看演出。剧院按照预订的演出计划,在选定的演出厅中按时上演剧目。当演出计划的所有场次均演出完毕后,剧目下线,该剧目的演出过程结束。上述业务活动除演出为人工过程外,TTMS 对其他业务活动的办理均提供了对应的功能模块。

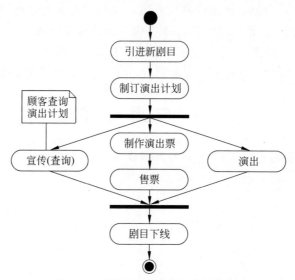

图 3.3　剧院剧目上演的业务流程图

3.5　功 能 需 求

　　TTMS 采用面向对象分析作为主要的系统建模方法,使用 UML(Unified Modeling Language)作为建模语言。UML 为建模活动提供了从不同角度观察和展示系统的各种特征的方法。在 UML 中,从任何一个角度对系统所作的抽象都可能需要几种模型来描述,而这些来自不同角度的模型图最终组成了系统的映像。

　　用例(Use Case)描述了参与者(Actor)是如何与系统交互来完成工作的。用例模型提供了一个非常重要的方式来界定系统边界以及定义系统功能,它可以作为客户和开发人员之间的契约。

　　定义用例时,遵循以下步骤:

　　(1) 识别出系统的参与者。参与者可以是用户、外部系统,甚至是外部处理,通过某种途径与系统交互。重要的是从系统外部参与者的角度来描述系统需要提供哪些功能,并指明这些功能的参与者是谁,尽可能地确保所有参与者都被完全识别出来。

　　(2) 描述主要的用例。可以采取不断地自问自答"这个参与者究竟想通过系统做什么"来准确地描述用例。

　　(3) 重新审视每个用例,为它们给出详尽的定义。

3.5.1　参与者定义

参与者是指与系统产生交互的外部用户或者外部系统。本系统的主要参与者见表 3.1，具体说明如下：

1. 系统管理员

系统管理员指在系统中进行基本信息维护的人员，主要参与管理演出厅、管理系统用户，并对演出厅的座位进行设置等功能。

2. 剧院经理

剧院经理指在系统中对所负责的剧院进行管理的人员，主要参与管理剧目、安排演出、查询演出、查询演出票、统计销售额和统计票房等功能。

3. 售票员

售票员指在系统中负责售票的人员，主要参与查询演出、查询演出票、售票、退票以及统计销售额等功能。

表 3.1　参与者一览表

编号	名称	使 用 功 能
TTMS_A_01	系统管理员	管理演出厅、管理系统用户、设置座位
TTMS_A_02	剧院经理	管理剧目、安排演出、查询演出、查询演出票、统计销售额、统计票房
TTMS_A_03	售票员	查询演出、查询演出票、售票、退票以及统计销售额

3.5.2　系统用例图

系统用例图是在需求分析阶段，描述系统的参与者及参与者进行交互的功能，是参与者所能观察和使用到的系统功能的模型图。它的主要目的是帮助开发团队以一种可视化的方式理解系统的功能需求，包括基于基本流程的"参与者"关系以及系统各个功能之间的关系。它通过用例来捕获系统的需求，再结合参与者进行系统功能需求的分析和设计。TTMS 的系统用例图如图 3.4 所示。

系统用例一览表见表 3.2，各个用例的具体描述如下。

3.5.3　管理演出厅(TTMS_UC_01)

管理演出厅是为系统管理员管理演出厅的基本信息提供的功能服务，使用的前置条件为系统管理员已登录系统。管理演出厅包含的数据项有：

- 演出厅 ID，整型。
- 演出厅名称，字符串。
- 演出厅座位行数，整型。
- 演出厅座位列数，整型。
- 演出厅座位个数，整型。

管理演出厅的具体业务主要包括对演出厅进行添加、修改和删除，在添加新演出厅之

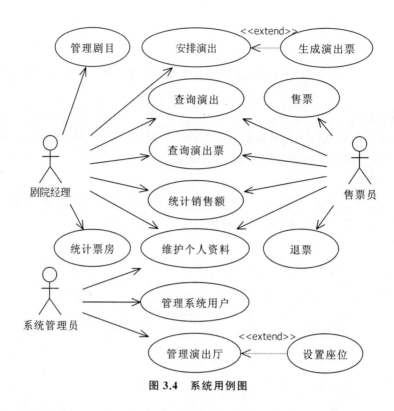

图 3.4　系统用例图

后,才可以设置该演出厅的座位。管理演出厅具体业务包括以下几方面。

（1）添加新演出厅:一个剧院可能会有很多个演出厅,需要由系统管理员将这些演出厅数据添加到 TTMS 中,以便后续安排演出。演出厅的基本数据包括用来标识每个演出厅的演出厅 ID,以及每个演出厅自己的名称、座位行数、座位列数,以及根据座位行数乘以座位列数计算出来的座位个数,另外,添加的新演出厅的座位排列默认是一个矩阵形状。

（2）修改演出厅:在需要对演出厅的基本信息进行修改时,需要通过修改演出厅功能来实现。可以修改演出厅名称、座位行数、座位列数,但是演出厅 ID 不允许修改,因为演出厅 ID 是用来区别每一个演出厅的。由于演出厅的座位是直接与演出票相关联的,因此在修改演出厅座位行数、座位列数时,需要保证不影响已生成演出票的信息,所以要求修改的新行数、列数必须大于原值。

（3）删除演出厅:当不需要一个演出厅时,可以将其删除。删除时,通过给出的演出厅 ID 查找到要删除的演出厅,将其删除并将该演出厅的座位全部删除。

表 3.2　系统用例一览表

用例编号	用例名称	参 与 者
TTMS_UC_01	管理演出厅	系统管理员
TTMS_UC_02	设置座位	系统管理员
TTMS_UC_03	管理剧目	剧院经理

用 例 编 号	用 例 名 称	参 与 者
TTMS_UC_04	安排演出	剧院经理
TTMS_UC_05	生成演出票	剧院经理
TTMS_UC_06	查询演出	剧院经理、售票员
TTMS_UC_07	查询演出票	剧院经理、售票员
TTMS_UC_08	售票	售票员
TTMS_UC_09	退票	售票员
TTMS_UC_10	统计销售额	剧院经理、售票员
TTMS_UC_11	统计票房	剧院经理
TTMS_UC_98	维护个人资料	系统管理员、剧院经理、售票员
TTMS_UC_99	管理系统用户	系统管理员

3.5.4　设置座位(TTMS_UC_02)

设置座位是为系统管理员设置演出厅的座位提供的功能服务,使用的前置条件为其所在的演出厅已存在。设置座位包含的数据项有:

- 座位 ID,整型。
- 所在演出厅 ID,整型。
- 座位行号,整型。
- 座位列号,整型。
- 座位状态,枚举类型,取值为过道、有效、损坏。

设置座位的具体业务为由系统管理员对已存在的演出厅的座位进行初始化、添加、修改和删除。在对座位进行设置后,则可以查询座位。系统管理员若只是添加了演出厅,则需要通过设置座位为演出厅初始化座位;若演出厅的座位已存在,则可以对座位进行添加、修改和删除。设置座位主要包括以下几方面。

(1) 座位初始化:系统管理员若只是添加了演出厅,则首先需要通过设置座位,为演出厅座位进行初始化,即根据给定演出厅的座位行数、座位列数,设置座位行数乘以座位列数个座位数据。每个座位数据包括座位 ID、其所在演出厅 ID、座位行号、座位列号以及该座位的状态。由于每个演出厅的座位排列默认是一个矩阵形状,因此可以通过座位的状态来设置演出厅座位的情况,例如,可以用 0 表示该位置是过道,没有座位;用 1 表示该位置是有效座位;用 2 表示该座位已损坏,无法使用。如图 3.5 所示,对于第 6 排和第 7 排的第 1 个和第 2 个以及第 11 个和第 12 个座位,可以将其状态设置为没有座位,表示该演出厅在这些位置上是过道,没有座位。初始化时设置每个座位为有效座位。

(2) 添加新座位:若修改了演出厅信息,扩大了座位行数、座位列数,或者演出厅中原来有一些座位不存在,需要添加新座位进去,就需要通过这个功能添加新座位。只有在

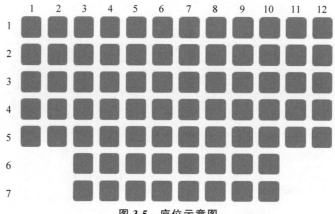

图 3.5　座位示意图

选中相应的演出厅后才能对该演出厅添加新座位,添加时会自动为该座位生成一个座位ID,之后根据用户输入的新座位的行号和列号,为其所在演出厅添加一个新座位,该座位初始状态默认是有效座位。

(3) 修改座位:修改座位主要是为了设置座位状态。在某个座位损坏,或是该位置改为过道时,可以通过修改座位来进行设置。只有在选中相应的演出厅后才能修改该演出厅的座位,之后根据用户输入的座位的行号和列号,将其修改为所需状态。

(4) 删除座位:若演出厅的某个座位已不需要,则可以删除该座位。只有在选中对应的演出厅后才能删除该演出厅的座位,之后根据用户输入的座位的行号和列号,将其删除。

3.5.5　管理剧目(TTMS_UC_03)

管理剧目是为剧院经理管理剧院上映的剧目信息提供的功能服务,使用的前置条件为剧院经理已经登录了 TTMS 系统。

剧目包含的数据项有:

- 剧目 ID,整型。
- 剧目名称,字符串类型,长度不超过 30 个字符。
- 剧目类型,枚举类型,取值为影片、歌剧、音乐会。
- 出品地区,字符串类型,长度不超过 8 个字符。
- 剧目分级,枚举类型,取值为儿童,青少年,成人。
- 剧目时长,整型。
- 上映日期,日期型。
- 下线日期,日期型。
- 票价,实型。

管理剧目的具体业务包括新增剧目信息、修改剧目信息、删除剧目信息。管理剧目时,由剧院经理添加当前剧目的信息,以便使用此信息开展后续的业务。当剧目信息发生变化时,需要修改剧目的信息。如果因为某些原因导致无法安排剧目演出,可将剧目信息删除。除此之外,在此处还应实现为某一指定的剧目安排演出,从而根据剧目信息来创建并管理相应的演出计划。

扩展功能:
- 扩展点:此处可以添加对剧目详细介绍等信息的管理等功能。

3.5.6　安排演出(TTMS_UC_04)

安排演出是为剧院经理管理剧院的演出计划信息提供的功能服务,使用的前置条件为剧院经理已经登录了 TTMS 系统并且当前已有演出厅和剧目的信息。

演出计划包含的数据项有:
- 演出计划 ID,整型。
- 剧目名称,字符串类型,长度不超过 30 个字符。
- 演出厅,字符串类型,长度不超过 30 个字符。
- 开场时间,日期时间型。
- 结束时间,日期时间型。

安排演出的具体业务包括新增演出计划、修改演出计划、删除演出计划。演出计划是指一部剧目什么时间在哪个放映厅上映。演出计划的管理以剧目为依据,即只有在选定一部剧目后,才能为该剧目安排演出、修改演出信息或删除某一演出计划。安排演出时,剧院经理根据剧目的时长安排合适的演出厅进行演出。如果在安排演出后,演出厅临时不能使用或其他关于演出的信息发生变化,可以相应地修改演出计划。如果安排演出后因为安排不当或其他原因造成演出取消,可以将演出计划删除。

扩展功能:
- 扩展点 1:也可以以另一种方式来安排演出计划和剧目之间的关系,首先按照放映厅安排好全天的场次,此时演出计划只与演出厅关联,将这些演出计划设定为尚未启用;随后,将尚未启用的演出计划与剧目编号相关联,生成完整可使用的演出计划(这一方案需要相应地修改演出计划的数据结构)。
- 扩展点 2:演出计划除了以剧目信息作为管理依据外,还可以根据演出厅的空闲计划来安排演出,即选定一个演出厅后,按照空闲时间来安排合适的剧目演出,这种方式留给读者自行实现。

3.5.7　生成演出票(TTMS_UC_05)

生成演出票是为剧院经理创建票务信息提供的功能服务,使用的前置条件为剧院经理已经登录了 TTMS 系统并且当前已有尚未生成演出票的演出计划。

演出票包含的数据项有:
- 演出票 ID,整型。
- 剧目名称,字符串类型,长度不超过 30 个字符。
- 演出厅,字符串类型,长度不超过 30 个字符。
- 演出时间,日期时间型。
- 座位行号,整型。

- 座位列号,整型。
- 票价,实型。
- 票状态,枚举类型,取值为已售,待售和预留。

生成演出票的具体业务包括生成演出票、重新生成票。票与座位不同,售出的是票,也就是特定的时间段内特定座位的使用权,而非对应的座位被卖出了,因为同一个演出厅中的同一个座位在不同时段对应着不同的票。有了相应的演出计划后,剧院经理可以选择批量生成该演出计划的票务信息。批量生成票是根据指定的演出计划,按照演出厅的每个座位批量创建票务信息。当演出计划有所修改,在未售出票之前,可以选择重新生成所有票的信息。

3.5.8　查询演出(TTMS_UC_06)

查询演出是为用户了解演出信息提供的功能服务,使用的前置条件为用户已经登录了 TTMS 系统并且当前已有演出计划信息。

查询演出时查询的对象为演出计划,演出计划的数据项参见 3.5.6 节。可以作为查询依据的查询项是演出计划 ID。查询演出时,以演出计划 ID 为依据作为关键字,显示出满足要求的演出计划信息。

扩展功能:
- 扩展点:查询演出也可以按时间、剧目编号或剧目名称等关键字进行查询,列表显示所有满足条件的演出计划信息。其他查询方式作为扩展功能留给读者练习。

3.5.9　查询演出票(TTMS_UC_07)

查询演出票是为剧院经理和售票员进行演出票查询工作所提供的功能服务,使用的前置条件是剧院经理或售票员已经登录 TTMS 系统。演出票的数据项参见 3.5.7 节。

在剧院日常业务中,观众到剧院观看演出前,需要先购买演出票,在购买演出票时根据所选剧目进行与之相关的演出票查询。输入演出计划,查询与之相关的座位行号和列号、票价及票的状态,查询结果中票的状态有已售、待售和预留等 3 种,为售票和退票提供依据。

3.5.10　售票(TTMS_UC_08)

售票是为售票员进行售票工作所提供的功能服务,使用的前置条件是售票员已经登录 TTMS 系统。

售票记录包含的数据项有:
- 售票记录 ID,整型。
- 售票员 ID,整型。
- 演出票 ID,整型。
- 售票日期,日期类型。
- 售票时间,时间类型。
- 票价,实型。

售票管理部分用于管理剧院出售演出票的订单生成与保存。在剧院日常业务中,对于售票管理的过程为：观众如果想要观看某一场演出,需要买票才能进场观看,售票模块提供给观众进行购买演出票的功能。购票时先根据观众想观看的剧目名称查询该剧目具体的演出计划,获取剧目的演出计划之后,查询座位和票的相关信息,然后生成售票订单,再将售票订单进行保存。

3.5.11　退票(TTMS_UC_09)

退票是为售票员进行退票工作所提供的功能服务,使用的前置条件是售票员已经登录 TTMS 系统。

退票记录包含的数据项有：

- 退票 ID,整型。
- 售票员 ID,整型。
- 演出票 ID,整型。
- 退票日期,日期类型。
- 退票时间,时间类型。
- 票价,实型。

退票管理部分用于完成退票业务及退票记录的生成与保存。退票的具体过程为：观众在购票之后如果不想观看演出了,在演出正式开始之前可以进行退票。首先需要根据售票记录 ID 查询要退的票,查找到之后修改票的状态,进行退票工作。

3.5.12　统计销售额(TTMS_UC_10)

统计销售额是为剧院经理或当天值班的售票员统计查询剧院销售额所提供的功能服务,使用的前置条件是剧院经理或售票员已经登录 TTMS 系统。

统计销售额包含的数据项对剧院经理和售票员是不同的,剧院经理可查看的统计销售额数据项包含有：

- 售票员 ID,整型。
- 售票员名称,字符串,长度不超过 30 个字符。
- 销售额,双精度浮点类型。
- 查询日期,日期类型,格式"年-月-日"。

售票员可查看的统计销售额数据项包含有：

- 销售额,双精度浮点类型。

统计销售额的具体业务为剧院经理或售票员提供某日期区间或当日/当月的剧院已售有效票销售额的汇总统计查询,这里的已售有效票指已售出未退的票,销售额＝已售有效票×票价。销售额统计查询结果可以帮助剧院经理及时掌握剧院销售额统计汇总情况和某售票员的工作业绩,统计结果也可帮助售票员了解自己值班当日和当月的销售额统计汇总情况。统计结果记录较多时,系统支持分页显示和上下翻页浏览。

因剧院经理和售票员角色不同,"统计票房"用例应有权限的划分,剧院经理可以查询某售票员某日期区间的销售额统计汇总。因售票员是非管理岗位,只能查询自己某日期区间的销售额统计汇总,一般为了管理需求,售票员只能查询自己值班当日或当月销售额统计汇总。

本用例除了上述基本功能外,还可以从以下方面进行扩充,供读者自行练习:

- 剧院经理可查询剧院所有售票员某日期区间的销售额统计汇总,并排序。

3.5.13　统计票房(TTMS_UC_11)

统计票房是为剧院经理统计查询剧院目前各种剧目票房收入和排序所提供的功能服务,使用的前置条件是经理已经登录 TTMS 系统。

统计票房包含的数据项一般有:

- 剧目 ID,整型。
- 剧目名称,字符串类型,长度不超过 31 个字符。
- 剧目区域,字符串类型,长度不超过 9 个字符。
- 总售票数,长整型。
- 票房,长整型。
- 剧目上演时间,日期类型,格式"-年-月-日"。
- 剧目下线时间,日期类型,格式"-年-月-日"。

统计票房的具体业务为剧院经理成功登录 TTMS 系统后,执行"统计票房"用例,可查询目前所有已上映的剧目票房排行榜信息,信息项至少包含统计票房包含的数据项,降序排序。这里的"票房"是指已售有效票的销售额,票房=已售有效票×票价。

本用例除了上述基本功能外,还可以从以下方面进行扩充,供读者自行练习:

- 查询给定日期区间所有已上映剧目销售票房排行,按票房降序排行。
- 查询给定日期区间所有已上映剧目销售票房排行,按"剧目区域"或"剧目年龄类型"等分类标准汇总统计票房,并按票房降序排行。

3.5.14　维护个人资料(TTMS_UC_98)

维护个人资料是为系统管理员、剧院经理和售票员维护个人账号资料所提供的功能服务,使用的前置条件是系统管理员或剧院经理或售票员已登录 TTMS 系统。

维护个人资料包含的数据项至少有:

- 用户密码,字符串类型,长度不超过 30 字符。

维护个人资料的具体业务为可以对个人账号除用户 ID、用户类型、用户名之外的用户信息进行修改维护。维护个人资料包含的数据项个数多少与系统用户账号信息内容的多少有关,如果系统用户账号信息包含的内容较简单,如用户 ID、用户类型、用户名和用户密码,那么可以维护的个人资料数据项仅有用户密码;如果系统用账号信息丰富,如包含用户 ID、用户类型、用户名、用户密码、昵称、电话、工作部门等,那么可以维护的个人资料数据项是除用户 ID、用户类型和用户名之外的系统用户信息项。用户 ID、用户类型和用户名一般不能提供给个人进行维护。

3.5.15　管理系统用户(TTMS_UC_99)

管理系统用户是为系统管理员提供用户账号的添加、删除、修改和查询的服务;使用的前置条件是系统管理员已登录 TTMS 系统。

管理系统用户包含的数据项有：

- 用户 ID,整型。
- 用户类型,枚举类型,取值为系统管理员、剧院经理、售票员。
- 用户名,字符串类型,长度不超过 30 个字符。
- 用户密码,字符串类型,长度不超过 30 个字符。

系统用户即使用 TTMS 系统的用户,应为每个用户分配一个用户账号,保证 TTMS 使用的安全。管理系统用户具体的业务为系统管理员进入"管理系统用户"用例模块后,系统分页显示当前的用户账号数据,并支持上下翻页浏览。账号数据至少包括用户 ID、用户类型、用户名和用户密码,也可以包含其他扩展信息,如昵称、电话、工作部门等。系统管理员可添加、删除、修改和查询用户账号数据。

账号类型即用户类型分为 3 种,分别是系统管理员、剧院经理和售票员。不同类型的账号具有不同操作权限,具体操作权限参见表 3.1 所示。

本用例除了上述基本功能外,还可以从以下方面进行扩充,供读者自行练习：

- 对账号的密码信息进行加密和解密,从而保证账号信息文件的安全性。
- 创建或修改用户密码时,密码位数不足 6 位,给予提示;同时进行新密码输入两次相同确认,从而保证新密码录入的正确性。

3.6　非功能需求

3.6.1　界面需求

（1）艺术风格：界面布局合理,前后一致,美观大方。

（2）功能键：界面提供给用户选择执行某项功能的功能键,要让用户明确其含义,并且保证各种用例相同的功能键保持一致。

（3）运行提示：非法的输入或操作应有足够的提示说明,提示、警告或错误说明应该清楚、明了、恰当,让用户明白错误出处和原因,避免形成无限期的等待。

3.6.2　其他需求

（1）系统响应：系统应具有快速响应的特性,用户打开界面和执行操作的响应时间应较快。

（2）系统安全：系统应确保不同级别的用户拥有不同的权限,售票员、剧院经理与系统管理员根据各自不同的权限,执行限定的功能,不能越权访问。

（3）系统可靠性：系统应具有较高的稳定性和可靠性,不会由于误操作频繁崩溃,并应具有良好的可维护性。

（4）系统易用性：系统应操作简洁、易用、灵活、风格统一,用户通过简单的培训就可熟练地掌握整个系统的使用。

（5）系统可扩展性：系统应采用模块化设计,能够根据用户的需求变化高效地实现系统的更新维护。

3.6.3　设计与实现约束

（1）开发语言为 C 语言。

（2）运行平台为 Windows 及 Linux 操作系统。

（3）采用分层逻辑架构模式,将软件模块至少划分为界面层、业务逻辑层以及持久化层三个层次。

（4）利用带头结点的双向循环链表进行数据的组织和管理。

（5）使用文件存储业务数据。

3.7　产　品　提　交

本项目需要提交以下内容:

* 应用系统可执行程序,1CD。
* 数据库初始数据,1CD。
* 应用系统源代码及开发过程文档电子版,1CD。
* 应用系统的"软件用户手册"和"软件开发总结报告"纸质版。

3.8　本　章　小　结

本章首先介绍了软件需求的含义、重要性和需求开发的相关知识,然后从 3.2 节开始按照软件企业的文档格式与要求给出了 TTMS 的需求规格说明书。SRS 指定了软件项目开发需要完成的具体目标与要求,是软件公司与客户之间的技术合同,也是进一步进行软件设计、编码和测试基础,以及客户最终验收软件项目的依据。

本章采用了 UML 的用例图来描述 TTMS 的功能需求模型,并配合用例描述对每个用例的使用要求和流程进行了说明。用例是软件系统为参与者提供的一项功能服务,执行完毕后能够产生可观察到的、有价值的结果,因此成为软件设计、开发的一个基本单位。本书在第 4 章里,以用例为单位给出了 TTMS 的设计方案,读者在学习时应与用例的需求描述相结合,这样有助于正确理解设计方案。

系 统 设 计

针对 TTMS 的软件系统需求,本章在介绍软件设计相关知识的基础上,给出 TTMS 的具体设计方案,包括设计决策、逻辑架构(软件单元划分、接口及处理流程)、数据结构(数据结构设计以及业务实体数据类型定义)、数据存储(数据文件格式定义及基本操作)、界面设计及开发架构(源代码项目工程的目录结构、软件单元与源文件的对应关系、发布系统的目录结构)等。

4.1　软件设计概述

软件设计的任务是根据软件需求说明书提出的软件系统要求,设计出软件的具体实现方案,并撰写软件的设计说明书。软件设计可以细分为总体设计(概要设计)和详细设计两个阶段,总体设计确定软件系统的模块构成、接口,以及模块之间的依赖关系,而详细设计则确定每个模块内部的具体处理过程。

软件设计的任务模型可描述为如图 4.1 所示的塔状结构,具体设计内容包括数据结构设计、体系结构设计、接口设计和过程设计,其中前三个部分属于总体设计,最后一个属于详细设计。下面分别对这 4 部分的设计重点进行说明。

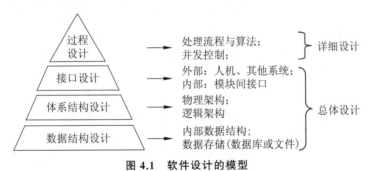

图 4.1　软件设计的模型

4.1.1　数据结构设计

计算机的存储系统主要由内存和外存构成,内存可以被程序直接访问,但缺点是计算机断电后数据消失,主要用于在程序运行时临时保存待处理的业务数据;外存用于长久保存需要重复使用的程序和数据。相应地,数据结构设计包含内存数据结构设计和外存数据存储方案设计两部分任务。

系统设计时,首先要分析出有哪些业务数据需要计算和处理,然后针对每一种业务数据的特点和计算要求,定义出合适的内存数据结构,例如结构体数组、动态链表等,用来在程序运行时缓存待处理的业务数据。其次,对于以后还要使用的业务数据或计算结果,必须将数据保存在外存上,通常采用的存储方案有文件或数据库两种。如果使用文件存储,需要设计数据在文件中的存储格式(请参阅 2.3.1 节);如果使用数据库,则需要定义数据库的表结构、表之间的约束关系等(请参阅 7.2 节)。

业务数据记录了企业的生产、运行状态数据,虽然能够由软件进行分析和处理,但数据本身却是独立于软件产品而存在的。只要数据文件(数据库)没有被破坏,并且了解数据的存储结构,一旦软件系统出现问题,经过升级改造甚至重新开发新版本后,利用原有数据照常可以进行业务处理。良好的数据存储方案不但可以提升数据的读写效率,降低数据冗余,还有助于业务数据的处理逻辑设计,因此成为软件设计模型中的基础任务。

4.1.2 体系结构设计

软件体系结构(Software Architecture)是一个软件系统高层次的组织结构,表现为软件系统的组件构成、组件之间的相互关系、组件与环境之间的相互关系。根据描述对象的不同,软件体系结构主要分为以下几种。

(1) 逻辑架构(Logical Architecture):描述软件逻辑单元(函数、类)的组成及其关系。常用的逻辑架构有整体架构和分层架构,后者由于具备良好的代码复用性、扩展性和可维护性,成为软件开发的首选。

(2) 物理架构(Physical Architecture):又称为系统架构,描述软件系统的网络拓扑结构、硬件构成以及软件的部署方案。常见的物理架构包括单机模式(例如操作系统自带的计算器工具)、Client/Server 架构(简称 C/S 架构,例如 QQ 软件)和 Browser/Server 架构(简称 B/S 架构,例如中国教育网 www.edu.cn)等。

(3) 开发架构(Development Architecture):描述软件物理模块(动态库、文件、可执行程序等)的组成及其关系。开发架构告诉软件开发人员在创建的项目工程文件中,需要创建哪些源文件,在每个源程序中保存哪些软件逻辑单元,以及使用哪些源程序文件来编译生成动态库及可执行文件等。

上述三种架构在软件设计时均需要设计,其中软件系统采用的总体物理架构在早期可行性研究阶段就可以确定,设计阶段仅需要设计各分布式组件间的访问接口即可;开发架构则根据逻辑架构划分的软件单元、物理架构定义的运行组件并结合所选编程语言的特点就可以确定;软件设计阶段的最主要工作是设计逻辑架构,根据一定策略把要开发的软件系统划分为一个个适合开发的软件单元,确定每个软件单元的功能和接口,并通过模块调用将软件单元组织起来完成预期任务。本章设计的 TTMS 采用三层逻辑架构,并以用例为单位进行了软件单元划分,具体内容请参阅 4.3 节。

4.1.3 接口设计

在软件体系结构确定之后,需要对模块接口进行良好地设计,力求降低模块间的耦合度,提高软件模块的复用性和可维护性。根据描述对象不同,接口设计分为以下两类:

（1）外部接口：分为软件与用户的人机接口及软件与其他软硬件系统间的接口。前者为用户操作软件的界面，通常有字符界面和图形用户界面两种形式，具体采用何种形式根据需要而定，甚至可以不要界面。后者为编程接口的形式，允许其他软硬件系统通过该接口访问软件提供的服务。

（2）内部接口：为软件内部各模块之间的接口，其他模块可以通过接口访问所属模块提供的服务。

4.1.4　过程设计

经过前面三部分的设计，软件的整体结构已经设计出来，但每个模块内部的实现细节还需要进一步确定。过程设计的任务就是给出每个模块的处理流程与算法细节，例如画出函数的流程图。注意，在软件开发时往往函数模块数量很多，如果把每个函数的流程图都绘制出来是极其费时费力的，一般仅绘制具有复杂业务逻辑的函数模块，简单模块只需要使用文字描述模块的任务目标和计算规则即可。

4.2　设　计　决　策

针对读者软件开发知识的实际掌握程度，TTMS 的设计决策说明如下。

（1）设计开发技术：采用面向过程技术（Procedure Oriented Technique）进行系统设计和开发，开发语言为标准 C 语言。

（2）物理架构：软件为字符界面单机版，采用文件存储业务数据。

（3）逻辑架构：采用分层架构模式，将软件模块分为界面层（View）、业务逻辑层（Service）及持久化层（Persistence）。

（4）数据结构：采用结构体描述业务实体，并使用带头结点的双向循环链表在内存中进行数据的组织与管理。

（5）运行环境：各种版本的 Linux 或 Windows 操作系统。

TTMS 在系统逻辑架构的设计上，使用了目前广泛使用的分层架构模式，将软件分为图 4.2 所示的三层架构（3-Layer Architecture）。

（1）界面层（User Interface Layer）：亦称为视图层（View Layer），位于软件最外层（最上层），不做实际的业务处理，仅为用户使用软件提供一种交互式操作的界面，用于接收用户输入的数据并显示处理结果。界面层的优劣在用户对软件的使用体验上有很大的影响作用。

（2）业务逻辑层（Business Logic Layer）：亦称为服务层（Service Layer），位于界面层与持久化层之间，接收来自界面层的请求，按照客户领域的业务逻辑完成实际的业务处理，并将处理结果反馈给界面层进行显示，必要时可进一步调用持久化层的服务将结果保存下来。业务逻辑层是软件架构中最核心、最重要的部分。

（3）持久化层（Persistence Layer）：亦称为数据访问层（Data Access Layer），位于软件架构的最底层，负责将业务数据在磁盘或其他存储介质上长久地保存下来，并提供必要的管理和访问服务。

相对于传统的软件整体架构，分层架构具备以下优势：

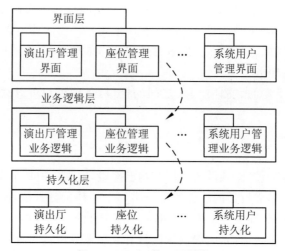

图 4.2　TTMS 的三层架构

（1）每一层只专注于某一方面的处理，软件架构更加清晰、明确，而且有利于开发时分工协作。

（2）降低了层与层之间的依赖，极大地降低了后期的维护成本和维护时间。

（3）容易用新技术对某一层的代码进行改造，从而可以复用其他层的代码来实现软件的更新升级。例如基于本项目的源代码，当读者在掌握了数据库技术后，可以将持久化层的文件存储修改为对应的数据库存储，即可将本软件从单机版升级为基于网络的 C/S 版。另外，也可以使用 C 的图形库技术（如 GTK＋、QT）对界面层进行改造，开发出一个具备图形用户界面的 TTMS。

4.3　逻辑架构设计

TTMS 的函数模块的命名规则为：

实体名_所在层_函数名

其中，所在层取值为 UI、Srv 或 Perst，分别表示函数位于界面层、业务逻辑层或持久化层。实体名取值及含义如下：

- Account：用户账户。
- Studio：演出厅。
- Sale：销售。
- Seat：座位。
- Play：剧目。
- Schedule：演出计划。
- Ticket：票。
- EntKey：实体主键。

TTMS 在内存中统一使用动态链表对业务数据进行管理与组织，数据结构模型见

2.5 节。对于业务实体 xxxx(取值为小写的业务实体名,例如演出厅实体 studio),相关的数据类型有以下 3 种:

(1) xxxx_t:实体 xxxx 的结构体类型定义,成员为 xxxx 的相关属性,如 studio_t。

(2) xxxx_node_t:管理实体 xxxx 的链表结点类型定义,如 studio_node_t。

(3) xxxx_list_t:管理实体 xxxx 的链表类型定义,为 xxxx_node_t 的指针类型,如 studio_list_t。

TTMS 界面层处理流程如图 4.3 所示。注意,为方便阅读,处理流程图中按照模块功能直接给出了模块的中文名称和模块标识符(模块名称下面的括号内),具体对应的函数模块请按照模块标识符查阅本节后面的接口设计。

当系统执行后,首先调用"系统登录(TTMS_SCU_Login)"模块进行用户身份认证。如果认证通过则调用"主菜单(TTMS_SCU_MainMenu)"模块,根据用户权限显示可使用的功能菜单项。接下来,根据用户选择可进入"演出厅管理(TTMS_SCU_Studio _UI_MgtEnt)"、"剧目管理(TTMS_SCU_Play_UI_MgtEnt)"与"售票管理(TTMS_SCU_SelTicket_UI_MgtEnt)"等模块使用其功能服务。

下面,将以用例为单位逐个给出每一个功能模块的具体处理流程。

4.3.1　管理演出厅(TTMS_UC_01)

1. 执行方案

1) 管理演出厅

"管理演出厅界面(TTMS_SCU_Studio_UI_MgtEnt)"模块提供了管理演出厅的入口,可以查看当前系统中的演出厅数据,并提供了对演出厅进行添加、修改、删除及管理座位的菜单项供用户选择。管理演出厅的处理流程见图 4.4,具体过程说明如下。

(1) 界面层的"管理演出厅界面(TTMS_SCU_Studio_UI_MgtEnt)"模块调用业务逻辑层的"获取全部演出厅(TTMS_SCU_Studio_Srv_FetchAll)"模块获取全部的演出厅数据。

(2) 业务逻辑层的"获取全部演出厅(TTMS_SCU_Studio_Srv_FetchAll)"模块进一步调用持久化层的"从文件中载入全部演出厅(TTMS_ SCU_Studio_Perst_SelAll)"模块,从文件中读取出所有数据并返回给调用者。

(3) 界面层的"管理演出厅界面(TTMS_SCU_Studio_UI_MgtEnt)"模块根据得到的演出厅数据对界面进行初始化,显示当前的演出厅数据,并显示对演出厅进行添加、修改、删除及管理座位的菜单项。

(4) 接收用户的输入,并根据用户的选择进入界面层的"添加新演出厅界面(TTMS_SCU _Studio_UI_Add)"、"修改演出厅界面(TTMS_SCU_Studio_UI_Mod)"、"删除演出厅界面(TTMS_SCU_Studio_UI_Del)"和"管理座位界面(TTMS_SCU_Seat_UI_MgtEnt)"模块。

2) 添加新演出厅

"添加新演出厅界面(TTMS_SCU_Studio_UI_Add)"模块用于向系统中添加一个新演出厅数据,添加新演出厅的处理流程见图 4.5,具体过程说明如下。

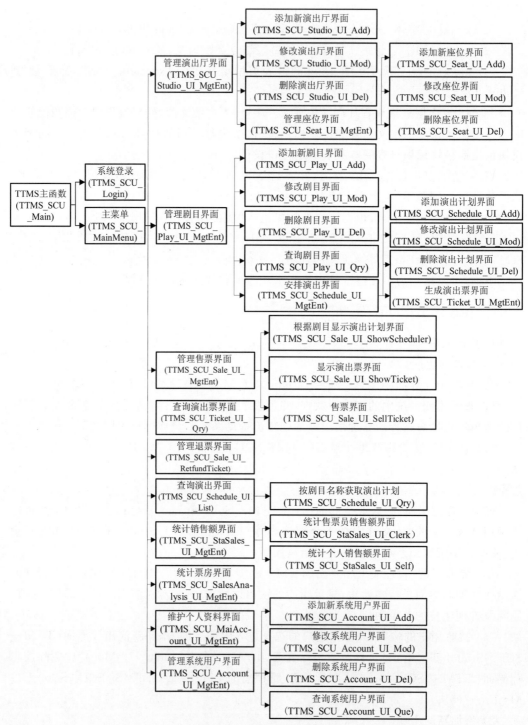

图 4.3 界面层的处理流程

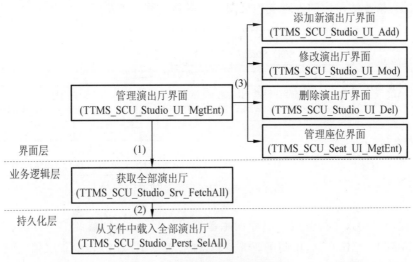

图 4.4　管理演出厅的处理流程

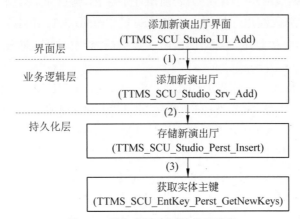

图 4.5　添加新演出厅的处理流程

（1）在用户输入了新演出厅的各个属性数据后，界面层的"添加新演出厅界面
（TTMS_SCU_Studio_UI_Add）"模块将调用业务逻辑层的"添加新演出厅（TTMS_SCU
_Studio_Srv_Add）"模块。

（2）业务逻辑层的"添加新演出厅（TTMS_SCU_Studio_Srv_Add）"模块进一步调用
持久化层的"存储新演出厅（TTMS_SCU_Studio_Perst_Insert）"模块，将新演出厅数据存
储到文件中。

（3）持久化层的"存储新演出厅（TTMS_SCU_Studio_Perst_Insert）"模块进一步调
用持久化层的"获取实体主键（TTMS_SCU_EntKey_Perst_GetNewKeys）"模块，从文件
中读取出当前演出厅的主键值，加 1 后返回给调用者，并更新文件中演出厅的主键值，为
新演出厅分配一个唯一的主键（实体 ID）。

3）修改演出厅

"修改演出厅界面（TTMS_SCU_Studio_UI_Mod）"模块用于修改系统中现存的一个

演出厅数据,修改演出厅的处理流程见图 4.6,具体过程说明如下。

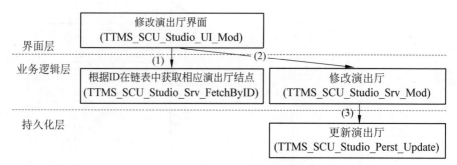

图 4.6　修改演出厅的处理流程

(1) 在用户输入了待修改演出厅的主键 ID 后,界面层的"修改演出厅界面(TTMS_SCU_ Studio_UI_Mod)"模块调用业务逻辑层的"根据 ID 在链表中获取相应演出厅结点(TTMS_SCU_Studio_Srv_FindByID)"模块获取相应的演出厅数据,按照 ID 匹配原则在链表中获取并返回相应演出厅的数据,若演出厅不存在,则返回 NULL。

(2) 界面层的"修改演出厅界面(TTMS_SCU_Studio_UI_Mod)"模块将获取的演出厅数据显示给用户,并接收用户对演出厅属性数据的修改(注意,演出厅的主键值不允许修改)。

(3) 界面层的"修改演出厅界面(TTMS_SCU_Studio_UI_Mod)"模块调用业务逻辑层的"修改演出厅(TTMS_SCU_Studio_Srv_Mod)"模块更新修改后的演出厅数据,而该模块将进一步调用持久化层的"更新演出厅(TTMS_SCU_Studio_ Perst_Update)"模块,在文件中找到相应的演出厅记录并更新为修改后的数据。

4) 删除演出厅

"删除演出厅界面(TTMS_SCU_Studio_UI_Del)"模块用于删除系统中现存的一个演出厅数据,删除演出厅的处理流程见图 4.7,具体过程说明如下。

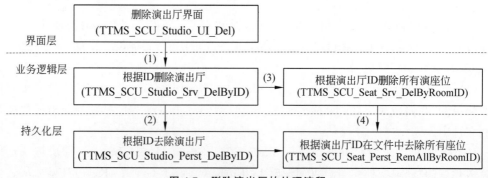

图 4.7　删除演出厅的处理流程

(1) 在用户输入了待删除演出厅的主键 ID 后,界面层的"删除演出厅界面(TTMS_ SCU_Studio_UI_Del)"模块调用业务逻辑层的"根据 ID 删除演出厅(TTMS_SCU_ Studio_Srv_DelByID)"模块,删除相应的演出厅数据。

（2）业务逻辑层的"根据 ID 删除演出厅（TTMS_SCU_Studio_Srv_DelByID）"模块进一步调用持久化层的"根据 ID 去除演出厅（TTMS_SCU_Studio_Perst_RemByID）"模块，从文件中按照 ID 匹配原则找到并删除演出厅数据。

（3）业务逻辑层的"根据 ID 删除演出厅（TTMS_SCU_Studio_Srv_DelByID）"模块进一步调用业务逻辑层的"根据演出厅 ID 删除所有座位（TTMS_SCU_Seat_Srv_DelByRoomID）"模块，删除相应演出厅的所有座位。

（4）业务逻辑层的"根据演出厅 ID 删除所有座位（TTMS_SCU_Seat_Srv_DelByRoomID）"模块调用持久化层的"根据演出厅 ID 在文件中去除所有座位（TTMS_SCU_Seat_Perst_RemAllByRoomID）"模块，从文件中按照 ID 匹配原则找到并删除所有座位数据。

2. 数据结构

（1）演出厅实体数据类型的定义如下：

- 类型标识：TTMS_SDS_Studio_Ent。
- 类型名称：studio_t。
- 类型定义：

```
typedef struct {
    int      id;              //演出厅 ID
    char     name[30];        //演出厅名称
    int      rowsCount;       //座位行数
    int      colsCount;       //座位列数
    int      seatsCount;      //座位个数
}studio_t;
```

（2）演出厅链表结点及演出厅链表类型的定义如下：

- 类型标识：TTMS_SDS_Studio_ListNode、TTMS_SDS_Studio_List。
- 类型名称：studio_node_t、studio_list_t。
- 类型定义：

```
typedef struct studio_node {
    studio_t    data;             //实体数据
    struct  studio_node * next;   //后向指针
    struct  studio_node * prev;   //前向指针
}studio_node_t, * studio_list_t;
```

3. 接口设计

管理演出厅各个逻辑架构层的接口设计如下所述。

（1）界面层函数接口。管理演出厅的界面层函数接口见表 4.1，具体接口的详细设计请见 4.5.1 节。

表 4.1 管理演出厅的界面层函数接口

序号	标　识　符	函 数 名 称	说　明
1	TTMS_SCU_Studio_UI_MgtEnt	Studio_UI_MgtEntry	管理演出厅界面
2	TTMS_SCU_Studio_UI_Add	Studio_UI_Add	添加新演出厅界面
3	TTMS_SCU_Studio_UI_Mod	Studio_UI_Modify	根据 ID 修改演出厅界面
4	TTMS_SCU_Studio_UI_Del	Studio_UI_Delete	根据 ID 删除演出厅界面
5	TTMS_SCU_Seat_UI_MgtEnt	Seat_UI_MgtEntry	管理座位界面（详细设计见 4.5.2 节）

（2）业务逻辑层函数接口。管理演出厅的业务逻辑层函数接口设计见表 4.2,具体接口的详细设计请见 4.5.1 节。

表 4.2 管理演出厅的业务逻辑层函数接口

序号	标　识　符	函 数 名 称	说　明
1	TTMS_SCU_Studio_Srv_Add	Studio_Srv_Add	添加新演出厅服务
2	TTMS_SCU_Studio_ Srv _Mod	Studio_Srv_Modify	修改演出厅服务
3	TTMS_SCU_Studio_Srv_DelByID	Studio_Srv_DeleteByID	根据 ID 删除演出厅服务
4	TTMS_SCU_Seat_Srv_DelByRoomID	Seat_Srv_DeleteAllByRoomID	根据演出厅 ID 删除所有座位服务（详细设计见 4.5.2 节）
5	TTMS_SCU_Studio_Srv_FetchAll	Studio_Srv_FetchAll	获取全部演出厅服务
6	TTMS_SCU_Studio_Srv_FindByID	Studio_Srv_FindByID	根据 ID 在链表中获取相应演出厅结点

（3）持久化层函数接口。管理演出厅的持久化层函数接口定义见表 4.3,具体接口的详细设计请见 4.5.1 节。

表 4.3 管理演出厅的持久化层函数接口

序号	标　识　符	函 数 名 称	说　明
1	TTMS_SCU_Studio_Perst_Insert	Studio_Perst_Insert	向文件中存储新演出厅
2	TTMS_SCU_Studio_ Perst_Update	Studio_Perst_Update	在文件中更新演出厅
3	TTMS_SCU_Studio_Perst_RemByID	Studio_Perst_RemoveByID	根据 ID 在文件中去除演出厅
4	TTMS_SCU_Seat_Perst_RemAllByRoomID	Seat_Perst_RemoveAllByRoomID	根据演出厅 ID 在文件中去除所有座位（详细设计见 4.5.2 节）
5	TTMS_SCU_Studio_Perst_SelAll	Studio_Perst_SelectAll	从文件中载入全部演出厅
6	TTMS_SCU_EntKey_Perst_GetNewKeys	EntKey_Perst_GetNewKeys	获取实体主键（详细设计见 4.5.14 节）

4.3.2 设置座位(TTMS_UC_02)

1. 执行方案

1) 管理座位

"管理座位界面(TTMS_SCU_Seat_UI_MgtEnt)"模块提供了管理座位的入口,可以查看当前系统中的座位数据,并提供了对座位进行添加、修改及删除的菜单项供用户选择。管理座位的处理流程见图 4.8,具体过程说明如下。

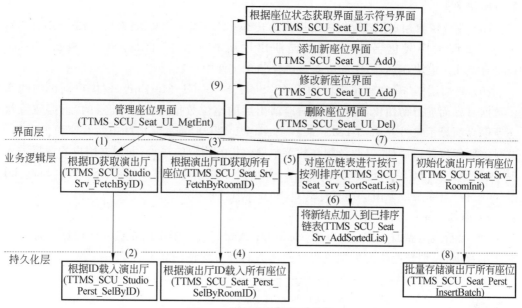

图 4.8 管理座位的处理流程

(1) 界面层的"管理座位界面(TTMS_SCU_Seat_UI_MgtEnt)"模块调用业务逻辑层的"根据 ID 获取演出厅(TTMS_SCU_Studio_Srv_FetchByID)"模块获取相应的演出厅数据。

(2) 业务逻辑层的"根据 ID 获取演出厅(TTMS_SCU_Studio_Srv_FetchByID)"模块进一步调用持久化层的"根据 ID 载入演出厅(TTMS_SCU_Studio_Perst_SelByID)"模块,从文件中读取相应演出厅的数据并返回给调用者。

(3) 界面层的"管理座位界面(TTMS_SCU_Seat_UI_MgtEnt)"模块调用业务逻辑层的"根据演出厅 ID 获取所有座位(TTMS_SCU_Seat_Srv_FetchByRoomID)"模块获取出相应的演出厅的所有座位数据。

(4) 业务逻辑层的"根据演出厅 ID 获取所有座位(TTMS_SCU_Seat_Srv_FetchByRoom ID)"模块进一步调用持久化层的"根据演出厅 ID 载入所有座位(TTMS_SCU_Seat_Perst_ SelByRoomID)"模块,从文件中读取相应演出厅的所有座位数据并返回给调用者。

(5) 业务逻辑层的"根据演出厅 ID 获取所有座位(TTMS_SCU_Seat_Srv_

FetchByRoom ID)"模块进一步调用业务逻辑层的"对座位链表进行按行按列排序(TTMS_SCU_Seat_Srv_SortSeatList)"模块对座位链表进行排序。

（6）业务逻辑层的"对座位链表进行按行按列排序（TTMS_SCU_Seat_Srv_SortSeatList)"模块进一步调用业务逻辑层的"将新结点加入到已排序链表（TTMS_SCU_Seat_Srv_AddSortedList)"模块对链表中的结点进行调整。

（7）界面层的"管理座位界面（TTMS_SCU_Seat_UI_MgtEnt)"模块调用业务逻辑层的"初始化演出厅所有座位（TTMS_SCU_Seat_Srv_RoomInit)"模块初始化演出厅的所有座位数据。

（8）业务逻辑层的"初始化演出厅所有座位（TTMS_SCU_Seat_Srv_RoomInit)"模块进一步调用持久化层的"批量存储演出厅所有座位（TTMS_SCU_Seat_Perst_InsertBatch)"模块，将演出厅的所有座位存储在文件中。

（9）界面层的"管理座位界面（TTMS_SCU_Seat_UI_MgtEnt)"模块根据得到的座位数据对界面进行初始化，显示当前对应演出厅的座位数据，调用界面层的"根据座位状态获取界面显示符号界面（TTMS_SCU_Seat_UI_S2C)"显示演出厅中所有座位的状态，并显示对座位进行添加、修改及删除的菜单项。接收用户的输入，并根据用户的选择进入"添加新座位界面（TTMS_SCU_Seat_UI_Add)"、"修改座位界面（TTMS_SCU_Seat_UI_Mod)"和"删除座位界面（TTMS_SCU_Seat_UI_Del)"模块。

2）添加新座位

"添加新座位界面（TTMS_SCU_Seat_UI_Add)"模块用于向相应的演出厅添加一个新座位数据，添加新座位的处理流程见图4.9，具体过程说明如下。

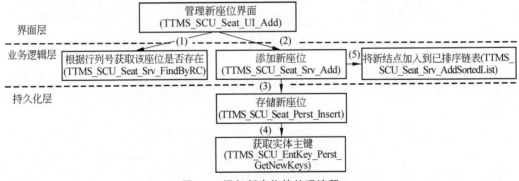

图 4.9　添加新座位的处理流程

（1）在用户输入了新座位的各个属性数据后，界面层的"添加新座位界面（TTMS_SCU_Seat_UI_Add)"模块调用业务逻辑层的"根据行列号获取座位（TTMS_SCU_Seat_Srv_FindByRC)"模块，判断该座位在演出厅中是否已存在，若已存在，则拒绝添加新座位。

（2）若用户要添加的新座位在演出厅中不存在，则调用业务逻辑层的"添加新座位（TTMS_SCU_Seat_Srv_Add)"模块添加新座位。

（3）业务逻辑层的"添加新座位（TTMS_SCU_Seat_Srv_Add)"模块将进一步调用持

久化层的"存储新座位(TTMS_SCU_Seat_Perst_Insert)"模块,将新座位数据存储到文件中。

(4)持久化层的"存储新座位(TTMS_SCU_Seat_Perst_Insert)"模块进一步调用持久化层的"获取实体主键(TTMS_SCU_EntKey_Perst_GetNewKeys)"模块,从文件中读取当前座位的主键值,加1后返回给调用者,并更新文件中座位的主键值,为新座位分配一个唯一的主键(实体ID)。

(5)业务逻辑层的"添加新座位(TTMS_SCU_Seat_Srv_Add)"模块进一步调用业务逻辑层的"将新结点加入到已排序链表(TTMS_SCU_Seat_Srv_AddSortedList)"模块,将新添加的座位数据插入到链表中。

3)修改座位

"修改座位界面(TTMS_SCU_Seat_UI_Mod)"模块用于修改系统中相应演出厅的座位数据,修改座位的处理流程见图4.10,具体过程说明如下。

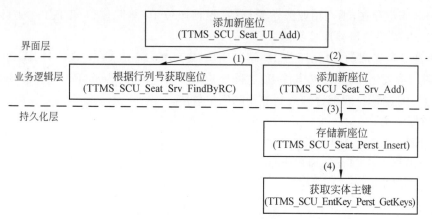

图4.10 修改座位的处理流程

(1)在用户输入了待修改座位的主键ID后,界面层的"修改座位界面(TTMS_SCU_Seat_UI_Mod)"模块调用业务逻辑层的"根据行列号获取座位(TTMS_SCU_Seat_Srv_FindByRC)"模块,判断该座位在演出厅中是否已存在,若不存在,则拒绝修改座位。

(2)若用户要修改的座位在演出厅中已存在,则调用界面层的"根据输入符号获取座位状态界面(TTMS_SCU_Seat_UI_C2S)"模块将座位数据显示给用户,并接收用户对座位行列号属性的修改(注意:座位的主键值不允许修改)。

(3)界面层的"修改座位界面(TTMS_SCU_Seat_UI_Mod)"模块调用业务逻辑层的"修改座位(TTMS_SCU_Seat_Srv_Mod)"模块更新修改后的座位属性。

(4)业务逻辑层的"修改座位(TTMS_SCU_Seat_Srv_Mod)"模块进一步调用持久化层的"更新座位(TTMS_SCU_Seat_Perst_Update)"模块,在文件中找到相应的座位记录并更新为修改后的数据。

4)删除座位

"删除座位界面(TTMS_SCU_Seat_UI_Del)"模块用于删除系统中相应演出厅的座位数据,删除界面的处理流程见图4.11,具体过程说明如下。

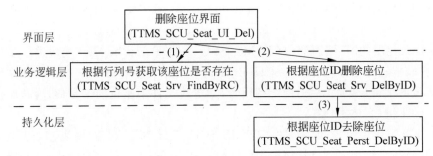

图 4.11 删除座位的处理流程

(1) 在用户输入了待删除座位的行列号后,界面层的"删除座位界面(TTMS_SCU_Seat_ UI_Del)"模块调用业务逻辑层的"根据行列号获取座位(TTMS_SCU_Seat_Srv_FindByRC)"模块,若该座位不存在,则拒绝删除,否则,返回座位信息给调用者。

(2) 若座位存在,则调用业务逻辑层的"根据座位 ID 删除座位(TTMS_SCU_Seat_Srv_DelByID)"模块删除座位数据。

(3) 业务逻辑层的"根据座位 ID 删除座位(TTMS_SCU_Seat_Srv_DelByID)"模块进一步调用持久化层的"根据座位 ID 去除座位(TTMS_SCU_Seat_Perst_RemByID)"模块,从文件中按照 ID 匹配原则找到并删除座位数据。

2. 数据结构

(1) 座位状态类型的定义如下:

- 类型标识:TTMS_SDS_Seat_Status。
- 类型名称:seat_status_t。
- 类型定义:

```
typedef enum{
    SEAT_NONE=0,                //空位
    SEAT_GOOD=1,                //有座位
    SEAT_BROKEN=9               //损坏的座位
}seat_status_t;
```

(2) 座位实体数据类型的定义如下:

- 类型标识:TTMS_SDS_Seat_Ent。
- 类型名称:seat_t。
- 类型定义:

```
typedef struct{
    int id;                     //座位 ID
    int roomID;                 //所在演出厅 ID
    int row;                    //座位行号
    int column;                 //座位列号
    seat_status_t    status;    //座位状态
}seat_t;
```

（3）座位链表结点的定义如下：

- 类型标识：TTMS_SDS_Seat_ListNode。
- 类型名称：seat_node_t、seat_list_t。
- 类型定义：

```
typedef struct seat_node {
    seat_t   data;                      //实体数据
    struct   seat_node * next;          //后向指针
    struct   seat_node * prev;          //前向指针
}seat_node_t, * seat_list_t;
```

3. 接口设计

设置座位各个逻辑架构层的接口设计如下所述。

（1）界面层函数接口。设置座位的界面层函数接口设计见表 4.4，具体接口的详细设计请见 4.5.2 节。

表 4.4 设置座位的界面层函数接口

序号	标 识 符	函 数 名 称	说 明
1	TTMS_SCU_Seat_UI_MgtEnt	Seat_UI_MgtEntry	管理座位界面
2	TTMS_SCU_Seat_UI_S2C	Seat_UI_Status2Char	根据座位状态获取界面显示符号界面
3	TTMS_SCU_Seat_UI_C2S	Seat_UI_Char2Status	根据输入符号获取座位状态界面
4	TTMS_SCU_Seat_UI_Add	Seat_UI_Add	添加新座位界面
5	TTMS_SCU_Seat_UI_Mod	Seat_UI_Modify	修改座位界面
6	TTMS_SCU_Seat_UI_Del	Seat_UI_Delete	删除座位界面

（2）业务逻辑层函数接口。设置座位的业务逻辑层函数接口设计见表 4.5，具体接口的详细设计请见 4.5.2 节。

表 4.5 设置座位的业务逻辑层函数接口

序号	标 识 符	函 数 名 称	说 明
1	TTMS_SCU_Seat_Srv_RoomInit	Seat_Srv_RoomInit	初始化演出厅所有座位服务
2	TTMS_SCU_Seat_Srv_SortSeatList	Seat_Srv_SortSeatList	对座位链表进行按行按列排序服务
3	TTMS_SCU_Seat_Srv_AddSortedList	Seat_Srv_AddToSortedList	将新结点加入到已排序链表服务
4	TTMS_SCU_Seat_Srv_Add	Seat_Srv_Add	添加新座位服务
5	TTMS_SCU_Seat_ Srv_Mod	Seat_Srv_Modify	修改座位服务

续表

序号	标　识　符	函　数　名　称	说　　明
6	TTMS_SCU_Seat_Srv_DelByID	Seat_Srv_DeleteByID	根据座位 ID 删除座位服务
7	TTMS_SCU_Seat_Srv_FetchValidByRoomID	Seat_Srv_FetchValidByRoomID	根据演出厅 ID 获取有效座位服务（为生成演出票提供接口）
8	TTMS_SCU_Seat_Srv_FetchByRoomID	Seat_Srv_FetchByRoomID	根据演出厅 ID 获取所有座位服务
9	TTMS_SCU_Seat_Srv_FindByRC	Seat_Srv_FindByRowCol	根据行列号获取座位服务
10	TTMS_SCU_Studio_Srv_FetchByID	Studio_Srv_FetchByID	根据 ID 获取演出厅服务（详细设计见 4.5.1 节）

（3）持久化层函数接口。设置座位的持久化层函数接口设计见表 4.6,具体接口的详细设计请见 4.5.2 节。

表 4.6　设置座位的持久化层函数接口

序号	标　识　符	函　数　名　称	说　　明
1	TTMS_SCU_Seat_Perst_Insert	Seat_Perst_Insert	向文件中存储新座位
2	TTMS_SCU_Seat_Perst_InsertBatch	Seat_Perst_InsertBatch	向文件中批量存储座位
3	TTMS_SCU_Seat_Perst_Update	Seat_Perst_Update	在文件中更新座位
4	TTMS_SCU_Seat_Perst_RemByID	Seat_Perst_RemoveByID	根据座位 ID 在文件中去除座位
5	TTMS_SCU_Seat_Perst_SelByRoomID	Seat_Perst_SelectByRoomID	根据演出厅 ID 从文件中载入所有座位
6	TTMS_SCU_Seat_Perst_SelAll	Seat_Perst_SelectAll	从文件中载入所有座位
7	TTMS_SCU_Studio_Perst_SelByID	Studio_Perst_SelectByID	根据 ID 从文件中载入演出厅（详细设计见 4.5.1 节）
8	TTMS_SCU_EntKey_Perst_GetNewKeys	EntKey_Perst_GetNewKeys	获取实体主键（详细设计见 4.5.14 节）

4.3.3　管理剧目(TTMS_UC_03)

1. 执行方案

1）管理剧目

"管理剧目界面(TTMS_SCU_Play_UI_MgtEnt)"模块提供了管理剧目的入口,进入该模块后系统获取所有的剧目信息,以列表形式显示在界面中,并显示添加新剧目、修改剧目、删除剧目、查询剧目、安排演出、查看后一页、查看前一页的功能选项。

该模块的处理流程见图 4.12,具体过程说明如下。

（1）调用业务逻辑层的"获取全部剧目(TTMS_SCU_Play_Srv_FetchAll)"模块获取

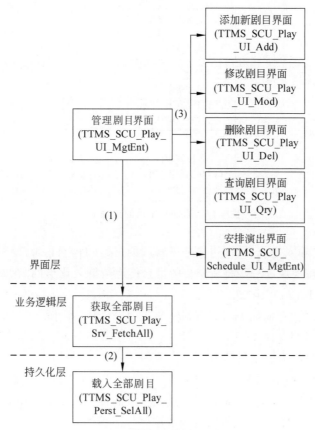

图 4.12　管理剧目的处理流程

出全部的剧目信息。

（2）业务逻辑层的"获取全部剧目（TTMS_SCU_Play_Srv_FetchAll）"模块进一步调用了持久化层的"载入全部剧目（TTMS_SCU_Play_Perst_SelAll）"模块，该模块从文件中读取出所有剧目数据并返回给调用者。

（3）界面层的"管理剧目界面（TTMS_SCU_Play_UI_MgtEnt）"模块根据得到的剧目信息对界面进行初始化，逐个读出剧目的信息，每条剧目信息显示为一行，以列表形式显示所有剧目信息的第一页，并显示各功能对应的选项。

（4）界面层的"管理剧目界面（TTMS_SCU_Play_UI_MgtEnt）"接收了用户输入的选项后，根据选项选择进入"添加新剧目界面（TTMS_SCU_Play_UI_Add）"、"修改剧目界面（TTMS_SCU_Play_UI_Mod）"、"删除剧目界面（TTMS_SCU_Play_UI_Del）"、"查询剧目界面（TTMS_SCU_Play_UI_Qry）"或"安排演出界面（TTMS_SCU_Schedule_UI_MgtEnt）"模块。

2）添加新剧目

进入该模块后，程序提示请输入剧目的各项信息，按照提示输入完成，将会保存这条剧目信息。处理流程见图 4.13，具体过程说明如下。

（1）进入添加新剧目界面，提示输入剧目的各项信息。

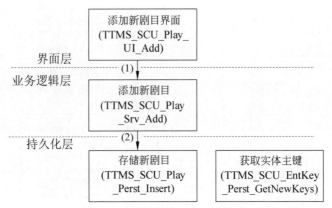

图 4.13   添加新剧目的处理流程

（2）各项信息输入完成后，调用业务逻辑层的"添加新剧目（TTMS_SCU_Play_Srv_Add）"函数，通过该模块进一步将新剧目的信息传递给持久化层的"存储新剧目（TTMS_SCU_Play_Perst_Insert）"函数。

（3）持久化层的"存储新剧目（TTMS_SCU_Play_Perst_Insert）"函数调用持久化层"获取实体主键（TTMS_SCU_EntKey_Perst_GetNewKeys）"函数为新剧目分配一个唯一的主键（实体 ID）作为该剧目的 ID。

（4）持久化层"存储新剧目（TTMS_SCU_Play_Perst_Insert）"函数将新剧目数据存储到剧目信息文件中，根据保存是否成功返回不同的标识值给上层函数，业务逻辑层函数将该标志值返回给界面层函数，界面层函数按照标志值提示用户保存新剧目信息成功或失败。

3）修改剧目

进入修改剧目界面后，系统会提示输入需要修改的剧目的编号，随后按照此编号查找是否有该剧目信息，如果没有，提示错误；如果存在，则列出剧目当前的各项旧信息，提示用户输入新信息，输入完成后保存剧目的新信息。处理流程见图 4.14，具体过程说明如下。

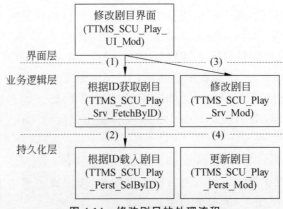

图 4.14   修改剧目的处理流程

（1）进入修改剧目界面后，提示用户输入待修改剧目的 ID 值，等待用户输入。

　　（2）接收用户输入的剧目 ID 值，将该 ID 值作为参数调用业务逻辑层"根据 ID 获取剧目（TTMS_SCU_Play_Srv_FetchByID）"模块进行查询。

　　（3）业务逻辑层的"根据 ID 获取剧目（TTMS_SCU_Play_Srv_FetchByID）"模块进一步调用持久化层的"根据 ID 载入剧目（TTMS_SCU_Play_Perst_SelByID）"模块，并将待查剧目 ID 值传递给持久化层函数。

　　（4）持久化层函数打开剧目数据文件，按照接收到的 ID 在文件中逐条查找，若查找成功，返回该剧目信息数据的地址；不成功则返回空指针。业务逻辑层函数将该指针传递给主调函数；

　　（5）界面层"修改剧目界面（TTMS_SCU_Play_UI_Mod）"模块收到返回的指针后，判断该指针是否为空，如果为空，提示待修改的剧目不存在。不为空，则按照该指针读取待修改剧目的信息显示在界面中，提示用户输入新的信息（注意，剧目的主键值不允许修改）。

　　（6）新信息输入结束后，界面层"修改剧目界面（TTMS_SCU_Play_UI_Mod）"模块调用业务逻辑层的"修改剧目（TTMS_SCU_Play_Srv_Mod）"模块，将新信息数据传递给该模块；通过该模块将剧目的新信息传递给持久化层的"更新剧目（TTMS_SCU_Play_Perst_Update）"模块。

　　（7）持久化层函数打开剧目数据文件，在文件中找到对应的剧目记录并更新为修改后的数据。根据保存是否成功返回不同的标识值给上层函数，业务逻辑层函数将该标志值返回给界面层函数，界面层函数按照标志值提示用户更新剧目信息成功或失败。

　　4）删除剧目

　　进入该模块后，系统提示输入待删除的剧目编号，随后按照此编号查找该剧目是否存在，如果不存在，提示错误；否则，在确认操作者要删除该剧目后，执行删除操作。

　　处理流程见图 4.15，具体过程说明如下。

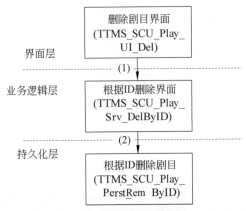

图 4.15　删除剧目的处理流程

　　（1）进入删除剧目界面后，提示用户输入待删除剧目的 ID 值，等待用户输入。

　　（2）接收用户输入的剧目 ID 值，将该 ID 值作为参数调用业务逻辑层的"根据 ID 删

除剧目(TTMS_SCU_Play_Srv_DelByID)"模块,该模块将剧目 ID 值传递给持久化层的
"根据 ID 去除剧目(TTMS_SCU_Play_Perst_RemByID)"模块。

（3）持久化层函数打开剧目数据文件,按照剧目 ID 值逐条比对剧目信息,若文件中
当前的记录不是待删除剧目,则将其写入临时文件;否则,将标志值修改为1。

（4）反复执行第(3)步,直至所有剧目信息都比对过,关闭剧目信息文件和临时文件,
将临时文件改名为剧目信息文件,将标志值返回给业务逻辑层的主调函数。

（5）业务逻辑层函数将收到的标志值传递给界面层函数;界面层"删除剧目界面
(TTMS_SCU_Play_UI_Del)"模块收到返回的标志值后,根据该值提示删除成功或该剧
目不存在。

5）查询剧目

查询剧目提供按 ID 号查询的功能。其功能与修改剧目时比对查找的方法类似,不再
赘述。

6）安排演出界面

安排演出界面的内容详见 4.3.4 节内容。

2. 数据结构

（1）剧目类型的定义如下:

- 类型标识:TTMS_SDS_Play_Type_t。
- 类型名称:play_type_t。
- 类型定义:

```
typedefenum {
    PLAY_TYPE_FILE=1,
    PLAY_TYPE_OPEAR=2,
    PLAY_TYPE_CONCERT=3
} play_type_t;
```

（2）剧目分级类型的定义如下:

- 类型标识: TTMS_SDS_Play_Rat_t。
- 类型名称: play_rating_t。
- 类型定义:

```
typedefenum {
    PLAY_RATE_CHILD =1,
    PLAY_RATE_TEENAGE =2,
    PLAY_RATE_ADULT =3
} play_rating_t;
```

（3）日期类型的定义如下:

- 类型标识:TTMS_SDS_Common_Date_t。
- 类型名称:ttms_date_t。
- 类型定义:

```
typedefstruct {
    intyear;
    intmonth;
    intday;
}ttms_date_t;
```

（4）剧目实体数据类型的定义如下：
- 类型标识：TTMS_SDS_Play_Ent。
- 类型名称：play_t。
- 类型定义：

```
typedefstruct {
    int             id;              //剧目 ID
    char            name[31];        //剧目名称
    play_type_t     type;            //剧目类型
    char            area[9];         //剧目出品地区
    play_rating_t   rating;          //剧目等级
    int             duration ;       //时长,以分钟为单位
    ttms_date_t start_date;          //开始放映日期
    ttms_date_t end_date;            //放映结束日期
    int             price;           //票价
} play_t;
```

（5）剧目链表节点的定义如下：
- 类型标识：TTMS_SDS_Play_ListNode。
- 类型名称：play_node_t、play_list_t。
- 类型定义：

```
typedef struct play_node {
    play_t data;                     //实体数据
    struct play_node * next;         //后向指针
    struct play_node * prev;         //前向指针
} play_node_t, * play_list_t;
```

3. 接口设计

（1）界面层函数接口。管理剧目涉及的界面层函数共有 6 个,分别为管理剧目界面、添加新剧目界面、修改剧目界面、删除剧目界面、查找剧目界面、安排演出界面,接口说明见表 4.7。

表 4.7 管理剧目界面层函数接口

序号	标 识 符	函 数 名 称	说 明
1	TTMS_SCU_Play_UI_MgtEnt	Play_UI_MgtEntry	管理剧目界面
2	TTMS_SCU_Play_UI_Add	Play_UI_Add	添加新剧目界面

序 号	标 识 符	函 数 名 称	说 明
3	TTMS_SCU_Play_UI_Mod	Play_UI_Modify	修改剧目界面
4	TTMS_SCU_Play_UI_Del	Play_UI_Delete	删除剧目界面
5	TTMS_SCU_Play_UI_Qry	Play_UI_Query	查询剧目界面
	TTMS_SCU_Schedule_UI_MgtEnt	Schedule_UI_MgtEntry	安排演出界面（详细设计见 4.5.4 节）

（2）业务逻辑层函数接口。管理剧目涉及的业务逻辑层函数共有 5 个，分别是获取全部剧目、添加新剧目、修改剧目、根据 ID 删除剧目、根据 ID 获取剧目，如表 4.8 所示。

表 4.8　管理剧目业务逻辑层函数接口

序 号	标 识 符	函 数 名 称	说 明
1	TTMS_SCU_Play_Srv_FetchAll	Play_Srv_FetchAll	获取全部剧目服务
2	TTMS_SCU_Play_Srv_Add	Play_Srv_Add	添加新剧目服务
3	TTMS_SCU_Play_ Srv _Mod	Play_Srv_Modify	修改剧目服务
4	TTMS_SCU_Play_Srv_DelByID	Play_Srv_DeleteByID	根据 ID 删除剧目服务
5	TTMS_SCU_Play_Srv_FetchByID	Play_Srv_FetchByID	根据 ID 获取剧目服务

（3）持久化层函数接口。管理剧目涉及的持久化层函数共有 6 个，分别是载入全部剧目、存储新剧目、更新剧目、根据 ID 去除剧目、根据 ID 载入剧目、获取实体主键，具体说明见表 4.9。

表 4.9　管理剧目持久化层函数接口

序 号	标 识 符	函 数 名 称	说 明
1	TTMS_SCU_Play_Perst_SelAll	Play_Perst_SelectAll	载入全部剧目
2	TTMS_SCU_Play_Perst_Insert	Play_Perst_Insert	存储新剧目
3	TTMS_SCU_Play_Perst_Update	Play_Perst_Update	更新剧目
4	TTMS_SCU_Play_Perst_RemByID	Play_Perst_RemByID	根据 ID 去除剧目
5	TTMS_SCU_Play_Perst_SelByID	Play_Perst_SelectByID	根据 ID 载入剧目
6	TTMS_SCU_EntKey_Perst_GetNewKeys	EntKey_Perst_GetNewKeys	获取实体主键（详细设计见 4.5.14 节）

4.3.4　安排演出(TTMS_UC_04)

1. 执行方案

1）安排演出

“安排演出界面(TTMS_SCU_Schedule_UI_MgtEnt)”模块提供了安排演出计划的

入口,该模块根据用户输入的剧目 ID 号来管理对应的演出计划。进入该模块后,首先以用户输入的剧目 ID 号为关键字查找到该剧目所有的演出计划信息,随后以列表形式显示;并且提供实现添加新演出计划界面、修改演出计划界面、删除演出计划界面、生成演出票界面、查看后一页、查看前一页的功能选项。

该模块的处理流程见图 4.16,具体过程说明如下。

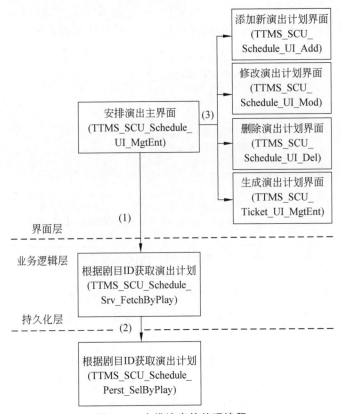

图 4.16 安排演出的处理流程

(1) 接收用户输入的剧目 ID 号,将剧目 ID 号作为参数调用业务逻辑层的"根据剧目 ID 获取演出计划(TTMS_SCU_Schedule_Srv_FetchByPlay)"模块。

(2) 业务逻辑层的"根据剧目 ID 获取演出计划"模块将剧目 ID 传递给持久化层的"根据剧目 ID 载入演出计划(TTMS_SCU_Schedule_Perst_FetchByPlay)"模块,持久化层函数打开演出计划数据文件,在文件中查找符合要求的所有演出计划返回给主调函数。

(3) 持久化层函数将接收到的演出计划信息返回给界面层的主调函数。

(4) 界面层的"安排演出界面(TTMS_SCU_Schedule_UI_MgtEnt)"模块根据得到的演出计划信息对界面进行初始化,逐个读取演出计划的信息,每条演出计划信息显示为一行,显示出第一页的演出计划信息,并显示添加、删除和修改演出计划的数据维护菜单项,和查看后一页、前一页演出计划的数据浏览菜单项。

(5) 等待接收用户选择要进行的操作,根据用户的选择可以进入"添加新演出计划界面(TTMS_SCU_Schedule_UI_Add)"、"修改演出计划界面(TTMS_SCU_Schedule_UI_

Mod)"、"删除演出计划界面（TTMS_SCU_Schedule_UI_Del）"和"生成演出票界面（TTMS_SCU_ Ticket_UI_MgtEnt）"等模块。

2）添加新演出计划

"添加新演出计划界面（TTMS_SCU_Schedule_UI_Add）"模块用于向系统中添加某剧目的一个新的演出计划。

进入该模块后，系统按照之前输入的剧目 ID 号创建演出计划信息，提示用户输入演出计划信息，最后将该信息保存。处理流程见图 4.17，具体过程说明如下。

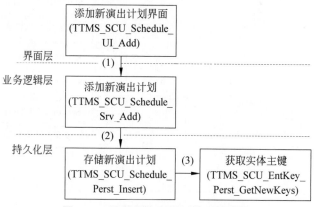

图 4.17　添加新演出计划的处理流程

（1）提示用户输入演出计划的各项数据，剧目 ID 号为获取当前演出计划列表时所使用的剧目 ID 号。将新的演出计划的数据作为参数调用业务逻辑层"添加新演出计划（TTMS_SCU_Schedule_Srv_Add）"函数进行保存。

（2）业务逻辑层的"添加新演出计划（TTMS_SCU_Schedule_Srv_Add）"函数进一步将信息传递给持久化层的"存储新演出计划（TTMS_SCU_Schedule_Perst_Insert）"函数。

（3）持久化层的"存储新演出计划（TTMS_SCU_Schedule_Perst_Insert）"函数调用持久化层"获取实体主键（TTMS_SCU_EntKey_Perst_GetNewKeys）"模块获取演出计划 ID 值。

（4）持久化层的"存储新演出计划（TTMS_SCU_Schedule_Perst_Insert）"函数将新演出计划信息存储到演出计划文件中，方法与添加新剧目时保存信息的过程类似。

3）修改演出计划

进入"修改演出计划界面（TTMS_SCU_Schedule_UI_Mod）"模块后，提示用户输入需要修改的演出计划 ID 号，随后按照此 ID 号查找是否有该演出计划信息，如果没有，提示错误；如果存在，则列出演出计划当前的各项信息，提示用户输入新信息，输入完毕，保存演出计划的新信息，处理流程见图 4.18，具体过程说明如下。

（1）在用户输入了待修改演出计划的主键 ID 后，将演出计划 ID 号作为参数传递给业务逻辑层的"根据 ID 获取演出计划（TTMS_SCU_Schedule_Srv_FetchByID）"模块；该模块将 ID 值传递给持久化层的"根据 ID 载入演出计划（TTMS_SCU _Schedule_Perst_SelByID）"模块，从文件中按照演出计划 ID 号匹配原则查找并返回相应的演出计划信息。

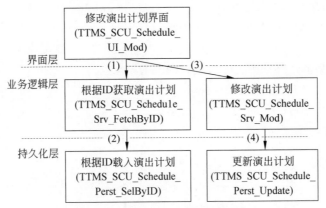

图 4.18　修改演出计划的处理流程

（TTMS_SCU_Schedule_Srv_FetchByID 和 TTMS_SCU _Schedule_Perst_SelByID 参见
4.3.5 节。）

（2）界面层"修改演出计划界面（TTMS_SCU_Schedule_UI_mod）"模块将载入的演
出计划信息显示给用户，并接收用户对演出计划属性数据的修改（注意，演出计划的主键
值不允许修改）。

（3）调用业务逻辑层的"修改演出计划（TTMS_SCU_Schedule_Srv_Mod）"模块更新
修改后的演出计划信息，而该模块则进一步调用持久化层的"更新演出计划（TTMS_SCU
_Schedule_Perst_Update）"模块，在文件中找到对应的演出计划记录并更新为修改后的
数据。

4）删除演出计划

"删除演出计划界面（TTMS_SCU_Schedule_UI_Del）"模块用于删除系统中现存的
一条演出计划记录。

进入该模块后，系统提示输入需要删除的演出计划 ID，随后按照此 ID 查找该演出计
划是否存在，如果不存在，提示错误；否则，在确认操作者要删除该演出计划后，执行删除
操作。

处理流程见图 4.19，具体过程与 4.3.3 节中删除剧目信息相类似，可参考该执行
方案。

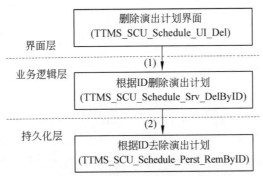

图 4.19　删除演出计划的处理流程

5）生成演出票

生成演出票界面内容详见 4.3.5 节内容。

2. 数据结构

（1）时间类型的定义如下：

- 类型标识：TTMS_SDS_Common_Time。
- 类型名称：ttms_time_t。
- 类型定义：

```
typedefstruct{
    inthour;
    intminute;
    intsecond;
}ttms_time_t;
```

（2）演出计划数据类型的定义如下：

- 类型标识：TTMS_SDS_Schedule_Ent。
- 类型名称：schedule_t。
- 类型定义：

```
typedefstruct {
    intid;                      //演出计划 ID
    intplay_id;                 //上映剧目 ID
    intstudio_id;               //演出厅 ID
    ttms_date_t  date;          //放映日期
    ttms_time_t  time;          //放映时间
    intseat_count;              //座位数
} schedule_t;
```

（3）演出计划链表节点的定义如下：

- 类型标识：TTMS_SDS_Schedule_ListNode。
- 类型名称：schedule_node_t、schedule_list_t。
- 类型定义：

```
typedef struct schedule_node {
    schedule_t data;                //实体数据
    struct schedule_node * next;    //后向指针
    struct schedule_node * prev;    //前向指针
} schedule_node_t, * schedule_list_t;
```

3. 接口设计

（1）界面层函数接口。安排演出计划涉及的界面层函数总共 5 个，分别是安排演出界面、添加新演出计划界面、修改演出计划界面、删除演出计划界面、生成演出票界面，接口说明见表 4.10。

表4.10 安排演出界面层函数接口

序号	标 识 符	函 数 名 称	说 明
1	TTMS_SCU_Schedule_UI_MgtEnt	Schedule_UI_MgtEntry	安排演出界面
2	TTMS_SCU_Schedule_UI_Add	Schedule_UI_Add	添加新演出计划界面
3	TTMS_SCU_Schedule_UI_Mod	Schedule_UI_Modify	修改演出计划界面
4	TTMS_SCU_Schedule_UI_Del	Schedule_UI_Delete	删除演出计划界面
5	TTMS_SCU_Ticket_UI_MgtEnt	Ticket_UI_MgtEntry	生成演出票界面

（2）业务逻辑层函数接口。安排演出计划涉及的业务逻辑层函数总共4个,分别是根据剧目ID获取演出计划、添加新演出计划、修改演出计划、根据ID删除演出计划,接口说明见表4.11。

表4.11 安排演出业务逻辑层函数说明

序号	标 识 符	函 数 名 称	说 明
1	TTMS_SCU_Schedule_Srv_FetchByPlay	Schedule_Srv_FetchByPlay	根据剧目ID获取演出计划服务
2	TTMS_SCU_Schedule_Srv_Add	Schedule_Srv_Add	添加新演出计划服务
3	TTMS_SCU_Schedule_Srv_Mod	Schedule_Srv_Modify	修改演出计划服务
4	TTMS_SCU_Schedule_Srv_DelByID	Schedule_Srv_DeleteByID	根据ID删除演出计划服务

（3）持久化层函数接口。安排演出计划涉及的持久化层函数总共5个,分别是根据剧目ID载入演出计划、存储新演出计划、更新演出计划、根据ID去除演出计划、获取实体主键,接口说明见表4.12。

表4.12 安排演出持久化层函数接口

序号	标 识 符	函 数 名 称	说 明
1	TTMS_SCU_Schedule_Perst_SelByPlay	Schedule_Perst_SelectByPlay	根据剧目ID载入演出计划
2	TTMS_SCU_Schedule_Perst_Insert	Schedule_Perst_Insert	存储新演出计划
3	TTMS_SCU_Schedule_Perst_Mod	Schedule_Perst_Update	更新演出计划
4	TTMS_SCU_Schedule_Perst_RemByID	Schedule_Perst_RemByID	根据ID去除演出计划
5	TTMS_SCU_EntKey_Perst_GetNewKeys	EntKey_Perst_GetNewKeys	获取实体主键（详细设计见4.5.14节）

4.3.5 生成演出票(TTMS_UC_05)

1. 执行方案

1）生成演出票

"生成演出票界面(TTMS_SCU_Ticket_UI_MgtEnt)"模块提供了生成演出票的入

口,该模块根据用户输入的演出计划 ID 号来管理票务信息。进入该模块后,系统按照之前输入的演出计划 ID 号显示该演出计划的基本信息,如剧目信息、演出厅编号、演出时间等。随后用户可选择生成票的功能或重新生成票的功能。

该模块的处理流程见图 4.20,具体过程说明如下。

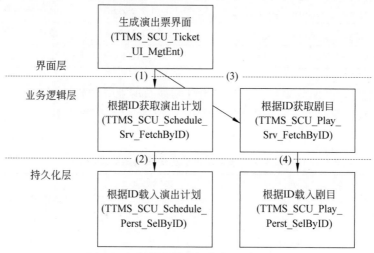

图 4.20　生成演出票主界面的处理流程

（1）接收用户输入的演出计划 ID,将演出计划 ID 作为参数调用业务逻辑层的"根据 ID 获取演出计划(TTMS_SCU_Schedule_Srv_FetchByID)"模块。

（2）"根据 ID 获取演出计划(TTMS_SCU_Schedule_Srv_FetchByID)"模块将演出计划 ID 传递给持久化层的"根据 ID 载入演出计划(TTMS_SCU_Schedule_Perst_SelByID)"模块,持久化层函数打开演出计划数据文件,在文件中查找符合要求的演出计划返回给主调函数。

（3）持久化层函数将接收到的演出计划信息返回给界面层的主调函数。

（4）"生成演出票界面(TTMS_SCU_Ticket_UI_MgtEnt)"函数根据得到的剧目 ID 调用业务逻辑层的"根据 ID 获取剧目(TTMS_SCU_Play_Srv_FetchByID)"模块。

（5）业务逻辑层的"根据 ID 获取剧目(TTMS_SCU_Play_Srv_FetchByID)"模块将剧目 ID 传递给持久化层的"根据 ID 载入剧目(TTMS_SCU_Play_Perst_SelByID)"模块,持久化层函数打开剧目数据文件,在文件中查找符合要求的剧目返回给主调函数。

（6）界面层的"生成演出票界面(TTMS_SCU_Ticket_UI_MgtEnt)"模块根据得到的演出计划信息对界面进行初始化,显示演出计划信息,并显示生成票、重新生成票的菜单项。

（7）等待接收用户输入的选项,根据用户的选择执行"生成演出票(TTMS_SCU_Ticket_Srv_Gen)"或选择"重新生成票"功能。

2）生成演出票

"生成演出票(TTMS_SCU_Ticket_Srv_Gen)"功能无对应的界面,用于向系统中添加某演出计划的所有票务信息。

　　进入该模块后,系统按照之前输入的演出计划 ID 批量创建票务信息并保存。处理流程见图 4.21,具体过程说明如下。

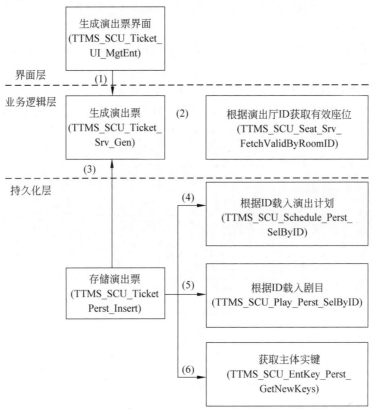

图 4.21　生成演出票的处理流程

　　(1) 在"生成演出票界面(TTMS_SCU_Ticket_UI_MgtEnt)"中选择"生成演出票"功能后,系统将当前记录的演出计划 ID 号和演出厅 ID 号作为参数,调用业务逻辑层"生成演出票(TTMS_SCU_Ticket_Srv_Gen)"模块。

　　(2) 业务逻辑层"生成演出票(TTMS_SCU_Ticket_Srv_Gen)"模块按演出厅 ID 通过业务逻辑层函数"根据演出厅 ID 获取有效座位服务(TTMS_SCU_Seat_Srv_FetchValidByRoomID)"模块得到演出厅所有有效座位的信息,将座位信息建成一条链表。

　　(3) 以座位信息链表头指针和演出计划 ID 号作为参数调用持久化层"存储演出票(TTMS_SCU_Ticket_Perst_Insert)"模块。

　　(4) 持久化层"存储演出票(TTMS_SCU_Ticket_Perst_Insert)"根据演出计划 ID 调用"根据 ID 载入演出计划(TTMS_SCU_Schedule_Perst_SelByID)"函数,获取演出计划信息,再使用得到的剧目 ID 号获取剧目信息。

　　(5) 持久化层"存储演出票(TTMS_SCU_Ticket_Perst_Insert)"函数调用持久化层"获取实体主键(TTMS_SCU_EntKey_Perst_GetNewKeys)"批量生成票的主键。

（6）持久化层函数打开票信息文件，根据票信息链表记录的数据，逐个将结点的信息写入文件，并保存；将其返回值通过业务逻辑层函数的传递，返回给界面层的主调函数。

（7）界面层主调函数根据返回值提示生成票成功或不成功。

3）重新生成票

"重新生成票"功能无对应的界面，用于批量修改系统中已有的某演出计划的所有票务信息。

进入该功能后，系统按照"生成演出票界面（TTMS_SCU_Ticket_UI_MgtEnt）"模块保存的演出计划 ID 批量更新票务信息并保存。处理流程见图 4.22，具体过程说明如下。

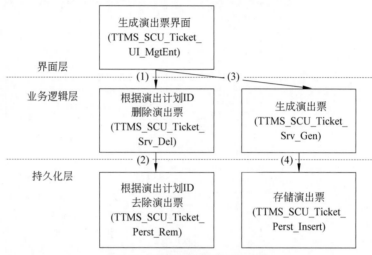

图 4.22   重新生成票的处理流程

（1）在生成演出票主界面中选择选项'E'后，系统将当前记录的演出计划 ID 作为参数，调用业务逻辑层"根据演出计划 ID 删除演出票（TTMS_SCU_Ticket_Srv_Del）"模块。

（2）业务逻辑层"根据演出计划 ID 删除演出票（TTMS_SCU_Ticket_Srv_Del）"模块将演出计划 ID 作为参数传递给持久化层"根据演出计划 ID 去除演出票（TTMS_SCU_Ticket_Perst_Rem）"模块。持久化层函数打开票信息文件，根据演出计划的 ID 批量从文件中删除相关票的信息。

（3）持久化层函数将其返回值通过业务逻辑层函数的传递，返回给界面层的主调函数。

（4）"生成演出票界面（TTMS_SCU_Ticket_UI_MgtEnt）"模块将演出计划 ID 作为参数，调用业务逻辑层"生成演出票（TTMS_SCU_Ticket_Srv_Gen）"模块。

（5）业务逻辑层"生成演出票（TTMS_SCU_Ticket_Srv_Gen）"模块将演出计划 ID 作为参数传递给持久化层"存储演出票（TTMS_SCU_Ticket_Perst_Insert）"模块。持久化层函数打开票信息文件，根据演出计划的信息批量生成票，并将所有票的信息保存在文件中。

（6）持久化层函数将其返回值通过业务逻辑层函数的传递，返回给界面层的主调函数。

（7）界面层主调函数根据返回值提示重新生成票成功或不成功。

2. 数据结构

（1）票类型的定义如下：

- 类型标识：TTMS_SDS_Ticket_Type。
- 类型名称：ticket_type_t。
- 类型定义：

```
typedef enum{
    TICKET_AVL=0,                  //待售
    TICKET_SOLD=1,                 //已售
    TICKET_RESV=9                  //预留
}ticket_status_t;
```

（2）票实体数据类型的定义如下：

- 类型标识：TTMS_SDS_Ticket_Ent。
- 类型名称：ticket_t。
- 类型定义：

```
typedef struct {
    int id;                        //票 ID
    int schedule_id;               //演出计划 ID
    int seat_id;                   //座位 ID
    int price;                     //票价
    ticket_status_t status;        //票状态
} ticket_t;
```

（3）票链表节点的定义如下：

- 类型标识：TTMS_SDS_Ticket_ListNode。
- 类型名称：ticket_node_t、ticket_list_t。
- 类型定义：

```
typedef struct ticket_node {
    ticket_t data;
    structticket_node * next, * prev;
} ticket_node_t, * ticket_list_t;
```

3. 接口设计

（1）界面层函数接口。生成演出票涉及的界面层函数总共 1 个，即生成演出票界面，接口说明见表 4.13。

表 4.13　生成演出票界面层函数接口

序号	标 识 符	函 数 名 称	说　明
1	TTMS_SCU_Ticket_UI_MgtEnt	Ticket_UI_MgtEntry	生成演出票界面

（2）业务逻辑层函数接口。生成演出票涉及的业务逻辑层函数总共 5 个，分别是根据 ID 获取演出计划、生成演出票、根据演出计划 ID 删除演出票、根据 ID 获取剧目服务、根据演出厅 ID 获取有效座位服务，接口说明见表 4.14。

表 4.14　生成演出票业务逻辑层函数说明

序号	标　识　符	函 数 名 称	说　明
1	TTMS_SCU_Schedule_Srv_FetchByID	Schedule_Srv_FetchByID	根据 ID 获取演出计划服务
2	TTMS_SCU_Ticket_Srv_Gen	Ticket_Srv_GenBatch	生成演出票服务
3	TTMS_SCU_Ticket_Srv_Del	Ticket_Srv_DeleteBatch	根据演出计划 ID 删除演出票服务
4	TTMS_SCU_Play_Srv_FetchByID	Play_Srv_FetchByID	根据 ID 获取剧目服务（见 4.3.3 节）
5	TTMS_SCU_Seat_Srv_FetchValidByRoomID	Seat_Srv_FetchValid-ByRoomID	根据演出厅 ID 获取有效座位服务（详细设计见 4.5.2 节）

（3）持久化层函数接口。生成演出票涉及的持久化层函数总共 5 个，分别是根据 ID 载入演出计划、存储演出票、根据演出计划 ID 去除演出票、根据 ID 载入剧目、获取实体主键，接口说明见表 4.15。

表 4.15　生成演出票持久化层函数接口

序号	标　识　符	函 数 名 称	说　明
1	TTMS_SCU_Schedule_Perst_SelByID	Schedule_Perst_SelectByID	根据 ID 载入演出计划
2	TTMS_SCU_Ticket_Perst_Insert	Ticket_Perst_Insert	存储演出票
3	TTMS_SCU_Ticket_Perst_Rem	Ticket_Perst_Rem	根据演出计划 ID 去除演出票
4	TTMS_SCU_Play_Perst_SelByID	Play_Perst_SelectByID	根据 ID 载入剧目
5	TTMS_SCU_EntKey_Perst_GetNewKeys	EntKey_Perst_GetNewKeys	获取实体主键（详细设计见 4.5.14 节）

4.3.6　查询演出(TTMS_UC_06)

1. 执行方案

1）查询演出计划

进入"查询演出界面(TTMS_SCU_Schedule_UI_List)"模块后系统获取所有的演出计划信息，以列表形式显示在界面中，并提供查询演出、查看后一页、查看前一页的功能菜单项。该模块的处理流程见图 4.23，具体过程说明如下。

（1）调用业务逻辑层的"获取全部演出计划(TTMS_SCU_Schedule_Srv_FetchAll)"模块取出全部的演出计划信息；

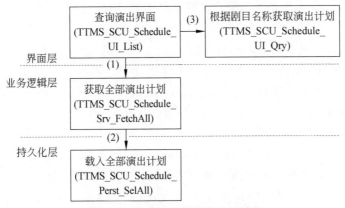

图 4.23　查询演出界面的处理流程

（2）业务逻辑层"获取全部演出计划（TTMS_SCU_Schedule_Srv_FetchAll）"模块进一步调用了持久化层的"载入全部演出计划（TTMS_SCU_Schedule_Perst_SelAll）"模块，该模块从文件中读取出所有演出计划数据并返回给调用者；

（3）界面层的"查询演出界面（TTMS_SCU_Schedule_UI_List）"模块根据得到的演出计划信息对界面进行初始化，输出列表表头信息，随后以列表形式显示所有演出计划信息的第一页，并显示各功能对应的选项；

（4）界面层的"查询演出界面（TTMS_SCU_Schedule_UI_List）"模块接收了用户输入的选项后，选择进入"根据剧目名称获取演出计划（TTMS_SCU_Schedule_UI_Qry）"模块，或者显示后一页或前一页。

2）根据剧目名称获取演出计划

进入"根据剧目名称获取演出计划（TTMS_SCU_Schedule_UI_Qry）"模块后，系统提示用户输入剧目名称，随后以此名称为关键字进行查找，并将查找到的信息显示在界面中。

该模块的处理流程见图 4.24，具体过程说明如下。

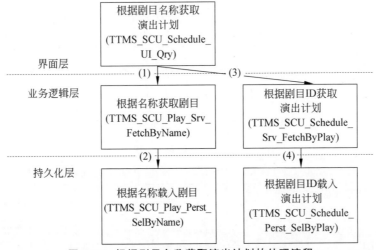

图 4.24　根据剧目名称获取演出计划的处理流程

（1）输出提示，要求用户输入要查询的演出计划的剧目名称。

（2）调用业务逻辑层的"根据名称获取剧目（TTMS_SCU_Play_Srv_FetchByName）"模块查找相应的剧目信息。

（3）业务逻辑层"根据名称获取剧目（TTMS_SCU_Play_Srv_FetchByName）"模块进一步调用了持久化层的"根据名称载入剧目（TTMS_SCU_Play_Perst_SelByName）"模块，该模块从剧目信息文件中查找剧目信息并返回给调用者。

（4）业务逻辑层"根据名称获取剧目（TTMS_SCU_Play_Srv_FetchByName）"模块将接收到的返回值进一步传递给界面层主调函数，若未查找到，则提示出错；如果查找到了，界面层"根据剧目名称获取演出计划"模块用获得的剧目编号为关键字，调用业务逻辑层"根据剧目 ID 获取演出计划（TTMS_SCU_Schedule_Srv_FetchByPlay）"模块查找对应的演出计划信息。

（5）业务逻辑层"根据剧目 ID 获取演出计划（TTMS_SCU_Schedule_Srv_FetchByPlay）"模块进一步调用了持久化层的"根据剧目 ID 载入演出计划（TTMS_SCU_Schedule_Perst_SelByPlay）"模块，该模块从演出计划数据文件中查找演出计划信息并返回给调用者。

（6）界面层"根据剧目名称获取演出计划（TTMS_SCU_Schedule_UI_Qry）"模块根据获得的剧目信息和演出计划信息选取需要的信息显示在界面中。

2. 数据结构

查询演出模块涉及的数据结构与 4.3.4 节中所使用的数据结构相同，此处不再赘述。

3. 接口设计

（1）界面层函数接口。查询演出涉及的界面层函数有 2 个，分别是查询演出界面、根据剧目名称获取演出计划，接口说明见表 4.16。

表 4.16　查询演出界面层函数接口

序号	标　识　符	函　数　名　称	说　　明
1	TTMS_SCU_Schedule_UI_List	Schedule_UI_ListAll	查询演出界面
2	TTMS_SCU_Schedule_UI_Qry	Schedule_UI_Query	根据剧目名称获取演出计划

（2）业务逻辑层函数接口。查询演出涉及的业务逻辑层函数有 3 个，分别是获取全部演出计划、根据名称获取剧目、根据剧目 ID 获取演出计划，函数接口说明见 4.17。

表 4.17　查询演出业务逻辑层函数接口

序号	标　识　符	函　数　名　称	说　　明
1	TTMS_SCU_Schedule_Srv_FetchAll	Schedule_Srv_FetchAll	获取全部演出计划服务
2	TTMS_SCU_Play_Srv_FetchBy-Name	Play_Srv_FetchBy-Name	根据名称获取剧目服务
3	TTMS_SCU_Schedule_Srv_FetchByPlay	Schedule_Srv_FetchByPlay	根据剧目 ID 获取演出计划服务（详细设计见 4.5.4 节）

（3）持久化层函数接口。查询演出涉及的持久化层函数有 3 个，分别是载入全部演出计划、根据名称载入剧目、根据剧目 ID 载入演出计划，接口说明见表 4.18。

表 4.18 查询演出持久化层函数说明

序号	标 识 符	函 数 名 称	说 明
1	TTMS_SCU_Schedule_Perst_SelAll	Schedule_Perst_SelectAll	载入全部演出计划
2	TTMS_SCU_Play_Perst_SelByName	Play_Perst_SelectByName	根据名称载入剧目
3	TTMS_SCU_Schedule_Perst_SelByPlay	Schedule_Perst_SelectByPlay	根据剧目 ID 载入演出计划（详细设计见 4.5.4 节）

4.3.7 查询演出票(TTMS_UC_07)

1. 执行方案

"查询演出票界面（TTMS_SCU_Ticket_UI_Qry）"模块提供了查询演出票的入口，可以根据演出票的 ID 号查看当前系统中该演出票的有关信息。该模块的处理流程如图 4.25，具体过程说明如下。

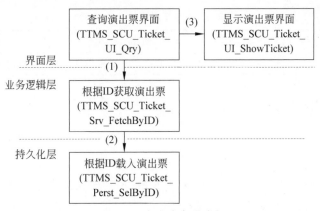

图 4.25 查询演出票流程

（1）调用业务逻辑层的"根据 ID 获取演出票（TTMS_SCU_Ticket_Srv_FetchByID）"模块获取该演出票的全部信息。

（2）业务逻辑层"根据 ID 获取演出票（TTMS_SCU_Ticket_Srv_FetchByID）"模块进一步调用持久化层的"根据 ID 载入演出票（TTMS_SCU_Ticket_Perst_SelByID）"模块，该模块从文件中读出相关剧目的所有数据并返回给调用者。

（3）界面层"显示演出票界面（TTMS_SCU_Ticket_UI_ShowTicket）"模块根据获得的演出票信息对界面进行初始化，显示当前的演出票信息。

2. 数据结构

查询演出票部分涉及的数据结构与 4.3.5 节中所使用的数据结构相同，此处不再赘述。

3. 接口设计

（1）界面层函数接口。查询演出票管理的界面层函数接口定义见表 4.19，具体接口的详细设计见 4.5.7 节。

表 4.19　查询演出票界面层函数接口

序号	标 识 符	函数名称	说　明
1	TTMS_SCU_Ticket_UI_Qry	Ticket_UI_Query	查询演出票界面
2	TTMS_SCU_Ticket_UI_ShowTicket	Ticket_UI_ShowTicket	显示演出票界面

（2）业务逻辑层函数接口。查询演出票管理的业务逻辑层函数接口定义见表 4.20，具体接口的详细设计见 4.5.7 节。

表 4.20　查询演出票业务逻辑层函数接口

序号	标 识 符	函数名称	说　明
1	TTMS_SCU_Ticket_Srv_FetchByID	Ticket_Srv_FetchByID	根据 ID 获取演出票服务

（3）持久化层函数接口。查询演出票管理的持久化层函数接口定义见表 4.21，具体接口的详细设计见 4.5.7 节。

表 4.21　TTMS 查询演出票持久化层函数接口

序号	标 识 符	函数名称	说　明
1	TTMS_SCU_Ticket_Perst_SelByID	Ticket_Perst_SelByID	根据 ID 载入演出票

4.3.8　售票管理(TTMS_UC_08)

1. 执行方案

1）售票管理

"管理售票界面(TTMS_SCU_Sale_UI_MgtEnt)"模块提供了售票管理的入口，可以根据剧目名称获得剧目的演出计划，显示座位和票的信息，根据用户需求售票并生成订单信息。该模块的处理流程如图 4.26 所示。具体过程说明如下。

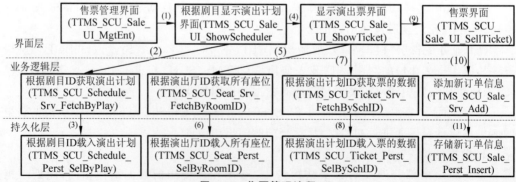

图 4.26　售票管理流程

（1）调用界面层的"根据剧目显示演出计划界面（TTMS_SCU_Sale_UI_ShowScheduler）"获取剧目的演出计划。

（2）界面层"根据剧目显示演出计划界面（TTMS_SCU_Sale_UI_ShowScheduler）"模块进一步调用了业务逻辑层"根据剧目ID获取演出计划（TTMS_SCU_Schedule_Srv_FetchByPlay）"模块和持久化层"根据剧目ID载入演出计划（TTMS_SCU_Schedule_Perst_SelByPlay）"模块，该模块从文件中读取出剧目的演出计划。

（3）得到剧目信息后调用界面层"显示演出票界面（TTMS_SCU_Sale_UI_ShowTicket）"模块显示座位和票的信息。

（4）界面层"显示演出票界面（TTMS_SCU_Sale_UI_ShowTicket）"模块进一步调用业务逻辑层"根据演出厅ID获取所有座位（TTMS_SCU_Seat_Srv_FetchByRoomID）"模块和持久化层"根据演出厅ID载入所有座位（TTMS_SCU_Seat_Perst_SelByRoomID）"模块，从文件中读取出座位的信息；调用业务逻辑层"根据演出计划ID获取票的数据（TTMS_SCU_Ticket_Srv_FetchBySchID）"和持久化层"根据演出计划ID载入票的数据（TTMS_SCU_Ticket_Perst_SelBySchID）"模块，从文件中读取票的信息。

（5）得到座位和票的信息之后，根据用户需求进行售票，调用界面层"售票界面（TTMS_SCU_Sale_UI_SellTicket）"模块售票，售票之后调用业务逻辑层"添加新订单信息（TTMS_SCU_Sale_Srv_Add）"模块和持久化层"存储新订单信息（TTMS_SCU_Sale_Perst_Insert）"模块，将订单信息写入文件。

2）售票业务

"售票界面（TTMS_SCU_Sale_UI_SellTicket）"模块用于实现售票业务的处理，处理流程如图4.27所示，具体过程说明如下。

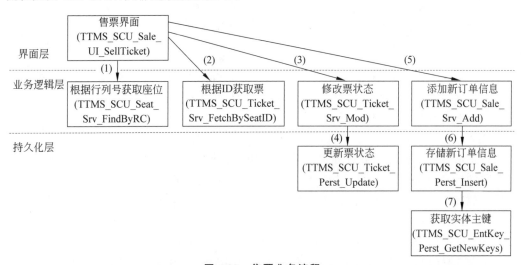

图4.27 售票业务流程

（1）调用业务逻辑层"根据行列号获取座位（TTMS_SCU_Seat_Srv_FindByRC）"模块，查找座位。

（2）查找到座位之后，调用业务逻辑层"根据ID获取票（TTMS_SCU_Ticket_Srv_

FetchBySeatID)"模块,查找该座位对应的票。

（3）查找到票之后,接着调用业务逻辑层"修改票状态（TTMS_SCU_Ticket_Srv_Mod)"和持久化层"更新票状态（TTMS_SCU_Ticket_Perst_Update)"模块,将票的状态从"待售"（TICKET_AVL）修改为"已售"（TICKET_SOLD）。

（4）调用业务逻辑层"添加新订单信息（TTMS_SCU_Sale_Srv_Add)"和持久化层"存储新订单信息（TTMS_SCU_Sale_Perst_Insert)"模块,插入销售订单（简称"订单"或"销售单"）信息。

（5）"存储新订单信息（TTMS_SCU_Sale_Perst_Insert)"模块进一步调用持久化层的"获取实体主键（TTMS_SCU_EntKey_Perst_GetNewKeys)"模块,该模块从文件中读取出当前销售记录的主键值,加 1 后返回给调用者,并更新文件中销售记录的主键值,为新订单分配一个唯一的主键（实体 ID）。

2. 数据结构

（1）订单信息实体数据类型的定义如下:

- 类型标识: TTMS_SDS_Sale。
- 类型名称: sale_t。
- 类型定义:

```
typedef enum{
    SALE_SELL=1,                        //买票
    SALE_REFOUND=-1                     //退票
}sale_type_t;
typedef struct {
    long     id;                        //销售记录 ID
    int      user_id;                   //售票员 ID
    int      ticket_id;                 //票 ID
    ttms_date_t  date ;                 //处理日期
    ttms_time_t  time;                  //处理时间
    int      value;                     //票价
    sale_type_t  type;                  //交易类型
}sale_t;
```

订单数据类型被售票业务和退票业务共用。存储销售订单时,结构体成员 value 为对应票的价钱（value＞0）,且结构体成员 type 取值为 SALE_SELL；而当存储退票单时,结构体成员 value 为对应票价钱的负数（value＜0）,且结构体成员 type 取值为 SALE_REFOUND。

（2）订单信息链表节点的定义如下:

- 类型标识: TTMS_SDS_Sale_ListNode、TTMS_SDS_Sale_List。
- 类型名称: sale_node_t、sale_list_t。
- 类型定义:

```
typedef struct sale_node {
    sale_t data;                        //实体数据
```

```
        struct sale_node * next;              //后向指针
        struct sale_node * prev;              //前向指针
    } sale_node_t, * sale_list_t;
```

3. 接口设计

（1）界面层函数接口。售票管理的界面层函数接口定义见表 4.22，具体接口的详细设计见 4.5.8 节。

表 4.22　售票管理界面层函数接口

序号	标　识　符	函　数　名　称	说　　明
1	TTMS_SCU_Sale_UI_MgtEnt	Sale_UI_MgtEntry	管理售票界面
2	TTMS_SCU_Sale_UI_SellTicket	Sale_UI_SellTicket	售票界面
3	TTMS_SCU_Sale_UI_ShowTicket	Sale_UI_ShowTicket	显示演出票界面
4	TTMS_SCU_Sale_UI_ShowScheduler	Sale_UI_ShowScheduler	根据剧目显示演出计划界面

（2）业务逻辑层函数接口。售票管理的业务逻辑层函数接口见表 4.23 所示，具体接口的详细设计见 4.5.8 节。

表 4.23　售票管理的业务逻辑层函数接口

序号	标　识　符	函　数　名　称	说　　明
1	TTMS_SCU_Sale_Srv_Add	Sale_Srv_Add	添加新订单信息
2	TTMS_SCU_Ticket_Srv_Mod	Ticket_Srv_Modify	修改票状态
3	TTMS_SCU_Ticket_Srv_FetchBySchID	Ticket_Srv_FetchBySchID	根据演出计划 ID 获取票的数据
4	TTMS_SCU_Ticket_Srv_FetchBySeatID	Ticket_Srv_FetchBySeatID	根据 ID 获取票
5	TTMS_SCU_Schedule_Srv_FetchByPlay	Schedule_Srv_FetchByPlay	根据剧目 ID 获取演出计划（详细设计见 4.5.4 节）
6	TTMS_SCU_Seat_Srv_FetchByRoomID	Seat_Srv_FetchByRoomID	根据演出厅 ID 获取所有座位（详细设计见 4.5.2 节）
7	TTMS_SCU_Seat_Srv_FindByRC	Seat_Srv_FindByRC	根据行列号获取座位（详细设计见 4.5.2 节）

（3）持久化层函数接口。售票管理的持久化层函数接口见表 4.24 所示，具体接口的详细设计见 4.5.8 节。

表 4.24　售票管理持久化层函数接口

序号	标　识　符	函　数　名　称	说　　明
1	TTMS_SCU_Sale_Perst_Insert	Sale_Perst_Insert	存储新订单信息
2	TTMS_SCU_Ticket_Perst_Update	Ticket_Perst_Update	更新票状态

续表

序号	标 识 符	函 数 名 称	说 明
3	TTMS_SCU_Ticket_Srv_SelBySchID	Ticket_Srv_SelBySchID	根据演出计划 ID 载入票的数据
4	TTMS_SCU_Schedule_Perst_FetchByPlay	Schedule_Perst_FetchByPlay	根据剧目 ID 载入演出计划(详细设计见 4.5.4 节)
5	TTMS_SCU_Seat_Perst_SelByRoomID	Seat_Perst_SelByRoomID	根据演出厅 ID 载入所有座位(详细设计见 4.5.2 节)
6	TTMS_SCU_EntKey_Perst_GetNewKeys	EntKey_Perst_ GetNewKeys	获取实体主键(详细设计见 4.5.14 节)

4.3.9 退票管理(TTMS_UC_09)

1. 执行方案

"退票界面(TTMS_SCU_Sale_UI_RetfundTicket)"模块用于实现退票业务的处理,处理流程如图 4.28 所示,具体过程说明如下。

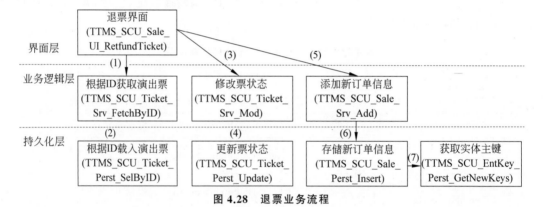

图 4.28 退票业务流程

(1)依次调用业务逻辑层"根据 ID 获取演出票(TTMS_SCU_Ticket_Srv_FetchByID)"和持久化层"根据 ID 载入演出票(TTMS_SCU_Ticket_Perst_SelByID)"模块查找票。

(2)查找到票之后,调用业务逻辑层"修改票状态(TTMS_SCU_Ticket_Srv_ Mod)"和持久化层"更新票状态(TTMS_SCU_Ticket_Perst_Update)"模块,将票的状态从"已售"(TICKET_SOLD)修改为"待售"(TICKET_AVL)。

(3)调用业务逻辑层"添加新订单信息(TTMS_SCU_Sale_Srv_Add)"和持久化层"存储新订单信息(TTMS_SCU_Sale_ Perst_Insert)"模块保存退票订单信息。

(4)持久化层"存储新订单信息(TTMS_SCU_Sale_Perst_Insert)"模块进一步调用持久化层的"获取实体主键(TTMS_SCU_EntKey_Perst_GetNewKeys)"模块,该模块从文件中读取出当前销售记录的主键值,加 1 后返回给调用者,并更新文件中销售记录的主键值,为新订单分配一个唯一的主键(实体 ID)。

2. 数据结构

退票用例使用的数据结构与 4.3.8 节中的数据结构相同,可参考该部分的数据类型定义。

3. 接口设计

(1)界面层函数接口。退票管理的界面层函数接口定义见表 4.25,具体接口的详细设计见 4.5.9 节。

表 4.25 退票管理界面层函数接口

序号	标 识 符	函 数 名 称	说 明
1	TTMS_SCU_ Sale_UI_RetfundTicket	Sale_UI_RetfundTicket	退票界面

(2)业务逻辑层函数接口。退票管理的业务逻辑层接口见表 4.26 所示,具体接口的详细设计见 4.5.9 节。

表 4.26 退票管理业务逻辑层函数接口

序号	标 识 符	函 数 名 称	说 明
1	TTMS_SCU_Ticket_Srv_FetchByID	Ticket_Srv_FetchByID	复用售票管理业务逻辑层根据 ID 载入票
2	TTMS_SCU_ Sale_Srv_Add	Sale_Srv_Add	复用售票管理业务逻辑层添加新订单信息
3	TTMS_SCU_Ticket_Srv_Mod	Ticket_Srv_Mod	复用售票管理业务逻辑层中修改票状态

(3)持久化层函数接口。退票管理的持久化层接口见表 4.27 所示,具体接口的详细设计见 4.5.9 节。

表 4.27 退票管理持久化层函数

序号	标 识 符	函 数 名 称	说 明
1	TTMS_SCU_Ticket_Perst_SelByID	Ticket_Perst_SelByID	根据 ID 载入票(详细设计见 4.5.8 节)
2	TTMS_SCU_ Sale_Perst_Insert	Sale_Perst_Insert	存储新订单信息(详细设计见 4.5.8 节)
3	TTMS_SCU_Ticket_Perst_Update	Ticket_Perst_Update	更新票状态(详细设计见 4.5.8 节)
4	TTMS_SCU_EntKey_Perst_GetNewKeys	EntKey_Perst_ GetNewKeys	获取实体主键(详细设计见 4.5.8 节)

4.3.10 统计销售额(TTMS_UC_10)

1. 执行方案

"统计销售额界面(TTMS_SCU_StaSales_UI_MgtEnt)"模块提供了统计销售额的入口,该界面下另设计两个子界面,分别是"统计售票员销售额界面(TTMS_SCU_StaSales_

UI_Clerk)"模块和"统计个人销售额界面（TTMS_SCU_StaSales_UI_Self)"模块。根据系统用户岗位角色的不同，剧院经理可以调用"统计售票员销售额界面（TTMS_SCU_StaSales_UI_Clerk)"模块浏览某售票员某日期区间销售额统计数据，售票员可以调用"统计个人销售额界面（TTMS_SCU_StaSales_UI_Self)"模块可以浏览售票员个人值班当日或当月的销售额统计数据。下面分别以剧院经理和售票员角色描述统计销售额的处理流程。

1）剧院经理角色

允许剧院经理根据用户ID、开始日期、结束日期三个参数，统计某个售票员在给定日期区间的销售额，剧院经理统计销售额处理流程如图4.29所示，具体过程说明如下。

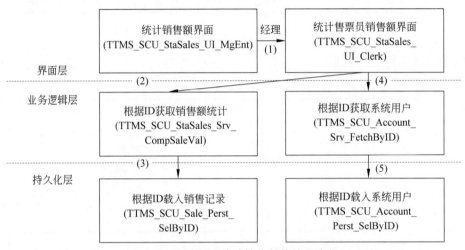

图 4.29　剧院经理统计销售额的处理流程

（1）界面层的"统计销售额界面（TTMS_SCU_StaSales_UI_MgtEnt)"模块调用界面层的"统计售票员销售额界面（TTMS_SCU_StaSales_UI_Clerk)"模块，"统计售票员销售额界面（TTMS_SCU_StaSales_UI_Clerk)"模块为经理统计某售票员某日期区间销售额提供了界面。

（2）界面层的"统计售票员销售额界面（TTMS_SCU_StaSales_UI_Clerk)"模块可以接收剧院经理输入的售票员ID、开始日期和结束日期三个参数，之后调用业务逻辑层的"根据ID获取销售额统计（TTMS_SCU_StaSales_Srv_CompSaleVal)"模块实现根据售票员ID获取给定日期区间的销售额统计。

（3）业务逻辑层的"根据ID获取销售额统计（TTMS_SCU_StaSales_Srv_CompSaleVal)"模块进一步调用持久化层的"根据ID载入销售记录（TTMS_SCU_Sale_Perst_SelByID)"模块，在Sale.dat文件中查找匹配的售票员ID销售记录，同时构建sale_list_t类型链表。"根据ID获取销售额统计（TTMS_SCU_StaSales_Srv_CompSaleVal)"模块遍历链表获取售票员ID的销售额统计。

（4）界面层的"统计售票员销售额界面（TTMS_SCU_StaSales_UI_Clerk)"模块调用业务逻辑层的"根据ID获取系统用户（TTMS_SCU_Account_Srv_FetchByID)"模块，获取售票员 ID 对应的系统用户信息,从而可以显示售票员名(UsrName)对应的日期区间销售额统计。

(5)业务逻辑层的"根据 ID 获取系统用户(TTMS_SCU_Account_Srv_FetchByID)"模块需要进一步调用持久化层的"根据 ID 载入系统用户(TTMS_SCU_Account_Perst_SelByID)"模块,从文件 Account.dat 中载入匹配售票员 ID 的系统用户信息。

2)售票员角色

允许售票员统计个人值班当日或当月的销售额,本质上与经理角色统计销售额处理流程基本一致,都是通过调用"根据 ID 获取销售额统计(TTMS_SCU_StaSales_Srv_CompSaleVal)"模块来统计售票员的销售额,只是为售票员提供的界面不同,并且提供两个业务逻辑层模块:"获取个人当日销售额统计(TTMS_SCU_StaSales_Srv_SelfDate)"模块和"获取个人当月销售额统计(TTMS_SCU_StaSales_Srv_SelfMonth)"模块,分别实现售票员值班当日和当月销售额统计,这两个单元都是对"根据 ID 获取销售额统计(TTMS_SCU_StaSale_Srv_CompSaleVal)"模块的封装,"获取个人当日销售额统计(TTMS_SCU_StaSales_Srv_SelfDate)"模块封装时限制售票员 ID 为当日值班售票员,开始日期与结束日期都为当日;"获取个人当月销售额统计(TTMS_SCU_StaSales_Srv_SelfMonth)"模块封装时限制售票员 ID 为当日值班售票员,开始日期为当月第一天,结束日期为当月的最后一天。

售票员统计销售额处理流程如图 4.30 所示,具体过程说明如下。

图 4.30 售票员统计销售额的处理流程

(1)界面层的"统计销售额界面(TTMS_SCU_StaSales_UI_MgtEnt)"模块调用界面层的"统计个人销售额界面(TTMS_SCU_StaSales_UI_Self)"模块。"统计个人销售额界面(TTMS_SCU_StaSales_UI_Self)"模块为值班售票员统计当日或当月销售额提供了界面。

(2)界面层的"统计个人销售额界面(TTMS_SCU_StaSales_UI_Self)"模块调用业务逻辑层的"根据 ID 获取销售额统计(TTMS_SCU_StaSales_Srv_CompSaleVal)"模块。调用"根据 ID 获取销售额统计(TTMS_SCU_StaSales_Srv_CompSaleVal)"模块时传递的实参如果为当前系统用户 ID 和当日日期区间,可以获取售票员个人值班当日销售额统计,传递的实参如果为当前系统用户 ID 和当月日期区间,可以获取售票员个人值班当月销售额统计。

（3）业务逻辑层的"根据 ID 获取销售额统计（TTMS_SCU_StaSales_Srv_CompSaleVal）"模块进一步调用持久化层的"根据 ID 载入销售记录（TTMS_SCU_Sale_Perst_SelByID）"模块,在 Sale.dat 文件中根据售票员 ID 查找匹配的销售记录（即售票订单信息）,同时构建 sale_list_t 类型链表 list。"根据 ID 获取销售额统计（TTMS_SCU_StaSales_Srv_CompSaleVal）"模块遍历链表 list,累加统计满足销售记录中 type（交易类型）字段值是"SALE_SELL（买票）"的记录的票价；获取售票员 ID 的销售额统计。

2. 数据结构

本用例是对票的销售数据进行统计,不需要单独定义新的数据结构。订单信息实体数据结构定义请参阅 4.3.8 节。

3. 接口设计

（1）界面层函数接口。统计销售额的界面层函数接口说明见表 4.28,具体接口的详细设计参见 4.5.10 节。

表 4.28　统计销售额界面层接口

序号	标　识　符	函　数　名　称	说　　明
1	TTMS_SCU_StaSales_UI_MgtEnt	StaSales_UI_MgtEntry	统计销售额界面
2	TTMS_SCU_StaSales_UI_Clerk	StaSales_UI_Clerk	统计售票员销售额界面
3	TTMS_SCU_StaSales_UI_Self	StaSales_UI_Self	统计个人销售额界面

（2）业务逻辑层函数接口。统计销售额的业务逻辑层函数接口说明见表 4.29,具体接口的详细设计参见 4.5.10 节。

表 4.29　统计销售额业务逻辑层接口

序号	标　识　符	函　数　名　称	说　　明
1	TTMS_SCU_StaSales_Srv_CompSaleVal	StaSales_Srv_CompSaleVal	根据 ID 获取销售额统计
2	TTMS_SCU_Account_Srv_FetchByID	Account_Srv_FetchByID	根据 ID 获取系统用户（详细设计见 4.5.13 节）

（3）持久层函数接口。统计销售额的持久化层函数接口说明见表 4.30,具体接口的详细设计参见 4.5.10 节。

表 4.30　统计销售额业务逻辑层接口

序号	标　识　符	函　数　名　称	说　　明
1	TTMS_SCU_Sale_Perst_SelByID	Sale_Perst_SelByID	根据 ID 载入销售记录
2	TTMS_SCU_Account_Perst_SelByID	Account_Perst_SelByID	根据 ID 载入系统用户（详细设计见 4.5.13 节）

4.3.11　统计票房(TTMS_UC_11)

1. 执行方案

"统计票房界面(TTMS_SCU_ SalesAnalysis _UI_MgtEnt)"模块提供了剧院经理查看已上映剧目票房情况的管理入口。剧院经理可浏览截止当前已上映剧目的票房情况,并进行降序显示,剧目票房信息一般至少包含剧目名、区域、售票数、票房、上映时间和下映时间等字段,这些剧目票房信息可帮助剧院经理获得剧院近期的剧目销售情况,对后续剧院引进剧目有参考价值。

"统计票房界面(TTMS_SCU_ SalesAnalysis _UI_MgtEnt)"模块主要由两个函数组成,一个函数完成"剧目上映期间票房统计",另一个函数对"统计出来的剧目票房进行排序"。

"剧目上映期间票房统计"函数较复杂,下面对其实现思路进行介绍。

"统计票房界面(TTMS_SCU_ SalesAnalysis _UI_MgtEnt)"模块需要向剧院经理提供剧目名称、剧目区域、剧目上座数量、剧目票房、剧目上映日期和剧目下映日期等"剧目上映期间票房统计"字段,因此首先需要分析"剧目上映期间票房统计"字段的数据来源,"剧目上映期间票房统计"字段的数据来源如表 4.31 所示。表 4.31 中涉及 Paly.dat、Ticket.dat 和 Sale.dat 文件,这三个文件的记录字段定义请参考 4.3.3、4.3.5 和 4.3.8 小节的数据结构内容。

表 4.31　"剧目票房统计"需要的数据字段

字段	剧目编号	剧目名称	剧目区域	演出时间(分)	剧目上座数量	剧目票房(销售额统计)	剧目票价	剧目上映日期	剧目下映日期
来源			Play.dat		统计 Ticket.dat 文件中满足 status 字段为"已售"状态的票数并且该票在 Sale.dat 文件中对应记录的 type 字段为"买票"类型	剧目上座数量 × 票价		Play.dat	

"剧目编号""剧目名称""剧目区域""演出时间(分)""剧目票价""剧目上映日期"和"剧目下映日期"字段可以来源于 Play.dat 文件;"剧目上座数量"可来源于 Ticket.dat 文件中满足票状态字段(status)为"已售"状态且该票(ticket)对应在 Sale.dat 文件中记录中的交易类型(type)字段值为 1(买票,非退票)状态的票数统计,剧目票房是计算所得数据,公式为"剧目上座数量×票价"。"剧目上映期间票房统计"字段的构建核心是获取"剧目上座数量"字段。

接下来分析"剧目上座数量"字段的计算过程,与"剧目上座数量"字段计算有关的数据关系如表 4.32 所示。表 4.32 中 Play.dat 文件中 id 字段与 Schedule.dat 文件中 play_id 字段关联,Schedule.dat 文件中 id 字段与 Ticket.dat 文件中 schedule_id 字段进行关联,Ticket.dat 文件中 id 字段与 Sale 文件中 ticket_id 字段进行关联。表 4.32 中涉及的 Paly.dat、Schedule.dat、Ticket.dat 和 Sale.dat 文件的记录字段定义请参考 4.3.3、4.3.4、4.3.5

和 4.3.8 小节的数据结构内容。

　　计算"剧目上座数量"字段，需要关联 4 个文件的数据，分别是 Play.dat、Schedule. dat、Ticket.dat 和 Sale.dat，某个剧目 play_id 可以关联对应多个 schedule_id，而每个 schedule_id 对应多个 ticket_id，累计计算 Ticket.dat 文件中满足 status 字段为"已售"状态且该票在 Sale.dat 文件中交易类型 type 字段为"买票"状态的 ticket_id 个数，即可计算得到"剧目上座数量"字段。

表 4.32　与"剧目上座数量"字段计算有关的数据关系

Play.dat 文件		Schedule.dat 文件		Ticket.dat 文件		Sale.dat 文件	
字段	含义	字段	含义	字段	含义	字段	含义
id	剧目 id	id	演出计划 id	id	票 id	id	销售记录 id
name	剧目名称	play_id	上映剧目 id	schedule_id	票对应演出计划 id	user_id	售票员 id
area	剧目区域	…	…	status	票状态	ticket_id	票 id
duration	演出时间			price	票价	…	…
price	票价			…	…	type	交易类型
start_date	上映日期						
end_date	下映日期						
…	…						

　　"统计票房"模块的处理流程见图 4.31 所示，具体过程说明如下。

　　(1) 界面层的"统计票房界面(TTMS_SCU_SalesAnalysis_UI_MgtEnt)"模块是统计票房的入口界面，该模块通过调用业务逻辑层的"获取剧目票房信息(TTMS_SCU_SalesAnalysis_Srv_StaticSale)"模块构建 salesanalysis_list_t 类型的票房统计链表，该链表存放了剧院截止当前日期全部上映剧目的票房信息(即剧目上映期间票房统计字段)。salesanalysis_list_t 类型链表定义参见 4.3.11 小节的数据结构内容。

　　(2) 业务逻辑层的"获取剧目票房信(TTMS_SCU_SalesAnalysis_Srv_StaticSale)"模块进一步调用业务逻辑层的"获取全部剧目(TTMS_SCU_Play_Srv_FetchAll)"模块，获取剧目数据。

　　(3) 业务逻辑层的"获取全部剧目(TTMS_SCU_Play_Srv_FetchAll)"模块调用持久化层的"载入全部剧目(TTMS_SCU_Play_Perst_SelectAll)"模块，从文件 Play.dat 载入剧目数据，构建 play_list_t 类型链表。

　　(4) 业务逻辑层的"获取剧目票房信息(TTMS_SCU_SalesAnalysis_Srv_StaticSale)"模块继续调用"根据剧目 ID 获取票房(TTMS_SCU_Schedule_Srv_StatRevByplay)"模块，该模块根据剧目 ID 获取匹配剧目的上座数量和票房。

　　(5) 业务逻辑层的"根据剧目 ID 获取票房(TTMS_SCU_Schedule_Srv_StatRevByPlay)"模块调用持久层的"根据剧目 ID 载入演出计划(TTMS_SCU_Schedule

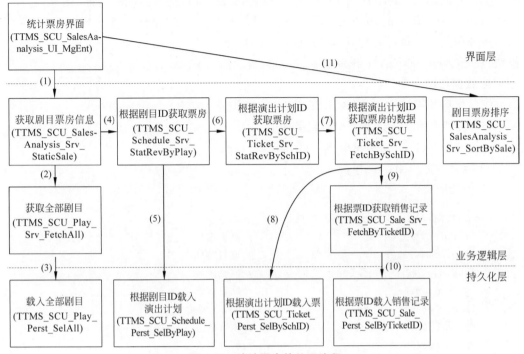

图 4.31　统计票房的处理流程

_Perst_SelByPlay)"模块,根据剧目 ID 从文件 Schedule.dat 载入匹配的演出计划信息,构建 schedule_list_t 链表。

（6）业务逻辑层的"根据剧目 ID 获取票房（TTMS_SCU_Sechdule_Srv_StatRevByPlay)"模块调用业务逻辑层的"根据演出计划 ID 获取票房（TTMS_SCU_Ticket_Srv_StatRevBySchID)"模块,根据演出计划 ID,统计有效售票数量和票房。有效售票是指剧目票为"卖出"状态,且在 Sale.dat 文件记录中该票不是"退票"状态,即"买票"状态。

（7）业务逻辑层的"根据演出计划 ID 获取票房（TTMS_SCU_Ticket_Srv_StatRevBySchID)"模块调用业务逻辑层的"根据演出计划 ID 获取票的数据（TTMS_SCU_Ticket_Srv_FetchBySchID)"模块,根据演出计划 ID 获取 ticket_list_t 链表。

（8）业务逻辑层"根据演出计划 ID 获取票的数据（TTMS_SCU_Ticket_Srv_FetchBySchID)"模块进一步调用持久化层"根据演出计划 ID 载入票（TTMS_SCU_Ticket_Perst_SelBySchID)"模块,从文件 Ticket.dat 载入匹配演出计划 ID 的票数据,构建 ticket_list_t 链表。

（9）业务逻辑层的"根据演出计划 ID 获取票的数据（TTMS_SCU_Ticket_Srv_FetchBySchID)"模块进一步调用业务逻辑层的"根据票 ID 获取销售记录（TTMS_SCU_Sale_Srv_FetchByTicketID)"模块,根据票 ID 获取该票的销售记录。

（10）业务逻辑层的"根据票 ID 获取销售记录（TTMS_SCU_Sale_Srv_FetchByTicketID)"模块进一步调用持久化层的"根据票 ID 载入销售记录（TTMS_SCU_

软件项目综合实践教程——C 语言篇

Sale_Perst_SelByTicketID)"模块,从文件 Sale.dat 载入与票 ID 匹配的销售记录。

（11）业务逻辑层的"统计票房界面（TTMS_SCU_SalesAnalysis_UI_MgtEnt)"模块进一步调用业务逻辑层的"剧目票房排行（TTMS_SCU_SalesAnalysis_Srv_SortBySale)"模块对 salesanalysis_list_t 链表排序。

2. 数据结构

统计票房数据结构为 TTMS_SDS_SalesAnalysis_ * 。

（1）统计票房实体数据类型的定义如下：

- 类型标识：TTMS_SDS_SalesAnalysis_Ent。
- 类型名称：salesanalysis_t。
- 类型定义：

```
typedef struct {
    int play_id;                    //剧目编号
    char name[31];                  //剧目名称
    chararea[9];                    //剧目区域
    int duration;                   //剧目播放时长
    long totaltickets;              //剧目上座数量
    long sales;                     //剧目票房(销售额统计)
    int price;                      //剧目票价
    ttms_date_tstart_date;          //剧目上映日期
    ttms_date_tend_date;            //剧目下映日期
} salesanalysis_t;
```

（2）统计票房链表节点的定义如下：

- 类型标识：TTMS_SDS_SalesAnalysis_ListNode，TTMS_SDS_SalesAnalysis_List。
- 类型名称：salesanalysis_node_t、salesanalysis_list_t。
- 类型定义：

```
typedef structsalesanalysis_node {
    salesanalysis_t data;              //实体数据
    structsalesanalysis_node * next;   //后向指针
    structsalesanalysis_node * prev;   //前向指针
} salesanalysis_node_t, * salesanalysis_list_t;
```

3. 接口设计

（1）界面层函数接口。统计票房的界面层函数接口定义见表 4.33,具体接口的详细设计参见 4.5.11 节。

表 4.33　统计票房界面层接口

序号	标 识 符	函 数 名 称	说　　明
1	TTMS_SCU_SalesAnalysis_UI_MgtEnt	SalesAnalysis_UI_MgtEntry	统计票房界面

（2）业务逻辑层函数接口。统计票房的业务逻辑层函数接口定义见表 4.34，具体接口的详细设计参见 4.5.11 节。

表 4.34　统计票房业务逻辑层接口

序 号	标 识 符	函 数 名 称	说　　明
1	TTMS_SCU_SalesAnalysis_Srv_StaticSale	SalesAnalysis_Srv_StaticSale	获取剧目票房信息
2	TTMS_SCU_Schedule_Srv_StatRevByPlay	Schedule_Srv_StatRevByPlay	根据剧目 ID 获取票房
3	TTMS_SCU_Ticket_Srv_StatRevBySchID	Ticket_Srv_StatRevBySchID	根据演出计划 ID 获取票房
4	TTMS_SCU_Ticket_Srv_FetchBySchID	Ticket_Srv_FetchBySchID	根据演出计划 ID 获取票的数据
5	TTMS_SCU_SalesAnalysis_Srv_SortBySale	SalesAnalysis_Srv_SortBySale	剧目票房排行（以剧目票房为关键字排序）
6	TTMS_SCU_Play_Srv_FetchAll	Play_Srv_FetchAll	获取全部剧目（详细设计见 4.5.3 节）
7	TTMS_SCU_Sale_Srv_FetchByTicketID	Sale_Srv_FetchByTicketID	根据票 ID 获取销售记录

（3）持久化层函数接口。统计票房的持久化层函数接口定义见表 4.35，具体接口的详细设计参见 4.5.11 节。

表 4.35　统计票房持久化层接口

序号	标 识 符	函 数 名 称	说　　明
1	TTMS_SCU_Play_Perst_SelAll	Play_Perst_SelectAll	载入全部剧目（详细设计见 4.5.3 节）
2	TTMS_SCU_Schedule_Perst_SelByPlay	Schedule_Perst_SelectByPlay	根据剧目 ID 载入演出计划（详细设计见 4.5.4 节）
3	TTMS_SCU_Ticket_Perst_SelBySchID	Ticket_Srv_SelBySchID	根据演出计划 ID 载入票（详细设计见 4.5.8 节）
4	TTMS_SCU_Sale_Perst_SelByTicketID	Sale_Perst_SelByTicketID	根据票 ID 载入销售记录

4.3.12　维护个人资料(TTMS_UC_98)

1. 执行方案

"维护个人资料界面（TTMS_SCU_MaiAccount_UI_MgtEnt）"是系统用户、经理和售票员维护系统用户的入口，"维护个人资料界面（TTMS_SCU_MaiAccount_UI_

MgtEnt)"与"修改系统用户(TTMS_SCU_Account_UI_Mod)"模块(参见4.3.13节)功能基本一样,区别是"维护个人资料界面(TTMS_SCU_MaiAccount_UI_MgtEnt)"模块是已登录TTMS系统的用户维护个人的系统用户信息,因此不要验证系统用户账号是否存在,只需调用业务逻辑层"修改系统用户(TTMS_SCU_Account_Srv_Mod)"模块实现个人账号信息的修改。

维护个人资料处理流程如图4.32所示。

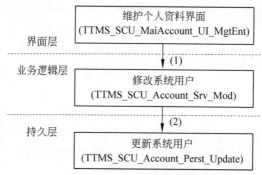

图4.32 维护个人资料的处理流程

(1)界面层的"维护系统用户资料界面(TTMS_SCU_MaiAccount_UI_MgtEnt)"调用业务逻辑层的"修改系统用户(TTMS_SCU_Account_Srv_Mod)"模块修改系统用户信息。

(2)调用持久化层的"更新系统用户(TTMS_SCU_Account_Perst_Update)"模块实现"已修改的系统用户信息"写入文件Account.dat中。

2. 数据结构

维护个人资料用例没有定义与本用例相关新的数据结构,使用了系统用户(TTMS_SDS_Account_*)数据结构,请参阅4.3.13节。

3. 接口设计

(1)界面层函数接口。维护个人资料界面层函数接口定义见表4.36,具体接口的详细设计参见4.5.12节。

表4.36 维护个人资料界面层接口

序号	标 识 符	函数名称	说 明
1	TTMS_SCU_MaiAccount_UI_MgtEnt	MaiAccount_UI_MgtEntry	维护个人资料界面

(2)业务逻辑层函数接口。维护个人资料业务逻辑层函数接口定义见表4.37。维护个人资料的业务逻辑层使用了管理系统用户用例中的"修改系统用(TTMS_SCU_Account_Srv_Mod)"模块,该模块对应的函数接口详细设计参见4.5.13节。

表4.37 维护个人资料业务逻辑层接口

序号	标 识 符	函数名称	说 明
1	TTMS_SCU_Account_Srv_Mod	Account_Srv_Modify	修改系统用户(详细设计见4.5.13节)

（3）持久层函数接口。维护个人资料持久化层函数接口定义见表 4.38。维护个人资料的持久化层使用了管理系统用户用例中的"更新系统用户（TTMS_SCU_Account_Perst_Update）"模块，该模块对应的函数接口详细设计参见 4.5.13 节。

表 4.38 维护个人资料持久化层接口

序号	标 识 符	函 数 名 称	说　明
1	TTMS_SCU_ Account _Perst_Update	Account_Perst_Update	更新系统用户（详细设计见 4.5.13 节）

4.3.13 管理系统用户(TTMS_UC_99)

1. 执行方案

1）管理系统用户

"管理系统用户界面（TTMS_SCU_Account_UI_MgtEnt）"模块提供了管理系统用户的入口，系统管理员可以查看当前注册成功的系统用户信息，并提供添加、删除、修改和查询系统用户的菜单项，供用户选择。管理系统用户的处理流程见图 4.33，具体过程说明如下。

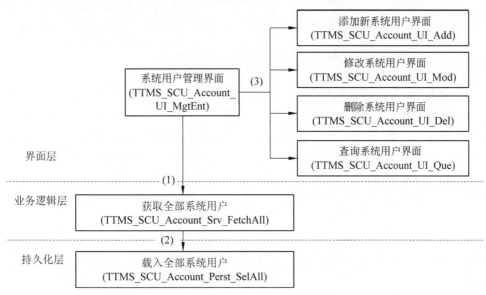

图 4.33 管理系统用户的处理流程

（1）界面层的"管理系统用户界面（TTMS_SCU_Account_UI_MgtEnt）"模块调用业务逻辑层的"获取全部用户（TTMS_SCU_Account_Srv_FetchAll）"模块获取全部的系统用户数据。

（2）业务逻辑层的"获取全部用户（TTMS_SCU_Account_Srv_FetchAll）"模块进一步调用了持久化层的"载入全部系统用户（TTMS_ SCU_Account_Perst_SelAll）"模块，该模块从 Account.dat 文件中读取出全部系统用户数据并返回给调用者。

（3）界面层的"管理系统用户界面（TTMS_SCU_Account_UI_MgtEnt）"模块根据得到的系统用户数据对界面进行初始化，显示当前已注册的系统用户信息，同时显示添加、删除、修改及查询系统用户的管理菜单项。

（4）接收用户的输入，并根据用户的选择进入界面层"添加新系统用户界面（TTMS_SCU_Account_UI_Add）"、"修改系统用户界面（TMS_SCU_Account_UI_Mod）"、"删除系统用户界面（TTMS_SCU_Account_UI_Del）"和"查询系统用户界面（TTMS_SCU_Account_UI_Que）"模块。

2）添加新系统用户

"添加新系统用户界面（TTMS_SCU_Account_UI_Add）"模块提供了向 TTMS 系统中添加一个新系统用户的入口，处理流程见图 4.34，具体过程说明如下。

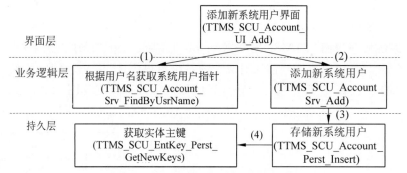

图 4.34　添加新系统用户的处理流程

（1）用户"输入新系统用户"各个属性数据后，首先验证新用户名是否存在，不存在则可添加，否则提示"系统用户已存在"。在图 4.33 中已经通过"获取全部系统用户（TTMS_SCU_Account_Srv_FetchAll）"模块获取到全部系统用户账号信息，并存储到系统用户 list 链表中，因此调用业务逻辑层的"根据用户名获取系统用户指针（TTMS_SCU_Account_Srv_FindByUsrName）"模块可以实现验证输入的用户名对应的系统用户是否在 list 链表中，即判断系统用户是否已存在，该模块返回指向匹配的系统用户指针。

（2）界面层的"添加新系统用户界面（TTMS_SCU_Account_UI_Add）"模块调用业务逻辑层的"添加新系统用户（TTMS_SCU_Account_Srv_Add）"模块，实现添加新系统用户服务。

（3）业务逻辑层的"添加新系统用户（TTMS_SCU_Account_Srv_Add）"模块进一步调用持久化层的"存储新系统用户（TTMS_SCU_Account_Perst_Insert）"模块，将新系统用户数据存储到文件 Account.dat 中。

（4）在持久化层的"存储新系统用户（TTMS_SCU_Account_Perst_Insert）"模块中需要为新系统用户创建唯一的主键 ID，因此"存储新系统用户（TTMS_SCU_Account_Perst_Insert）"模块需调用持久化层的"获取实体主键（TTMS_SCU_EntKey_Perst_GetNewKeys）"模块载入主键，该模块从文件 EntityKey.dat 中读取出系统用户的当前主键值，加 1 后返回给调用者，并更新 EntityKey.dat 中的系统用户的主键值。

注意：

（1）添加新系统用户也需调用 List_AddTail(list，p)函数尾插法同步将添加的系统用户数据添加到系统用户链表 list 中。

（2）"根据用户名获取系统用户指针（TTMS_SCU_Account_Srv_FindByUsrName）"模块设置的原因为：系统内部处理"系统用户"信息是通过用户 ID 实现，而为了界面友好，需要提供以用户名为关键字处理"系统用户"信息的能力，因此设置了"根据用户名获取系统用户指针（TTMS_SCU_Account_Srv_FindByUsrName）"模块，此模块处理的是系统用户链表 list，加快了检索系统用户的速度。

注：Account.dat 是存储"系统用户"信息的文件，关于获取实体主键的信息请参阅 4.3.14 小节。

3）修改系统用户密码

"修改系统用户密码界面（TTMS_SCU_Account_UI_Mod））"模块提供了修改 TTMS 系统中已注册的一个系统用户数据，处理流程见图 4.35，具体过程说明如下。

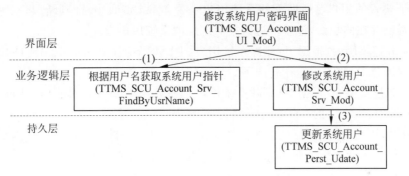

图 4.35   修改系统用户的处理流程

（1）用户输入用户名时，需要验证输入的用户名是否存在，存在则可修改账号密码，在图 4.33 中已经通过"获取全部系统用户（TTMS_SCU_Account_Srv_FetchAll）"模块获取到全部系统用户信息，并存储到系统用户 list 链表中，因此调用业务逻辑层"根据用户名获取系统用户指针（TTMS_SCU_Account_Srv_FindByUsrName）"模块验证输入的用户名对应的系统用户是否在系统用户 list 链表中，即判断系统用户是否已存在的功能，该模块返回指向匹配的系统用户指针。

（2）调用业务逻辑层的"修改系统用户（TTMS_SCU_Account_Srv_Mod）"模块实现更新系统用户信息的服务。

（3）调用持久化层的"更新系统用户（TTMS_SCU_Account_Perst_Update）"模块实现已修改的系统用户信息写入文件 Account.dat 中。

注意：需要同步修改系统用户链表 list 中对应的系统用户结点。

4）删除系统用户

"删除系统用户界面（TTMS_SCU_Account_UI_Del）"模块用于删除系统中已注册的一个系统用户，处理流程见图 4.36，具体过程说明如下。

（1）用户输入用户名时，需要验证输入的用户名是否存在，存在则可删除匹配的系统

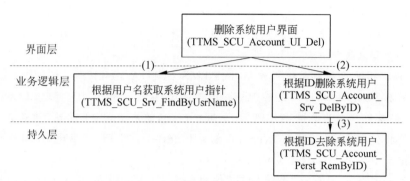

图 4.36　删除系统用户的处理流程

用户，在图 4.33 中已经通过"获取全部系统用户(TTMS_SCU_Account_Srv_FetchAll)"
模块获取到全部系统用户账号信息，并存储到系统用户 list 链表中，因此调用业务逻辑层
"根据用户名获取系统用户指针(TTMS_SCU_ Account_Srv_FindByUsrName)"模块可
以实现验证输入的用户名所匹配的系统用户是否在 list 链表中，即判断用户名对应的系
统用户是否已存在的功能，该模块返回指向匹配的系统用户指针。

（2）业务逻辑层的"根据 ID 删除系统用户(TTMS_SCU_Account_Srv_DelByID)"模
块实现根据用户 ID 删除系统用户服务。

（3）业务逻辑层的"根据 ID 删除系统用户(TTMS_SCU_Account_Srv_DelByID)"模
块进一步调用持久层的"根据 ID 去除系统用户(TTMS_SCU_Account_Perst_
RemByID)"模块实现根据用户 ID 在文件 Account.dat 中去除系统用户记录的功能。

注意：需要同步删除系统用户链表 list 中对应的系统用户数据。

5）查询系统用户

"查询系统用户界面(TTMS_SCU_Account_UI_Que)"模块提供了查询 TTMS 系统
中已注册的系统用户信息的入口，处理流程见图 4.37，具体过程说明如下。

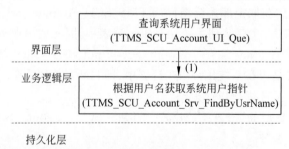

图 4.37　查询系统用户的处理流程

在用户输入用户名时，需要验证输入的用户名是否存在，存在则可查询，在之前已
经通过"获取全部系统用户(TTMS_SCU_Account_Srv_FetchAll)"模块获取到全部系
统用户信息，并存储到系统用户 list 链表中，因此调用业务逻辑层的"根据用户名获取
系统用户指针(TTMS_SCU_Account_Srv_FindByUsrName)"模块可以实现验证输入的
用户名所匹配的系统用户是否在系统用户 list 链表中，即判断用户名对应的系统用户

是否已存在的功能,该模块返回指向匹配的系统用户指针,因此可以浏览系统用户的个人信息。

注意:查询是在 list 链表中查询,因此查询功能不需要调用持久层模块,提高了执行效率。

2. 数据结构

系统用户数据结构为 TTMS_SDS_Account_ * 。

(1) 系统用户实体数据类型的定义如下:

- 类型标识: TTMS_SDS_Account_Ent。
- 类型名称: account_t。
- 类型定义:

```
typedef enum {
    USR_ANOMY = 0,                      //匿名类型,初始化账号时使用
    USR_CLERK = 1,                      //销售员类型
    USR_MANG = 2,                       //经理类型
    USR_ADMIN = 9                       //系统管理员类型
} account_type_t;

typedef struct {
    intid;                             //用户 id
    account_type_ttype;                //用户类型
    char username[30];                 //用户名
    charpassword[30];                  //用户密码
} account_t;
account_t gl_CurUser={0, USR_ANOMY, "Anonymous",""};
//定义全局变量 gl_CurUser 存储系统用户信息
```

(2) 系统用户链表节点的定义如下:

- 类型标识: TTMS_SDS_Account_ListNode,TTMS_SDS_Account_List。
- 类型名称: account_node_t、account_list_t。
- 类型定义:

```
typedef struct account_node {
    account_tdata;                     //实体数据
    structaccount_node * next;         //后向指针
    structaccount_node * prev;         //前向指针
} account_node_t, * account_list_t;
```

3. 接口设计

(1) 界面层函数接口。管理系统用户的界面层函数接口定义见表 4.39,具体接口的详细设计参见 4.5.13 节。"系统用户登录界面 TTMS_SCU_Login"模块提供了系统用户登录 TTMS 系统界面,与系统用户管理紧密相关,因此在系统用户用例中说明了此函数接口设计。

表 4.39　管理系统用户界面层接口

序号	标 识 符	函数名称	说 明
1	TTMS_SCU_Login	int SysLogin()	系统用户登录界面
2	TTMS_SCU_Account_UI_MgtEnt	Account_UI_MgtEntry	系统用户管理界面
3	TTMS_SCU_Account_UI_Add	Account_UI_Add	添加新系统用户界面
4	TTMS_SCU_Account_UI_Mod	Account_UI_Modify	修改系统用户界面
5	TTMS_SCU_Account_UI_Del	Account_UI_Delete	删除系统用户界面
6	TTMS_SCU_Account_UI_Que	Account_UI_Query	查询系统用户界面

　　(2) 业务逻辑层函数接口。管理系统用户的业务逻辑层函数接口定义见表 4.40,具体接口的详细设计参见 4.5.13 节。"创建管理员 Admin 匿名系统用户 TTMS_SCU_Account_Srv_InitSys"模块和"验证系统用户的用户名和密码 TTMS_SCU_ Account_Srv_Verify"模块属于系统用户验证的业务逻辑层功能,与系统用户管理紧密相关,因此在系统用户用例中说明了此函数接口设计。

表 4.40　管理系统用户业务逻辑层接口

序号	标 识 符	函数名称	说 明
1	TTMS_SCU_Account_Srv_InitSys	Account_Srv_InitSys	创建管理员 Admin 匿名系统用户
2	TTMS_SCU_ Account_Srv_Verify	Account_Srv_Verify	验证系统用户的用户名和密码
3	TTMS_SCU_ Account_Srv_Add	Account_Srv_Add	添加新系统用户
4	TTMS_SCU_ Account_Srv_Mod	Account_Srv_Modify	修改系统用户
5	TTMS_SCU_ Account_Srv_DelByID	Account_Srv_DeleteByID	根据 ID 删除系统用户
6	TTMS_SCU_Account _Srv_FetchAll	Account_Srv_FetchAll	获取全部系统用户
7	TTMS_SCU_Account_Srv_FindByUsrName	Account_Srv_FindByUsrName	根据用户名获取系统用户指针

　　(3) 持久化层函数接口。管理系统用户的持久化层函数接口定义见表 4.41,具体接口的详细设计参见 4.5.13 节。"判断系统用户文件是否存在 TTMS_SCU_Account_Perst_CheckAccFile"模块属于系统用户验证的持久化层功能,与系统用户管理紧密相关,因此在系统用户用例中说明了此函数接口设计。

表 4.41　管理系统用户持久层接口

序号	标 识 符	函数名称	说 明
1	TTMS_SCU_Account_Perst_Insert	Account_Perst_Insert	存储新系统用户

序号	标　识　符	函 数 名 称	说　　明
2	TTMS_SCU_ Account _Perst_ Update	Account_Perst_Update	更新系统用户
3	TTMS_SCU_Account_Perst_ RemByID	Account_Perst_RemByID	根据 ID 去除系统用户
4	TTMS_SCU_ Account _Perst_ SelAll	Account_Perst_SelectAll	载入全部系统用户
5	TTMS_SCU_EntKey_Perst_ GetNewKeys	EntKey_Perst_GetNewKeys	获取实体主键,根据实体名及个数,向文件中存入主键信息(详细设计见 4.5.14 节)
6	TTMS_SCU_Account_Perst_ CheckAccFile	Account_Perst_CheckAccFile	判断系统用户文件是否存在

4.3.14　主键服务

1. 执行方案

主键服务仅用于在持久化层中添加一个新的业务实体数据时,为其分配唯一主键,处理流程见图 4.38。当系统需要添加一个业务实体数据时,例如,添加演出厅,界面层的"添加实体界面(TTMS_SCU_ * _UI_Add)"模块将调用业务逻辑层的"添加实体(TTMS_SCU_ * _Srv_Add)"模块,进一步调用持久化层的"存储实体(TTMS_SCU_ * _Perst_Insert)"模块,进一步调用持久化层的"获取实体主键(TTMS_SCU_ EntKey_Perst_GetNewKeys)"模块,该模块从文件中读取当前实体的主键值,根据需要的主键个数分配相应个数的主键(实体 ID),将主键的最小值返回给调用者,并更新文件中实体的主键值。

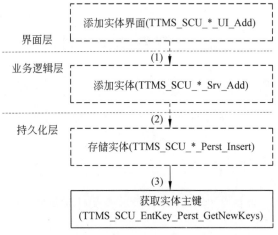

图 4.38　主键服务的处理流程

2. 数据结构

（1）主键实体数据类型的定义如下：

- 类型标识：TTMS_SDS_Entkey_Ent。
- 类型名称：entity_key_t。
- 类型定义：

```
typedef struct {
    char entyName[41];                    //主键名称
    long key;                             //主键键值
}entity_key_t;
```

（2）主键链表结点的定义如下：

- 类型标识：TTMS_SDS_Entkey_ListNode。
- 类型名称：entkey_node_t、entkey_list_t。
- 类型定义：

```
typedef struct entity_key_node{
    entity_key_t data;                    //实体数据
    struct entity_key_node * prev;        //前向指针
    struct entity_key_node * next;        //后向指针
}entkey_node_t, * entkey_list_t;
```

3. 接口设计

主键服务的持久化层函数接口设计见表 4.42，具体接口的详细设计请见 4.5.14 节。

表 4.42 主键服务的持久化层函数接口

序号	标 识 符	函 数 名 称	说 明
1	TTMS_SCU_EntKey_Perst_GetNewKeys	EntKey_Perst_GetNewKeys	获取实体主键，根据实体名及个数，向文件中存入主键信息

4.4 开发架构设计

4.4.1 工程目录结构

TTMS 源代码的工程目录结构如图 4.39 所示。源代码包含 4 个子目录，具体说明如下。

- Common：包含公共数据类型定义，及公共函数的头文件和源程序文件。
- Persistence：包含持久化层的所有函数头文件和源程序文件。
- Service：包含业务逻辑层的所有函数头文件和源程序文件。

图 4.39 TTMS 源代码的工程目录结构

- View：包含界面层的所有函数头文件和源程序文件。

4.4.2　源代码文件

TTMS 的源代码文件构成见表 4.43。

表 4.43　TTMS 源代码文件说明

序号	文件标识符	源代码文件路径名	说　　明
1	TTMS_SSF_ Main	/TTMS.c	TTMS 执行入口
2	TTMS_SSF_Main_Menu_Head	/View/Main_Menu.h	管理主界面界面层头文件
3	TTMS_SSF_ Main_Menu _Sour	/View/ Main_Menu.c	管理主界面界面层源代码文件
4	TTMS_SSF_Queries_Menu_Head	/View/Queries_Menu.h	查询界面层头文件
5	TTMS_SSF_Queries_Menu _Sour	/View/Queries_Menu.c	查询界面层源代码文件
6	TTMS_SSF_Studio_UI_Head	/View/Studio_UI.h	演出厅界面层头文件
7	TTMS_SSF_Studio_UI_Sour	/View/Studio_UI.c	演出厅界面层源代码文件
8	TTMS_SSF_Studio_Srv_Head	/Service/Studio.h	演出厅业务逻辑层头文件
9	TTMS_SSF_Studio_Srv_Sour	/Service/Studio.c	演出厅业务逻辑层源代码文件
10	TTMS_SSF_Studio_Perst_Head	/Persistence/Studio_Persist.h	演出厅持久化层头文件
11	TTMS_SSF_Studio_ Perst_Sour	/Persistence/Studio_Persist.c	演出厅持久化层源代码文件
12	TTMS_SSF_Play_UI_Head	/View/Play_UI.h	剧目界面层头文件
13	TTMS_SSF_Play_UI_Sour	/View/Play_UI.c	剧目界面层源代码文件
14	TTMS_SSF_Play_Srv_Head	/Service/Play.h	剧目业务逻辑层头文件
15	TTMS_SSF_Play_Srv_Sour	/Service/Play.c	剧目业务逻辑层源代码文件
16	TTMS_SSF_Play_Perst_Head	/Persistence/Play_Persist.h	剧目业务逻辑层头文件
17	TTMS_SSF_Play_ Perst_Sour	/Persistence/Play_Persist.c	剧目业务逻辑层源代码文件
18	TTMS_SSF_Schedule_UI_Head	/View/Schedule_UI.h	演出计划界面层头文件
19	TTMS_SSF_Schedule_UI_Sour	/View/Schedule_UI.c	演出计划界面层源代码文件
20	TTMS_SSF_Schedule_Srv_Head	/Service/Schedule.h	演出计划业务逻辑层头文件
21	TTMS_SSF_Schedule_Srv_Sour	/Service/Schedule.c	演出计划业务逻辑层源代码文件
22	TTMS_SSF_Schedule_Perst_Head	/Persistence/Schedule_Persist.h	演出计划业务逻辑层头文件

序号	文件标识符	源代码文件路径名	说　明
23	TTMS_SSF_Schedule_ Perst_ Sour	/Persistence/Schedule_ Persist.c	演出计划业务逻辑层源代码文件
24	TTMS_SSF_Ticket_UI_Head	/View/Ticket.h	票界面层头文件
25	TTMS_SSF_Ticket_UI_Sour	/View/Ticket.c	票界面层源代码文件
26	TTMS_SSF_Ticket_Srv_Head	/Service/Ticket.h	票业务逻辑层头文件
27	TTMS_SSF_Ticket_Srv_Sour	/Service/Ticket.c	票业务逻辑层源代码文件
28	TTMS_SSF_Ticket_Perst_Head	/Persistence/Ticket_Persist.h	票持久化层头文件
29	TTMS_SSF_Ticket_ Perst_Sour	/Persistence/Ticket_Persist.c	票持久化层源代码文件
30	TTMS_SCU_Sale_UI_Head	/View/Sale_UI.h	售票界面层头文件
31	TTMS_SCU_Sale_UI_Sour	/View/Sale_UI.c	售票界面层源代码文件
32	TTMS_SSF_Sale_Srv_Head	/Service/Sale.h	售票业务逻辑层头文件
33	TTMS_SSF_Sale_Srv_Sour	/Service/Sale.c	售票业务逻辑层源代码文件
34	TTMS_SSF_Sale_Perst_Head	/Persistence/Sale _Persist.h	售票持久化层头文件
35	TTMS_SSF_Sale_Perst_Sour	/Persistence/Sale_Persist.c	售票持久化层源代码文件
36	TTMS_SSF_Account_UI_Head	/View/Account_UI.h	系统用户界面层头文件
37	TTMS_SSF_ Account _UI_Sour	/View/ Account_UI.c	系统用户界面层源代码文件
38	TTMS_SSF_ Account _Srv_Head	/Service/ Account.h	系统用户业务逻辑层头文件
39	TTMS_SSF_ Account _Srv_Sour	/Service/ Account.c	系统用户业务逻辑层源代码文件
40	TTMS_SSF_Account_Perst_Head	/Persistence/ Account _ Persist.h	系统用户业务持久化层头文件
41	TTMS_SSF_Account_Perst_Sour	/Persistence/Account_Persist.c	系统用户业务持久化层源代码文件
42	TTMS_SSF_MaiAccoun_UI_ Head	/View/MaiAccount_UI.h	维护个人资料界面层头文件
43	TTMS_SSF_MaiAccoun_UI_Sour	/View/MaiAccount_UI.c	维护个人资料界面层源代码文件
44	TTMS_SSF_StaSales_UI_Head	/View/StaSales_UI.h	统计销售额界面层头文件
45	TTMS_SSF_ StaSales _UI_Sour	/View/StaSales_UI.c	统计销售额界面层源代码文件
46	TTMS_SSF_ StaSales_Srv_Head	/Service/StaSales.h	统计销售额业务逻辑层头文件
47	TTMS_SSF_ StaSales _Srv_Sour	/Service/StaSales.c	统计销售额业务逻辑层源文件

续表

序号	文件标识符	源代码文件路径名	说　明
48	TTMS_SSF_Salesanalysis_UI_Head	/View/Salesanalysis_UI.h	统计票房界面层头文件
49	TTMS_SSF_Salesanalysis _UI_Sour	/View/Salesanalysis_UI.c	统计票房界面层源代码文件
50	TTMS_SSF_Salesanalysis_Srv_Head	/Service/ Salesanalysis.h	统计票房业务逻辑层头文件
51	TTMS_SSF_Salesanalysis_Srv_Sour	/Service/Salesanalysis.c	统计票房业务逻辑层源文件
52	TTMS_SSF_Seat_UI_Head	/View/Seat_UI.h	座位界面层头文件
53	TTMS_SSF_Seat_UI_Sour	/View/Seat_UI.c	座位界面层源代码文件
54	TTMS_SSF_Seat_Srv_Head	/Service/Seat.h	座位业务逻辑层头文件
55	TTMS_SSF_Seat_Srv_Sour	/Service/Seat.c	座位业务逻辑层源代码文件
56	TTMS_SSF_Seat_Perst_Head	/Persistence/Seat_Persist.h	座位持久化层头文件
57	TTMS_SSF_Seat_Perst_Sour	/Persistence/Seat_Persist.c	座位持久化层源代码文件
58	TTMS_SSF_EntKey_Srv_Head	/Service/EntityKey.h	主键服务业务逻辑层头文件
59	TTMS_SSF_EntKey_Srv_Sour	/Service/EntityKey.c	主键服务业务逻辑层源代码文件
60	TTMS_SSF_EntKey_Perst_Head	/Persistence/EntityKey_Persist.h	主键服务持久化层头文件
61	TTMS_SSF_EntKey_Perst_Sour	/Persistence/EntityKey_Persist.c	主键服务持久化层源代码文件

TTMS 的源代码文件与软件单元的对应关系见表 4.44。

表 4.44　TTMS 源代码文件与软件单元的对应关系

序号	源代码文件路径名	包含软件单元	说　明
1	/TTMS.c	main	
2	/View/Studio_UI.h	Studio_UI_ *	演出厅界面层函数声明
3	/View/Studio_UI.c	Studio_UI_ *	演出厅界面层函数定义
4	/Service/Studio.h	Studio_Srv_ *	演出厅业务逻辑层函数声明
5		studio_t	演出厅数据定义
6		studio_node_t, studio_list_t	演出厅链表数据定义
7	/Service/Studio.c	Studio_Srv_ *	演出厅业务逻辑层函数定义
8	/Persistence/Studio_Persist.h	Studio_Perst_ *	演出厅持久化层函数声明

序号	源代码文件路径名	包含软件单元	说　明
9	/Persistence/Studio_Persist.c	Studio_Perst_ *	演出厅持久化层函数定义
10	/View/Play_UI.h	Play_UI_ *	剧目界面层函数声明
11	/View/Play_UI.c	Play_UI_ *	剧目界面层函数定义
12	/Service/Play.h	Play_Srv_ *	剧目业务逻辑层函数声明
13		play_t	剧目数据定义
14		play_node_t,play_list_t	剧目链表数据定义
15	/Service/Play.c	Play_Srv_ *	剧目业务逻辑层函数定义
16	/Persistence/Play_Persist.h	Play_Perst_ *	剧目持久化层函数声明
17	/Persistence/Play_Persist.c	Play_Perst_ *	剧目持久化层函数定义
18	/View/Schedule_UI.h	Schedule_UI_ *	演出计划界面层函数声明
19	/View/Schedule_UI.c	Schedule_UI_ *	演出计划界面层函数定义
20	/Service/Schedule.h	Schedule_Srv_ *	演出计划业务逻辑层函数声明
21		schedule_t	演出计划数据定义
22		schedule_node_t, schedule_list_t	演出计划链表数据定义
23	/Service/Schedule.c	Schedule_Srv_ *	演出计划业务逻辑层函数定义
24	/Persistence/Schedule_Persist.h	Schedule_Perst_ *	演出计划持久化层函数声明
25	/Persistence/Schedule_Persist.c	Schedule_Perst_ *	演出计划持久化层函数定义
26	/Service/Ticket.h	Ticket_Srv_ *	票业务逻辑层函数声明
27		Ticket_t	票数据定义
28		Ticket_node_t,Ticket_list_t	票链表数据定义
29	/Service/Ticket.c	Ticket_Srv_ *	票业务逻辑层函数定义
30	/Persistence/Ticket_Persist.h	Ticket_Perst_ *	票持久化层函数声明
31	/Persistence/Ticket_Persist.c	Ticket_Perst_ *	票持久化层函数定义
32	/View/Sale_UI.h	Sale_UI *	售票管理界面层函数声明
33	/View/Sale_UI.c	Sale_UI *	售票管理界面层函数定义
34	/Service/Sale.h	Sale_Srv_ *	售票管理业务逻辑层函数声明
35		sale_t	售票管理数据定义
36		sale_node_t,sale_list_t	售票管理链表数据定义

序号	源代码文件路径名	包含软件单元	说　明
37	/Service/Sale.c	Sale_Srv_ *	售票管理业务逻辑层函数定义
38	/Persistence/Sale _Persist.h	Sale_Perst_ *	售票管理持久化层函数声明
39	/Persistence/Sale_Persist.c	Sale_Perst_ *	售票管理持久化层函数定义
40	/View/Account_UI.h	Account_UI_ *	系统用户界面层函数声明
41	/View/ Account_UI.c	Account _UI_ *	系统用户界面层函数定义
42	/Service/ Account.h	Account _Srv_ *	系统用户业务逻辑层函数声明
43		account_t	系统用户数据定义
44		account_node_t,account_list_t	系统用户链表数据定义
45	/Service/ Account.c	Account_Srv_ *	系统用户业务逻辑层函数定义
46	/Persistence/ Account _Persist.h	Account_Perst_ *	系统用户持久化层函数声明
47	/Persistence/ Account _Persist.c	Account _Perst_ *	系统用户持久化层函数定义
48	/View/ MaiAccount _UI.h	MaiAccount_UI_ *	维护个人资料界面层函数声明
49	/View/ MaiAccount _ UI.c	MaiAccount_UI_ *	维护个人资料界面层函数定义
50	/View/StaSales_UI.h	StaSales_UI_ *	统计销售额界面函数声明
51	/View/ StaSales_ UI.c	StaSales_UI_ *	统计销售额界面层函数定义
52	/Service/ StaSales_.h	StaSales_Srv_ *	统计销售额业务逻辑层函数声明
53	/Service/ StaSales.c	StaSales_Srv_ *	统计销售额业务逻辑层函数定义
54	/View/Salesanalysis_UI.h	Salesanalysis_UI_ *	统计票房界面层函数声明
55	/View/ Salesanalysis _UI.c	Salesanalysis _UI_ *	统计票房界面层函数定义
56	/Service/ Salesanalysis.h	Salesanalysis _Srv_ *	统计票房业务逻辑层函数声明
57		salesanalysis _t	统计票房数据定义
58		salesanalysis _node_t, salesanalysis _list_t	统计票房链表数据定义
59	/Service/ Salesanalysis.c	Salesanalysis _Srv_ *	统计票房业务逻辑层函数定义
60	/View/Seat_UI.h	Seat_UI_ *	座位界面层函数声明
61	/View/Seat_UI.c	Seat_UI_ *	座位界面层函数定义

序号	源代码文件路径名	包含软件单元	说　　明
62	/Service/Seat.h	Seat_Srv_ *	座位业务逻辑层函数声明
63		seat_t	座位数据定义
64		seat_node_t,seat_list_t	座位链表数据定义
65	/Service/Seat.c	Seat_Srv_ *	座位业务逻辑层函数定义
66	/Persistence/Seat_Persist.h	Seat_Perst_ *	座位持久化层函数声明
67	/Persistence/Seat_Persist.c	Seat_Perst_ *	座位持久化层函数定义
68	/Persistence/EntityKey_Persist.h	EntKey_Perst_ *	主键服务持久化层函数声明
69	/Persistence/EntityKey_Persist.c	entity_key_t	主键数据定义
70		EntKey_Perst_ *	主键服务持久化层函数定义

4.4.3　数据文件

　　TTMS 以二进制文件形式存储数据,生成的数据文件见表 4.45。数据文件扩展名统一为“ * .dat”,存储在应用程序所在目录。业务数据在文件中的存储方案见 2.3.2 节。

表 4.45　TTMS 的数据文件说明

序号	数据文件名	说　　明
1	Entity.dat	实体数据文件
2	Studio.dat	演出厅数据文件
3	Seat.dat	座位数据文件
4	Play.dat	剧目数据文件
5	Schedule.dat	演出计划数据文件
6	Ticket.dat	票数据文件
7	Sale.dat	订单数据文件
8	Account.dat	系统用户数据文件
9	EntityKey.dat	主键服务数据文件
10	* Tmp.dat	* 取值为 Studio、Seat、Play、Schedule、Ticket、Sale 或 Account,为在 * .dat 文件中删除数据记录时产生的临时文件

4.5　详　细　设　计

4.5.1　管理演出厅(TTMS_UC_01)

1. 界面层

管理演出厅界面层的各个功能模块的详细设计如下。

（1）管理演出厅界面（TTMS_SCU_Studio_UI_MgtEnt）

- **函数声明**：void Studio_UI_MgtEntry(void)。
- **函数功能**：界面层管理演出厅的入口函数，显示当前的演出厅数据，并提供演出厅数据添加、修改及删除功能操作的入口。
- **参数说明**：无。
- **返 回 值**：无。
- **处理流程**：该函数的处理流程如图 4.40 所示，具体处理过程说明如下。

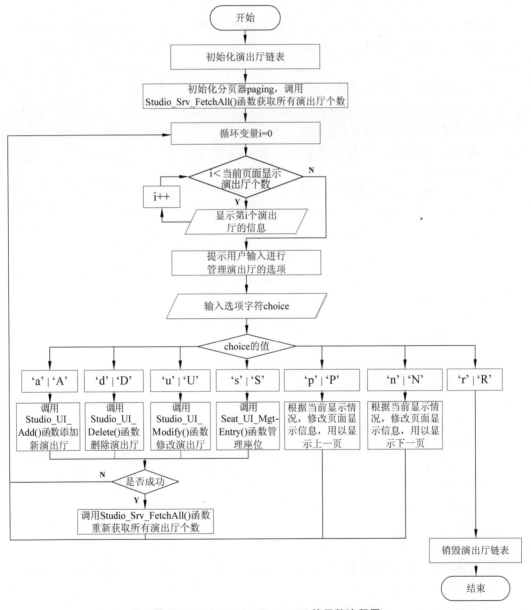

图 4.40　Studio_UI_MgtEntry()的函数流程图

a）调用链表操作函数 List_Init 对演出厅链表 head 进行初始化；

b）调用业务逻辑层函数 Studio_Srv_FetchAll（）载入所有演出厅数据到 head 中，并根据该函数的返回值得到演出厅总个数；

c）将分页器 paging 定位在起始位置，页面大小设置为管理演出厅的默认值，页面显示的记录总数设置为得到的演出厅总个数；

d）调用分页操作宏函数 Paging_Locate_FirstPage 将页面定位在第一页；

e）使用循环依次显示出当前页的演出厅数据；

f）显示子功能菜单项供用户选择；

g）接收用户的输入，如果输入'r'或'R'，则跳出循环；否则进一步调用相应的功能模块，或调用链表操作函数 Paging_Locate_OffsetPage 上下翻页，并跳转到 e）继续浏览数据；

h）函数退出前，调用链表操作函数 List_Destroy。

（2）添加新演出厅界面（TTMS_SCU_Studio_UI_Add）

- **函数声明**：int Studio_UI_Add（void）。
- **函数功能**：用于向系统中添加一个新演出厅数据。
- **参数说明**：无。
- **返 回 值**：整型，成功添加新演出厅的个数。
- **处理流程**：该函数具体处理过程说明如下。

a）添加新演出厅计数 newCount 置 0；

b）输入演出厅的名称、行数、列数，座位个数置 0；

c）调用 Studio_Srv_Add（）函数添加新演出厅，若添加成功则给新演出厅分配主键，newCount++，提示新演出厅添加成功，否则提示新演出厅添加失败；

d）提示是否继续添加；

e）若继续，则转 a）；

f）返回 newCount。

（3）修改演出厅界面（TTMS_SCU_Studio_UI_Mod）

- **函数声明**：int Studio_UI_Modify(int id)。
- **函数功能**：用于修改系统中现存的一个演出厅数据。
- **参数说明**：id 为整型，是需要修改的演出厅 ID。
- **返 回 值**：整型，表示是否成功修改了演出厅的标志。
- **处理流程**：该函数的具体处理过程说明如下。

a）成功修改演出厅的标志 rtn 置 0；

b）调用 Studio_Srv_FetchByID（）函数，根据待修改的演出厅 ID 查看是否存在；

c）若不存在，则输出演出厅不存在，返回 0；

d）若存在，则输入演出厅新的名称，调用 Seat_Srv_FetchByRoomID（）函数，查看该演出厅的座位是否已存在；

e）若座位已存在，则输入演出厅新的行数、列数时必须大于原值；

f）若座位不存在，则可以重新设置演出厅新的行数、列数；

g) 调用 Studio_Srv_Modify()函数,修改演出厅;

h) 若修改成功,则输出修改成功,rtn=1,转 j);

i) 若修改失败,则输出修改失败;

j) 返回 rtn。

(4) 删除演出厅界面(TTMS_SCU_Studio_UI_Del)

- **函数声明**:int Studio_UI_Delete(int id)。
- **函数功能**:用于删除系统中现存的一个演出厅数据。
- **参数说明**:id 为整型,是需要删除的演出厅 ID。
- **返 回 值**:整型,表示是否成功删除了演出厅的标志。
- **处理流程**:该函数的具体处理过程说明如下。

a) 成功删除演出厅的标志 rtn 置 0;

b) 调用 Studio_Srv_DeleteByID()函数,根据待删除的演出厅 ID 删除演出厅;

c) 若成功,则输出删除成功,rtn=1,同时调用 Seat_Srv_DeleteAllByRoomID()函数删除该演出厅的所有座位,转 e);

d) 若失败,则输出删除失败;

e) 返回 rtn。

2. 业务逻辑层

管理演出厅业务逻辑层的各个功能模块的详细设计如下。

(1) 添加新演出厅(TTMS_SCU_Studio_Srv_Add)

- **函数声明**:int Studio_Srv_Add(studio_t * data)。
- **函数功能**:用于添加一个新演出厅数据。
- **参数说明**:data 为 studio_t 类型指针,是需要添加的演出厅数据结点。
- **返 回 值**:整型,表示是否成功添加了演出厅的标志。
- **处理流程**:调用 Studio_Perst_Insert()函数在文件中添加新演出厅,并返回其返回值。

(2) 修改演出厅(TTMS_SCU_Studio_Srv_Mod)

- **函数声明**:int Studio_Srv_Modify(const studio_t * data)。
- **函数功能**:用于修改一个演出厅数据。
- **参数说明**:data 为 studio_t 类型指针,是需要修改的演出厅数据结点。
- **返 回 值**:整型,表示是否成功修改了演出厅的标志。
- **处理流程**:调用 Studio_Perst_Update()函数在文件中修改演出厅,并返回其返回值。

(3) 删除演出厅(TTMS_SCU_Studio_Srv_DelByID)

- **函数声明**:int Studio_Srv_DeleteByID(int id)。
- **函数功能**:用于删除一个演出厅的数据。
- **参数说明**:id 为整型,是需要删除的演出厅 ID。
- **返 回 值**:整型,表示是否成功删除了演出厅的标志。
- **处理流程**:调用 Studio_Perst_RemoveByID()函数在文件中删除演出厅,并返回其返回值。

（4）根据 ID 获取演出厅（TTMS_SCU_Studio_Srv_FetchByID）

- **函数声明**：int Studio_Srv_FetchByID(int ID, studio_t * buf)。
- **函数功能**：根据演出厅 ID 获取一个演出厅的数据。
- **参数说明**：第一个参数 ID 为整型,是需要获取数据的演出厅 ID;第二个参数 buf 为 studio_t 类型指针,指向获取的演出厅数据。
- **返 回 值**：整型,表示是否成功获取了演出厅数据的标志。
- **处理流程**：调用 Studio_Perst_SelectByID()函数从文件中获取演出厅数据,并返回其返回值。

（5）获取全部演出厅（TTMS_SCU_Studio_Srv_FetchAll）

- **函数声明**：int Studio_Srv_FetchAll(studio_list_t list)。
- **函数功能**：获取所有演出厅的数据,形成以 list 为头指针的演出厅链表。
- **参数说明**：list 是 studio_list_t 类型指针,指向演出厅链表的头指针。
- **返 回 值**：整型,表示是否成功获取了所有演出厅的标志。
- **处理流程**：调用 Studio_Perst_SelectAll()函数从文件中获取所有演出厅数据,并返回其返回值。

（6）根据 ID 在链表中获取相应演出厅结点服务（TTMS_SCU_Studio_Srv_FindByID）

- **函数声明**：studio_node_t * Studio_Srv_FindByID(studio_list_t list，int ID)。
- **函数功能**：根据演出厅 ID 和链表头指针获取该链表上相应演出厅的数据。
- **参数说明**：第一个参数 list 为 studio_list_t 类型指针,指向演出厅链表的头指针;第二个参数 ID 为整型,表示需要获取数据的演出厅 ID。
- **返 回 值**：studio_node_t 指针,表示获取相应 ID 的演出厅数据。
- **处理流程**：该函数的具体处理流程如图 4.41 所示,具体处理过程说明如下。

a）若演出厅链表头指针 list 不空,则指针 ptr 指向链表第一个结点;

b）若 ptr==list 时,转 e）;

c）若 ptr−>data.id==ID,则返回 ptr;

d）否则,链表指针向后移动,转 b）;

e）返回 NULL。

3. 持久化层

演出厅持久化层的各个功能模块的详细设计如下。

（1）向文件中存储新演出厅（TTMS_SCU_Studio_Perst_Insert）

- **函数声明**：int Studio_Perst_Insert(studio_t * data)。
- **函数功能**：用于向文件中添加一个新演出厅数据。
- **参数说明**：data 为 studio_t 类型指针,是需要添加的演出厅数据结点。
- **返 回 值**：整型,表示是否成功添加了演出厅的标志。
- **处理流程**：该函数的具体处理过程说明如下。

a）调用 EntKey_Perst_GetNewKeys()函数为新演出厅分配获取的主键 key;

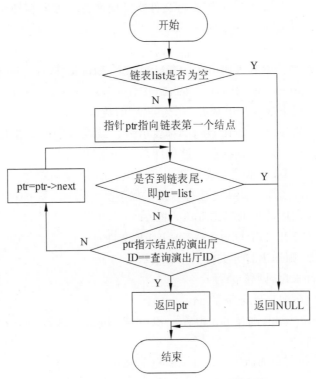

图 4.41 Studio_Srv_FindByID()函数流程图

b) 若主键分配失败,则直接返回 0;

c) 若主键分配成功,则将传递过来的参数——演出厅数据结点的 ID 设置为 key;

d) 添加演出厅的标志 rtn 置 0;

e) 以"ab"方式打开 STUDIO_DATA_FILE 文件;

f) 若打开文件失败,则输出打开文件失败,返回 0;

g) 若打开文件成功,则将一条演出厅记录写入文件,rtn=1;

h) 返回 rtn。

(2) 在文件中更新演出厅(TTMS_SCU_Studio_Perst_Update)

- **函数声明**:int Studio_Perst_Update(const studio_t * data)。

- **函数功能**:用于在文件中更新一个演出厅数据。

- **参数说明**:data 为 studio_t 类型指针,是需要更新的演出厅数据结点。

- **返 回 值**:整型,表示是否成功更新了演出厅的标志。

- **处理流程**:该函数的具体处理过程说明如下。

a) 成功更新演出厅的标志 found 置 0;

b) 以"rb+"方式打开 STUDIO_DATA_FILE 文件;

c) 若打开失败,则输出打开文件失败,返回 0;

d) 若读到文件末尾,则转 g);

e) 从文件读一条演出厅记录至 buf;

f) 若 buf.id == data->id,则在将文件指针向文件头方向移动 sizeof(studio_t)个字节,使用 fwrite 函数将 data 中数据写入到文件中,found=1,转 g),否则,跳转到 d);

  g) 关闭文件,返回 found。

  (3) 根据 ID 从文件中载入演出厅(TTMS_SCU_Studio_Perst_SelByID)

- **函数声明**:int Studio_Perst_SelectByID(int ID, studio_t * buf)。
- **函数功能**:用于从文件中载入一个演出厅的数据。
- **参数说明**:第一个参数 ID 为整型,表示需要载入数据的演出厅 ID;第二个参数 buf 为 studio_t 指针,指向载入演出厅数据的指针。
- **返 回 值**:整型,表示是否成功载入了演出厅的标志。
- **处理流程**:该函数的具体处理过程说明如下。

  a) 成功载入演出厅数据的标志 found 置 0;

  b) 以"rb"方式打开 STUDIO_DATA_FILE 文件;

  c) 若打开失败,则输出打开文件失败,返回 0;

  d) 若读到文件末尾,则转 g);

  e) 从文件读一条演出厅记录至 data;

  f) 若 ID == data.id,则在 buf 中置入 data 值,found=1,转 g),否则,跳转到 d);

  g) 关闭文件,返回 found。

  (4) 从文件中载入全部演出厅(TTMS_SCU_Studio_Perst_SelAll)

- **函数声明**:int Studio_Perst_SelectAll(studio_list_t list)。
- **函数功能**:用于从文件中载入所有演出厅数据。
- **参数说明**:list 是 studio_list_t 类型指针,指向演出厅链表的头指针。
- **返 回 值**:整型,表示成功载入了演出厅的个数。
- **处理流程**:该函数的具体处理过程说明如下。

  a) 成功载入演出厅的个数 recCount 置 0;

  b) 以"rb"方式打开 STUDIO_DATA_FILE 文件;

  c) 若打开失败,则输出打开文件失败,返回 0;

  d) 释放 list 链表;

  e) 若读到文件末尾,则转 h);

  f) 从文件读一条演出厅记录至 data;

  g) 新申请结点 newNode,将 data 值置入新结点,将新结点通过尾插法插入链表 list 中,recCount++,跳转到 e);

  h) 关闭文件,返回 recCount。

  (5) 根据 ID 在文件中去除演出厅(TTMS_SCU_Studio_Perst_RemByID)

- **函数声明**:int Studio_Perst_RemoveByID(int ID)。
- **函数功能**:用于在文件中删除指定 ID 的演出厅数据。
- **参数说明**:ID 为整型,表示需要删除的演出厅 ID。
- **返 回 值**:整型,表示是否成功删除了演出厅的标志。
- **处理流程**:该函数的具体处理流程如图 4.42 所示,具体处理过程说明如下。

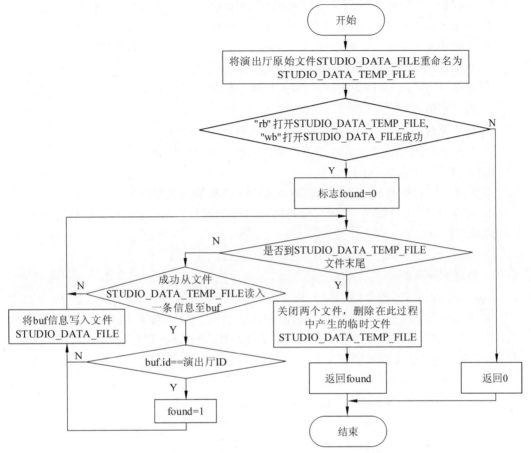

图 4.42 Studio_Perst_RemoveByID（）函数流程图

a）成功删除演出厅的标志 found 置 0；

b）将演出厅原始数据文件 STUDIO_DATA_FILE 重命名为 STUDIO_DATA_TEMP_FILE；

c）以"rb"方式打开 STUDIO_DATA_TEMP_FILE 文件，以"wb"方式打开 STUDIO_DATA_FILE 文件；

d）若读到 STUDIO_DATA_TEMP_FILE 文件末尾，则转 g）；

e）若从 STUDIO_DATA_TEMP_FILE 文件中读取的演出厅 ID 不等于 ID，则将该条记录写入 STUDIO_DATA_FILE 文件；

f）否则，found=1，转 d）；

g）关闭两个文件，返回 found。

4.5.2 设置座位(TTMS_UC_02)

1. 界面层

设置座位界面层的各个功能模块的详细设计如下。

（1）管理座位界面（TTMS_SCU_Seat_UI_MgtEnt）

- **函数声明**：void Seat_UI_MgtEntry(int roomID)。
- **函数功能**：界面层管理座位的入口函数，显示当前的座位数据，并提供座位数据添加、修改、删除功能操作的入口。
- **参数说明**：roomID 为整型，是需要设置座位的演出厅 ID。
- **返 回 值**：无。
- **处理流程**：该函数的具体处理过程说明如下。

a）调用 Studio_Srv_FetchByID()函数获取相应演出厅信息；

b）若演出厅不存在，则返回；

c）否则，调用 Seat_Srv_FetchByRoomID()函数获取演出厅所有座位信息；

d）若座位不存在，则调用 Seat_Srv_RoomInit()对座位进行初始化，并调用 Studio_Srv_Modify()函数更新演出厅信息；

e）否则，通过循环输出演出厅座位的情况列表；

f）输出选择菜单；

g）用户输入字符，若是'a'|'A'，则调用 Seat_UI_Add()函数添加新座位，若是'u'|'U'，则调用 Seat_UI_Modify()函数修改座位，若是'd'|'D'，则调用 Seat_UI_Delete()函数删除座位，若是'r'|'R'，则返回上一级菜单，相应更新演出厅信息。

（2）根据座位状态获取界面显示状态符号界面（TTMS_SCU_Seat_UI_S2C）

- **函数声明**：char Seat_UI_Status2Char(seat_status_t status)。
- **函数功能**：根据座位状态获取界面显示符号。
- **参数说明**：status 为 seat_status_t 类型，表示座位状态。
- **返 回 值**：字符型，表示座位的界面显示符号。
- **处理流程**：根据 status 的值，返回状态符号。若是 SEAT_GOOD，返回'♯'，若是 SEAT_BROKEN，返回'～'，若是 SEAT_NONE，返回"。

（3）根据输入符号获取座位状态界面（TTMS_SCU_Seat_UI_C2S）

- **函数声明**：seat_status_t Seat_UI_ Char2Status (char statusChar)。
- **函数功能**：根据输入符号获取座位状态。
- **参数说明**：statusChar 为字符型，表示设置座位的输入符号。
- **返 回 值**：seat_status_t 类型，表示座位的状态。
- **处理流程**：根据输入符号返回座位状态。若是'♯'，返回 SEAT_GOOD，若是'～'，返回 SEAT_BROKEN，若是' '，返回 SEAT_NONE。

（4）修改座位界面（TTMS_SCU_Seat_UI_Mod）

- **函数声明**：int Seat_UI_Modify(seat_list_t list, int rowsCount, int colsCount)。
- **函数功能**：用于修改一个座位数据。
- **参数说明**：第一个参数 list 为 seat_list_t 类型指针，指向座位链表头指针，第二个参数 rowsCount 为整型，表示座位所在行号，第三个参数 colsCount 为整型，表示座位所在列号。
- **返 回 值**：整型，表示是否成功修改了座位的标志。

- **处理流程**：同修改演出厅。

（5）删除座位界面（TTMS_SCU_Seat_UI_Del）

- **函数声明**：int Seat_UI_Delete（seat_list_t list，int rowsCount，int colsCount）。
- **函数功能**：用于删除一个座位的数据。
- **参数说明**：第一个参数 list 为 seat_list_t 类型指针，指向座位链表头指针，第二个参数 rowsCount 为整型，表示座位所在行号，第三个参数 colsCount 为整型，表示座位所在列号。
- **返　回　值**：整型，表示是否成功删除了座位的标志。
- **处理流程**：同删除演出厅。

（6）添加新座位界面（TTMS_SCU_Seat_UI_Add）

- **函数声明**：int Seat_UI_Add（seat_list_t list，int roomID，int rowsCount，int colsCount）。
- **函数功能**：用于添加一个新的座位数据。
- **参数说明**：第一个参数 list 为 seat_list_t 类型指针，指向座位链表头指针，第二个参数 roomID 为整型，表示座位所在演出厅 ID，第三个参数 rowsCount 为整型，表示座位所在行号，第四个参数 colsCount 为整型，表示座位所在列号。
- **返　回　值**：整型，表示是否成功添加了座位的标志。
- **处理流程**：该函数的具体处理流程图如图 4.43 所示，具体处理过程同 4.5.1 节界面层的添加新演出厅模块。

2. 业务逻辑层

设置座位业务逻辑层的各个功能模块的详细设计如下。

（1）初始化演出厅所有座位服务（TTMS_SCU_Seat_Srv_RoomInit）

- **函数声明**：int Seat_Srv_RoomInit（seat_list_t list，int roomID，int rowsCount，int colsCount）。
- **函数功能**：根据给定演出厅的行、列数初始化演出厅的所有座位数据，并将每个座位结点按行插入座位链表。
- **参数说明**：第一个参数 list 为 seat_list_t 类型指针，指向座位链表头指针，第二个参数 roomID 为整型，表示座位所在演出厅 ID，第三个参数 rowsCount 为整型，表示座位所在行号，第四个参数 colsCount 为整型，表示座位所在列号。
- **返　回　值**：整型，表示是否成功初始化了演出厅的所有座位。
- **处理流程**：该函数的具体处理过程说明如下。

a）通过循环按行、列生成每个座位信息，初始时默认每个座位都是有效座位，将该座位通过尾插法插入链表；

b）调用 Seat_Perst_InsertBatch（）函数将链表中的座位批量存入文件。

（2）添加新座位服务（TTMS_SCU_Seat_Srv_Add）

- **函数声明**：int Seat_Srv_Add（seat_t * data）。
- **函数功能**：用于添加一个新座位数据。
- **参数说明**：data 为 seat_t 类型指针，表示需要添加的座位数据结点。

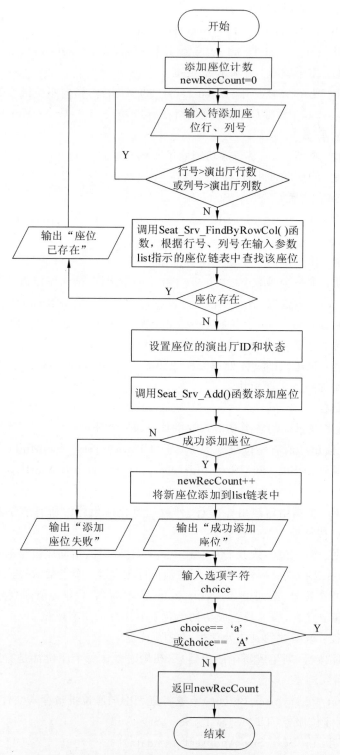

图 4.43　Seat_UI_Add( )函数流程图

- **返 回 值**：整型，表示是否成功添加了座位的标志。
- **处理流程**：调用 Seat_Perst_Insert()函数添加新座位，并返回其返回值。

（3）修改座位服务（TTMS_SCU_Seat_ Srv_Mod）

- **函数声明**：int Seat_Srv_Modify(const seat_t ＊ data)。
- **函数功能**：用于修改一个座位数据。
- **参数说明**：data 为 seat_t 类型指针，表示需要修改的座位数据结点。
- **返 回 值**：整型，表示是否成功修改了座位的标志。
- **处理流程**：调用 Seat_Perst_Update()函数修改座位，并返回其返回值。

（4）根据座位 ID 删除座位服务（TTMS_SCU_Seat_Srv_DelByID）

- **函数声明**：int Seat_Srv_DeleteByID(int ID)。
- **函数功能**：根据座位 ID 删除一个座位。
- **参数说明**：ID 为整型，表示需要删除的座位数据结点。
- **返 回 值**：整型，表示是否成功删除了座位的标志。
- **处理流程**：调用 Seat_Perst_RemoveByID()函数删除座位，并返回其返回值。

（5）根据演出厅 ID 删除所有座位服务（TTMS_SCU_Seat_Srv_DelByRoomID）

- **函数声明**：int Seat_Srv_DeleteAllByRoomID(int roomID)。
- **函数功能**：根据演出厅 ID 删除所有座位。
- **参数说明**：roomID 为整型，表示需要删除所有座位的演出厅 ID。
- **返 回 值**：整型，表示是否成功删除了演出厅所有座位的标志。
- **处理流程**：调用 Seat_Perst_RemoveAllByRoomID()函数删除演出厅所有座位，并返回其返回值。

（6）根据座位 ID 获取座位服务（TTMS_SCU_Seat_Srv_FetchByID）

- **函数声明**：int Seat_Srv_FetchByID(int ID, seat_t ＊ buf)。
- **函数功能**：根据座位 ID 获取座位数据。
- **参数说明**：第一个参数 ID 为整型，表示座位 ID，第二个参数 buf 为 seat_t 指针，指向待获取的座位数据结点。
- **返 回 值**：整型，表示是否成功获取了座位的标志。
- **处理流程**：调用 Seat_Perst_FetchByID()函数获取座位，并返回其返回值。

（7）根据演出厅 ID 获取有效座位服务（TTMS _ SCU _ Seat _ Srv _ FetchValidByRoomID）

- **函数声明**：int Seat_Srv_FetchValidByRoomID(seat_list_t list, int roomID)。
- **函数功能**：根据演出厅 ID 获得该演出厅的有效座位。
- **参数说明**：第一个参数 list 为 seat_list_t 类型，表示获取到的有效座位链表头指针，第二个参数 roomID 为整型，表示需要提取有效座位的演出厅 ID。
- **返 回 值**：整型，表示演出厅的有效座位个数。
- **处理流程**：该函数的具体处理过程说明如下。

a）调用 Seat_Perst_SelectByRoomID()函数，根据演出厅 ID，载入演出厅的所有座位，生成链表 list，SeatCount＝座位个数；

b) 对链表 list 进行遍历,去除座位状态不是 SEAT_GOOD 的座位,并对 SeatCount 做相应设置;

c) 调用 Seat_Srv_SortSeatList()函数对链表 list 进行排序;

d) 返回 SeatCount。

(8) 根据演出厅 ID 获取所有座位服务(TTMS_SCU_Seat_Srv_FetchByRoomID)

- **函数声明**：int Seat_Srv_FetchByRoomID(seat_list_t list, int roomID)。
- **函数功能**：根据演出厅 ID 获取所有座位,生成座位链表。
- **参数说明**：第一个参数 list 为 seat_list_t 类型,表示获取到的座位链表头指针,第二个参数 roomID 为整型,表示需要获取座位的演出厅 ID。
- **返 回 值**：整型,演出厅的座位个数。
- **处理流程**：该函数的具体处理过程说明如下。

a) 调用 Seat_Perst_SelectByRoomID()函数载入演出厅的所有座位,生成链表 list, SeatCount＝座位个数;

b) 调用 Seat_Srv_SortSeatList()函数对链表 list 进行排序;

c) 返回 SeatCount。

(9) 根据行列号获取座位服务(TTMS_SCU_Seat_Srv_FindByRC)

- **函数声明**：seat_node_t * Seat_Srv_FindByRowCol(seat_list_t list, int row, int column)。
- **函数功能**：根据座位的行、列号获取座位数据。
- **参数说明**：第一个参数 list 为 seat_list_t 类型,表示座位链表头指针,第二个参数 row 为整型,表示待获取座位的行号,第三个参数 column 为整型,表示待获取座位的列号。
- **返 回 值**：为 seat_node_t 指针,表示获取到的座位数据。
- **处理流程**：该函数的具体处理过程说明如下。

a) 对链表上的结点进行遍历,若某一结点行号＝待查座位行号,并且结点列号＝待查座位列号,则返回该结点;

b) 若遍历后没有找到待查座位,则返回 NULL。

(10) 对座位链表进行按行按列排序服务(TTMS_SCU_Seat_Srv_SortSeatList)

- **函数声明**：void Seat_Srv_SortSeatList(seat_list_t list)。
- **函数功能**：对座位链表 list 按座位行号、列号进行排序。
- **参数说明**：list 为 seat_list_t 类型,表示待排序座位链表头指针。
- **返 回 值**：无。
- **处理流程**：该函数的处理流程图如图 4.44 所示,具体处理过程如下。

a) 若链表 list 为空,则返回;

b) 将 next 指针构成的循环链表从最后一个结点断开,即 list－＞prev－＞next ＝ NULL;

c) listLeft 指向第一个数据节点,即 listLeft ＝ list－＞next;

d) 将 list 链表置为空,即 list－＞next ＝ list－＞prev ＝ list;

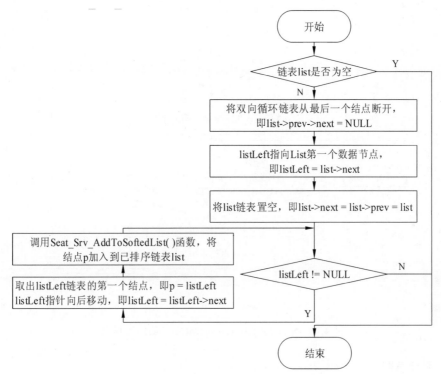

图 4.44　Seat_Srv_SortSeatList()函数流程图

e) 若 listLeft == NULL,则返回;

f) 否则,取出第一个结点,即 p = listLeft;

g) listLeft = listLeft−>next;

h) 调用 Seat_Srv_AddToSortedList()函数将结点 p 加入到已排序链表 list 中,转 e)。

(11) 将新结点加入到已排序链表服务(TTMS_SCU_Seat_Srv_AddSortedList)

- **函数声明**:void Seat_Srv_AddToSortedList(seat_list_t list , seat_node_t ＊ node)。
- **函数功能**:将一个座位结点加入到已排序的座位链表中。
- **参数说明**:第一个参数 list 为 seat_list_t 类型,表示待插入结点的座位链表头指针,第二个参数 node 为 seat_node_t 指针,表示需要插入的座位数据结点。
- **返　回　值**:无。
- **处理流程**:该函数的处理流程如图 4.45 所示,具体处理过程说明如下。

a) 若链表 list 为空,则用尾插法将结点 node 插入链表中;

b) 否则,通过循环,对链表中的每个结点 p,找到结点 node 应插入到链表中的位置,即 p!＝list&&(p−>data.row<node−>data.row ||(p−>data.row＝＝node−>data.row && p−>data.column<node−>data.column))条件不成立时,将结点 node 插入到找到的结点之前。

3. 持久化层

(1) 向文件中存储新座位(TTMS_SCU_Seat_Perst_Insert)

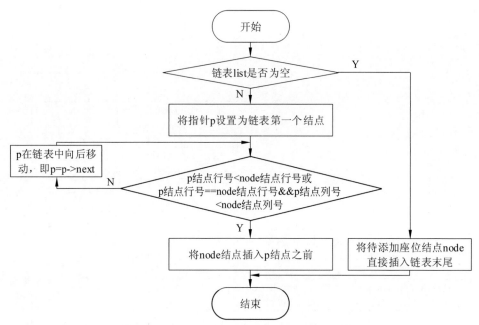

图 4.45   Seat_Srv_AddToSortedList()函数流程图

- **函数声明**：int Seat_Perst_Insert(seat_t * data)。
- **函数功能**：用于向文件中添加一个新座位数据。
- **参数说明**：data 为 seat_t 类型指针，表示需要添加的座位数据结点。
- **返 回 值**：整型，表示是否成功添加了座位的标志。
- **处理流程**：该函数的处理同向文件中存储新演出厅。

（2）向文件中批量存储座位（TTMS_SCU_Seat_Perst_InsertBatch）

- **函数声明**：int Seat_Perst_InsertBatch(seat_list_t list)。
- **函数功能**：用于向文件中添加一批座位数据。
- **参数说明**：list 为 seat_list_t 类型，表示需要添加的一批座位的链表头指针。
- **返 回 值**：整型，表示成功添加一批座位的个数。
- **处理流程**：该函数的处理流程说明如下。

a）通过 List_ForEach(list,p)遍历座位链表，统计批量存入的座位个数 len；

b）调用 EntKey_Perst_GetNewKeys()函数为座位一次分配多个连续主键，将分配主键的最小值赋予 key 变量；

c）若 key<=0，则主键分配失败，直接返回；

d）否则，设置添加座位的个数 rtn 为 0，并以"ab"方式打开 SEAT_DATA _FILE 文件；

e）若打开文件失败，则提示打开文件失败，返回 0；

f）若打开文件成功，则依次将分配的一批主键赋给参数传入的一批座位，同时带回到界面层，并将链表中每个座位结点写入文件，rtn 相应增加；

g）关闭文件，返回 rtn。

（3）在文件中更新座位（TTMS_SCU_Seat_Perst_Update）

- **函数声明**：int Seat_Perst_Update(const seat_t ＊data)。
- **函数功能**：用于在文件中更新一个座位数据。
- **参数说明**：data 为 seat_t 类型指针，表示需要更新的座位数据结点。
- **返 回 值**：整型，表示是否成功更新了座位的标志。
- **处理流程**：该函数的处理同在文件中更新演出厅。

（4）根据座位 ID 在文件中去除座位(TTMS_SCU_Seat_Perst_RemByID)

- **函数声明**：int Seat_Perst_RemoveByID(int ID)。
- **函数功能**：用于在文件中根据座位 ID 删除一个座位数据。
- **参数说明**：ID 为整型，表示需要删除的座位 ID。
- **返 回 值**：整型，是否成功删除了座位的标志。
- **处理流程**：该函数的处理同根据 ID 在文件中删除演出厅。

（5）根据演出厅 ID 在文件中去除所有座位（TTMS_SCU_Seat_Perst_RemAllByRoomID)

- **函数声明**：int Seat_Perst_RemoveAllByRoomID(int roomID)。
- **函数功能**：用于在文件中根据演出厅 ID 删除其相应的所有座位数据。
- **参数说明**：roomID 为整型，表示需要删除座位的演出厅 ID。
- **返 回 值**：整型，表示成功删除了演出厅的座位的个数。
- **处理流程**：该函数的处理流程说明如下，要删除座位时的比较条件为座位结点的演出厅 ID 与待比较的演出厅 ID，其他同根据座位 ID 在文件中删除座位。

（6）从文件中载入所有座位(TTMS_SCU_Seat_Perst_SelAll)

- **函数声明**：int Seat_Perst_SelectAll(seat_list_t list)。
- **函数功能**：用于从文件中载入所有座位数据。
- **参数说明**：list 为 seat_list_t 类型，表示将要载入的座位链表头指针。
- **返 回 值**：整型，成功载入座位的个数。
- **处理流程**：该函数的处理过程同 4.5.1 节的从文件中载入所有演出厅。

（7）根据演出厅 ID 从文件中载入所有座位（TTMS_SCU_Seat_Perst_SelByRoomID)

- **函数声明**：int Seat_Perst_SelectByRoomID(seat_list_t list, int roomID)。
- **函数功能**：用于在文件中根据演出厅 ID 载入所有座位数据。
- **参数说明**：第一个参数 list 为 seat_list_t 类型，表示将要载入的座位链表头指针，第二个参数 roomID 为整型，表示演出厅 ID。
- **返 回 值**：整型，表示成功载入了演出厅座位的个数。
- **处理流程**：该函数的处理流程如图 4.46 所示，具体处理过程同 4.5.1 节的从文件中载入所有演出厅。

4.5.3 管理剧目(TTMS_UC_03)

1. 界面层

（1）管理剧目界面(TTMS_SCU_Play_UI_MgtEnt)

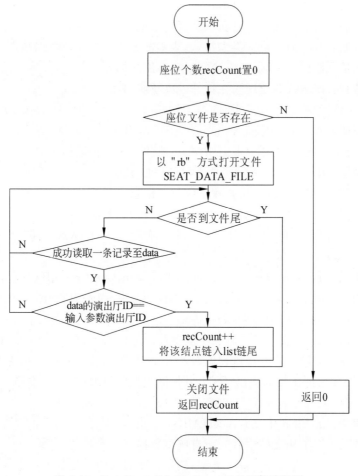

图 4.46   **Seat_Perst_SelectByRoomID( )函数流程图**

- **函数声明**：void Play_UI_MgtEntry(void)。
- **函数功能**：管理剧目界面，列表显示系统中所有剧目信息的第一页，并提供显示上一页信息、显示下一页信息、添加新剧目、修改剧目、删除剧目、查询剧目以及安排演出等功能的入口；
- **参数说明**：无。
- **返 回 值**：无。
- **处理流程**：该函数的处理流程如图 4.47 所示，具体处理过程说明如下。

a）调用链表初始化函数 List_Init 将剧目信息链表 head 初始化为空表；

b）调用业务逻辑层函数 Play_Srv_FetchAll，载入所有剧目信息到链表 head 中，并根据该函数的返回值得到当前系统中的剧目总数；

c）将分页器 paging 的偏移量设置为 0，即将其定位在起始位置，页面大小设置为剧目分页的默认值 PLAY_PAGE_SIZE，记录总数设置为得到的剧目总个数；

d）调用分页操作函数 Paging_Locate_FirstPage 将待显示页面定位在第一页；

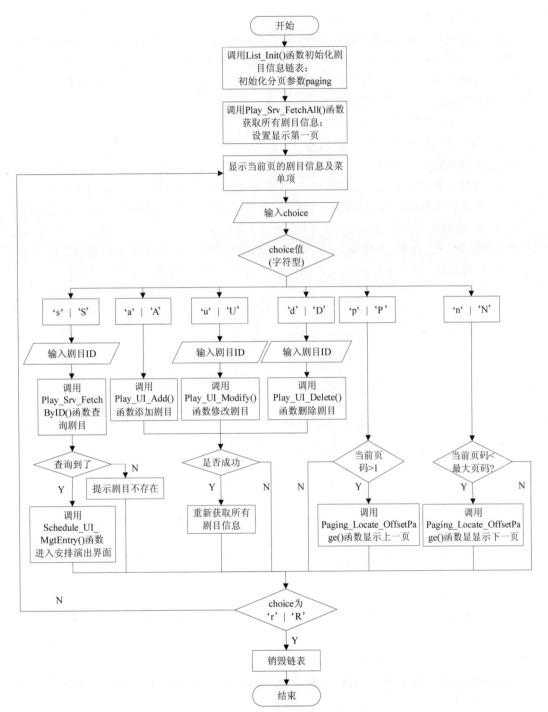

图 4.47 Play_UI_MgtEntry() 函数流程图

e) 使用循环,读取 head 链表上从当前位置起的 PLAY_PAGE_SIZE 个结点的数据,每一条数据显示为剧目信息列表的一行;

f) 显示管理剧目主界面所具有的功能菜单项(不显示查询选项);

g) 接收用户的输入,如果输入'r'或'R',则执行步骤 i);若输入的选项无对应的功能菜单,提示错误;否则,执行输入选项对应的功能模块,执行完毕后跳转到步骤 d);

h) 若输入为'n'/'N'、'p'/'P',则调用分页宏函数 Paging_Locate_OffsetPage 显示前一页剧目信息或后一页的剧目信息,并跳转到步骤 e);

i) 调用链表操作宏函数 List_Destroy,退出函数。

(2) 添加新剧目界面(TTMS_SCU_Play_UI_Add)

- **函数声明**:int Play_UI_Add(void)。
- **函数功能**:添加新剧目界面函数,接收键盘输入的剧目信息,通过调用业务逻辑层函数将新剧目数据添加至剧目数据文件 Play.dat。
- **参数说明**:无。
- **返 回 值**:整型,返回值>0 说明添加新剧目成功,为 0 表示添加新剧目失败。
- **处理流程**:该函数的处理流程如图 4.48 所示,具体处理过程说明如下。

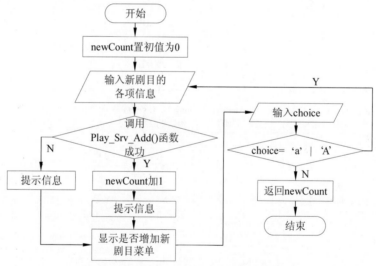

图 4.48   Play_UI_Add()函数流程图

a) 定义临时变量 newCount,初值为 0;

b) 提示用户输入剧目的各项信息,接收用户输入的数据;

c) 调用业务逻辑层函数 Play_Srv_Add 添加新剧目,若执行成功,提示保存成功,newCount 加 1,否则提示保存失败;

d) 询问是否继续添加新剧目,并显示相应的菜单项[A]dd more|[R]eturn,等待用户输入选择;

e) 接收用户的输入,如果输入为'a'或'A',则跳转到步骤 b),否则返回 newCount 的值,退出函数。

（3）修改剧目界面（TTMS_SCU_Play_UI_Mod）

- **函数声明**：int Play_UI_Modify(int id)。
- **函数功能**：修改剧目函数，根据参数剧目 ID 号，调用业务逻辑层函数修改剧目。
- **参数说明**：id 为整型，表示待修改的剧目 ID 号。
- **返 回 值**：整型，返回 1 说明修改剧目成功，非 1 表示修改剧目失败。
- **处理流程**：该函数的处理流程如图 4.49 所示，具体处理过程说明如下。

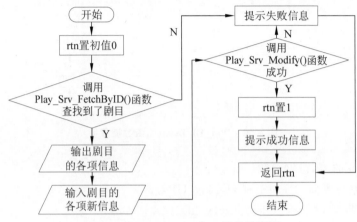

图 4.49　Play_UI_Modify()函数流程图

a）定义变量 rtn，初值设为 0；

b）根据输入的剧目 ID 号调用业务逻辑层函数 Play_Srv_FetchByID 查找该剧目是否存在，若不存在，提示剧目不存在；若剧目存在，显示该剧目的信息，提示用户输入剧目的各项新信息；

c）接收用户输入的新信息，调用业务逻辑层函数 Play_Srv_Modify 修改剧目信息的数据，将得到的返回值保存在变量 rtn 中，根据 rtn 的值是否为 1 提示修改成功或修改失败；

d）返回 rtn 的值，退出函数。

（4）删除剧目界面（TTMS_SCU_Play_UI_Del）

- **函数声明**：int Play_UI_Delete(int id)。
- **函数功能**：删除剧目界面函数，根据参数剧目 ID 值，通过调用业务逻辑层函数将剧目删除。
- **参数说明**：id 为整型，表示待删除的剧目 ID 号。
- **返 回 值**：整型，返回 1 说明删除剧目成功，非 1 表示删除剧目失败。
- **处理流程**：该函数的处理流程如图 4.50 所示，具体处理过程说明如下。

a）定义变量 rtn，初值设为 0；

b）根据输入的剧目 ID 号调用业务逻辑层函数 Play_Srv_DeleteByID 删除剧目信息的数据，如果业务逻辑层函数返回值非 0，将 rtn 置 1，提示删除成功；否则，提示删除失败；

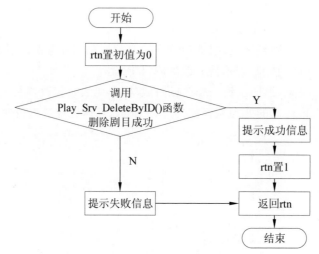

图 4.50　Play_UI_Delete( )函数流程图

c）返回 rtn 的值，退出函数。

（5）查询剧目界面（TTMS_SCU_Play_UI_Qry）

- **函数声明**：int Play_UI_Query(void)。
- **函数功能**：查询剧目界面函数，根据输入的剧目 ID 值，调用业务逻辑层函数查询相应剧目信息并以列表形式显示。
- **参数说明**：无。
- **返　回　值**：整型，返回 1 说明查询成功，非 1 表示未查找到。
- **处理流程**：该函数的处理流程如图 4.51 所示，具体处理过程说明如下。

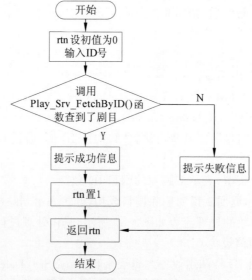

图 4.51　Play_UI_Query( )流程图

a）定义变量 rtn，初值设为 0；

b）根据输入的剧目 ID 号调用业务逻辑层函数 Play_Srv_FetchByID 查找是否有该剧目存在；

c）根据业务逻辑层函数的返回值，提示查找成功或查找失败，如果成功则将 rtn 置为 1；

d）返回 rtn 的值，退出函数。

2. 业务逻辑层

业务逻辑层各函数作为界面层函数和持久化层函数的桥梁，作用是：将被调用时收到的参数值传递给持久化层函数，并将持久化层函数的返回值传递给对应的界面层函数。在业务逻辑层各函数中，流程没有复杂的逻辑结构，各函数声明如下：

（1）获取全部剧目（TTMS_SCU_Play_Srv_FetchAll）

- **函数声明**：int Play_Srv_FetchAll(play_list_t list)。
- **函数功能**：获取全部剧目函数，将界面层建立的剧目链表的头指针传递给持久化层函数，并将持久化层函数传递回来的含有所有剧目信息的链表的头指针传递给界面层函数。
- **参数说明**：list 为 play_list_t 类型指针，表示剧目信息链表头指针。
- **返 回 值**：整型，表示获取的剧目信息的数量。
- **处理流程**：处理过程说明如下。

a）将参数 list（界面层初始化的空链表头指针，用来保存获取的剧目）作为实参调用持久化层载入全部剧目函数；

b）返回调用持久化层载入全部剧目信息函数的返回值。

（2）添加新剧目（TTMS_SCU_Play_Srv_Add）

- **函数声明**：int Play_Srv_Add(play_t * data)。
- **函数功能**：添加新剧目函数，将参数中待添加的剧目信息传递给持久化层存储新剧目函数，将剧目信息保存在文件 Play.dat 中。
- **参数说明**：data 为 play_t 类型指针，指向待添加的新剧目信息。
- **返 回 值**：整型，返回 1 说明添加成功，非 1 表示添加失败。
- **处理流程**：处理过程说明如下。

a）调用持久化层存储新剧目函数，用参数 data 作为调用时的实参；

b）返回持久化层存储新剧目函数的返回值。

（3）修改剧目（TTMS_SCU_Play_Srv_Mod）

- **函数声明**：int Play_Srv_Modify(const play_t * data)。
- **函数功能**：本函数将参数 data 作为实参调用持久化层函数更新剧目，参数 data 指向的地址中保存了修改后的剧目信息。
- **参数说明**：data 为 play_t 类型指针，指向待修改的剧目信息。
- **返 回 值**：整型，返回 1 说明修改剧目成功，非 1 表示修改剧目失败。
- **处理流程**：处理过程说明如下。

a）将参数 data 作为实参调用持久化层更新剧目函数；

b) 返回持久化层更新剧目函数的返回值。

（4）根据 ID 删除剧目（TTMS_SCU_Play_Srv_DelByID）

- **函数声明**：int Play_Srv_DeleteByID(int id)。
- **函数功能**：删除剧目函数，根据参数中的剧目 ID 号，调用持久化层函数去除剧目。
- **参数说明**：id 为整型，表示待删除的剧目 ID。
- **返 回 值**：整型，返回 1 说明删除剧目成功，非 1 表示删除剧目失败。
- **处理流程**：处理过程说明如下。

a) 将参数 id 作为实际参数，调用持久化层根据 ID 去除剧目函数；

b) 返回持久化层根据 ID 去除剧目函数的返回值。

（5）根据 ID 获取剧目（TTMS_SCU_Play_Srv_FetchByID）

- **函数声明**：int Play_Srv_FetchByID(int id, play_t * buf)。
- **函数功能**：根据 ID 获取剧目函数，将参数 id 作为实参调用持久化层函数根据 ID 载入剧目函数，将获取到的剧目信息保存在第二个参数 buf 所指内存中。
- **参数说明**：id 为整型，表示待获取的剧目 ID；buf 为 play_t 类型指针，表示保存剧目信息的内存地址。
- **返 回 值**：整型，返回 1 说明获取剧目成功，非 1 表示获取剧目失败。
- **处理流程**：处理过程说明如下。

a) 将参数 id 作为参数，调用持久化层根据 ID 载入剧目 Play_Perst_SelectByID 函数；

b) 返回持久化层根据 ID 载入剧目函数的返回值。

3. 持久化层

（1）载入全部剧目（TTMS_SCU_Play_Perst_SelAll）

- **函数声明**：int Play_Perst_SelectAll(play_list_t list)。
- **函数功能**：从文件 Play.dat 中载入所有剧目信息，加载到链表 list 上。
- **参数说明**：list 为 play_list_t 类型指针，表示记录所有剧目信息的链表头指针。
- **返 回 值**：整型，表示载入的剧目数量。
- **处理流程**：该函数的处理流程如图 4.52 所示，具体处理过程说明如下。

a) 局部变量 recCount 赋初值 0，判断剧目数据文件 Play.dat 是否存在，若不存在，函数结束，返回 0；否则，执行步骤 b）；

b) 初始化 list 为空链表；判断打开剧目数据文件 Play.dat 是否成功，若失败，返回 0，函数结束；否则执行步骤 c）；

c) 判断剧目数据文件 Play.dat 是否读到末尾，若是，执行步骤 e）；否则执行步骤 d）；

d) 从剧目数据文件读出一条记录构造结点 newNode，将该节点添加在 list 链表尾，执行步骤 c）；

e) 关闭打开的文件，返回 recCount，函数结束。

（2）存储新剧目（TTMS_SCU_Play_Perst_Insert）

- **函数声明**：int Play_Perst_Insert (play_t * data)。
- **函数功能**：向剧目数据文件 Play.dat 的末尾添加一条新的剧目信息。
- **参数说明**：data 为 play_t 类型指针，表示待存储的剧目信息。

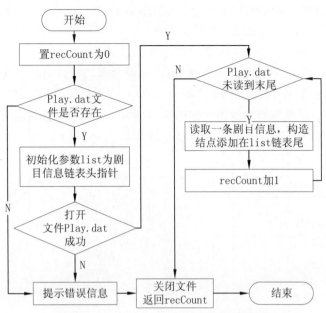

图 4.52　Play_Perst_SelectAll()函数流程图

- **返 回 值**：整型,返回 1 表示存储剧目成功,否则存储剧目失败。
- **处理流程**：该函数的处理流程如图 4.53 所示,具体处理过程说明如下。

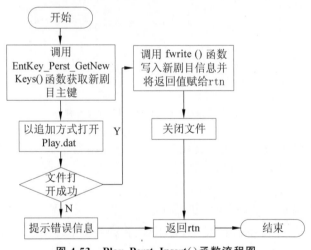

图 4.53　Play_Perst_Insert()函数流程图

a）定义局部变量 rtn,置初值为 0;

b）调用获取实体主键函数 EntKey_Perst_GetNewKeys 获取主键 ID 值,将该值作为新剧目的 ID 值;

c）以追加方式打开文件 Play.dat;若打开失败,提示失败信息,返回 0,函数结束;

d）若文件打开成功,在文件中写入参数 data 所记录的剧目信息,将写入操作的返回值赋给 rtn;关闭文件;返回 rtn,函数结束。

（3）更新剧目（TTMS_SCU_Play_Perst_Update）

- **函数声明**：int Play_Perst_Update(const play_t * data)。
- **函数功能**：更新文件 Play.dat 中的一条剧目信息。
- **参数说明**：data 为 play_t 类型指针，表示待修改的剧目信息。
- **返 回 值**：整型，返回 1 表示更新剧目成功，否则更新剧目失败。
- **处理流程**：该函数的处理流程如图 4.54 所示，具体处理过程说明如下。

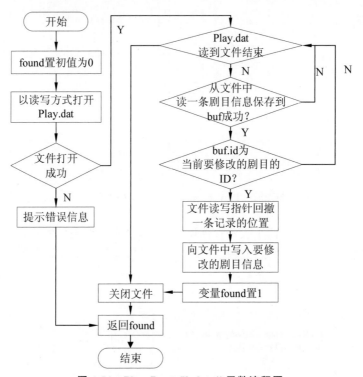

图 4.54 Play_Perst_Update() 函数流程图

a）为局部变量 found 赋初值 0，以读写方式打开剧目信息文件 Play.dat；若打开失败，提示失败信息，返回 found，函数结束；

b）否则，若文件读写指针未读到文件末尾，读出当前剧目记录，保存在局部变量 buf 中，执行步骤 c）；若读操作失败，执行步骤 d）；

c）判断 buf.id 是否和 data.id 相等，若不等，执行步骤 b）；否则，回撤文件读写指针到该记录开始的位置，将 data 所指向的剧目信息写入文件；found 置为 1，执行步骤 d）；

d）关闭文件，返回 found，函数结束。

（4）根据 ID 去除剧目（TTMS_SCU_Play_Perst_RemByID）

- **函数声明**：int Play_Perst_RemByID(int id)。
- **函数功能**：去除文件 Play.dat 中指定 ID 的剧目信息。
- **参数说明**：id 为整型，表示待删除的剧目 ID。
- **返 回 值**：整型，返回 1 表示去除剧目成功，否则去除剧目失败。

- **处理流程**：该函数的处理流程如图 4.55 所示，具体处理过程说明如下。

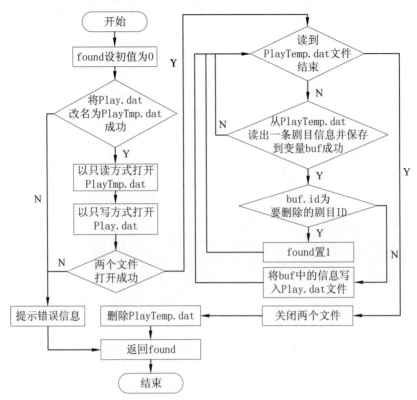

图 4.55 Play_Perst_RemByID()函数流程图

a）局部变量 found 赋初值 0，将剧目信息文件 Play.dat 改名为 PlayTmp.dat，若改名失败，提示失败信息，返回 found，函数结束；

b）以只读方式打开 PlayTmp.dat，只写方式打开 Play.dat，若打开失败，提示失败信息，执行步骤 f）；

c）判断 PlayTmp.dat 文件是否读到末尾，若是，关闭文件，执行步骤 f）；否则执行步骤 d）；

d）从 PlayTmp.dat 文件读出一条记录，保存在局部变量 buf 中，执行步骤 e）；若失败，执行步骤 c）；

e）判断 buf.id 是否等于参数 id，若是，found 置为 1；否则将 buf 的数据写入 Play.dat；执行步骤 c）；

f）返回 found，函数结束。

（5）根据 ID 载入剧目（TTMS_SCU_Play_Perst_SelByID）

- **函数声明**：int Play_Perst_SelectByID(int id, play_t * buf)。
- **函数功能**：在文件 Play.dat 中载入指定 ID 的剧目信息到 buf 中。
- **参数说明**：id 为整型，表示待载入的剧目 ID；buf 为 play_t 类型指针，表示载入的剧目信息的地址。

- **返 回 值**：整型，返回1表示载入剧目成功，否则载入剧目失败。
- **处理流程**：该函数的处理流程如图4.56所示，具体处理过程说明如下。

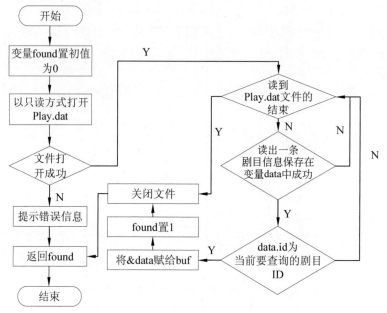

图4.56 Play_Perst_SelectByID()函数流程图

  a）局部变量found赋初值0，以只读方式打开剧目数据文件Play.dat，若打开失败，提示失败信息，返回found，结束函数；否则，执行步骤b）；

  b）判断剧目数据文件Play.dat是否读到末尾，若是，执行步骤e）；否则执行步骤c）；

  c）从剧目信息文件Play.dat中读出一条记录保存在局部变量data中，执行步骤d）；若读操作失败，执行步骤b）；

  d）判断data.id是否等于参数id，若是，found置为1，将data的地址赋给buf，执行步骤e）；否则执行步骤b）；

  e）关闭文件，返回found，结束函数。

4.5.4 安排演出(TTMS_UC_04)

1. 界面层

（1）安排演出界面(TTMS_SCU_Schedule_UI_MgtEnt)

- **函数声明**：void Schedule_UI_MgtEntry(int play_id)。
- **函数功能**：显示与ID号为play_id的剧目相关联的所有演出计划，并提供增、删、改演出计划的功能。
- **参数说明**：play_id为整型，表示与演出计划相关的剧目ID号。
- **返 回 值**：无。
- **处理流程**：该函数的处理流程如图4.57所示，可参考4.5.3节管理剧目界面的实现方法。

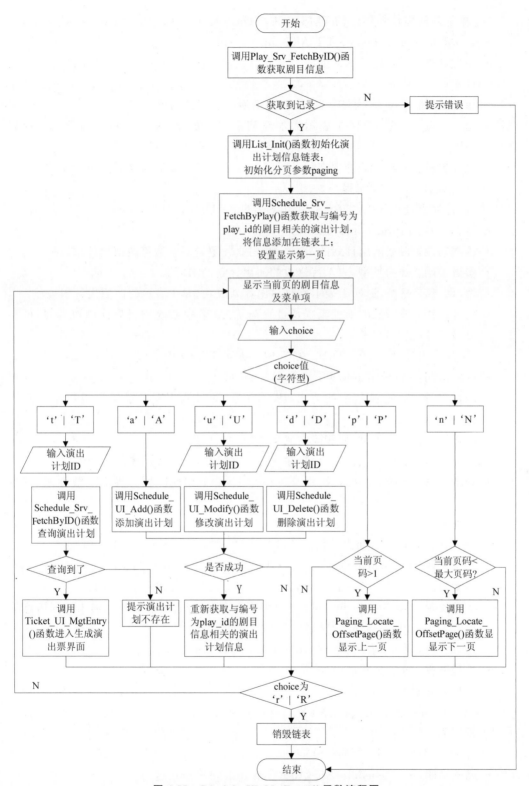

图 4.57 Schedule_UI_MgtEntry()函数流程图

（2）添加新演出计划界面（TTMS_SCU_Schedule_UI_Add）

- **函数声明**：int Schedule_UI_Add(int play_id)。
- **函数功能**：接收键盘输入的演出计划信息，通过调用业务逻辑层函数添加新演出计划。
- **参数说明**：play_id 为整型，用来设置新演出计划的剧目 ID 号。
- **返 回 值**：整型，返回 1 表示添加新演出计划成功，非 1 表示添加新演出计划失败。
- **处理流程**：该函数的处理流程及过程与 4.5.3 节中添加新剧目界面函数类似，可参见该部分的实现流程。

（3）修改演出计划界面（TTMS_SCU_Schedule_UI_Mod）

- **函数声明**：int Schedule_UI_Modify(int id)。
- **函数功能**：根据演出计划的 ID 值，调用业务逻辑层函数修改演出计划数据。
- **参数说明**：id 为整型，表示待修改的演出计划的 ID 值。
- **返 回 值**：整型，返回 1 表示修改演出计划成功，非 1 表示修改演出计划失败。
- **处理流程**：该函数的处理流程及过程与 4.5.3 节中修改剧目界面函数类似，可参见该部分的实现流程。

（4）删除演出计划界面（TTMS_SCU_Schedule_UI_Del）

- **函数声明**：int Schedule_UI_Delete(int id)。
- **函数功能**：根据参数中的演出计划 ID 号，通过调用业务逻辑层函数删除演出计划。
- **参数说明**：id 为整型，待删除的演出计划的 ID 号。
- **返 回 值**：整型，返回 1 表示删除演出计划成功，非 1 表示删除演出计划失败。
- **处理流程**：该函数的处理流程及过程与 4.5.3 节中删除剧目界面函数类似，可参见该部分的实现流程。

2. 业务逻辑层

（1）根据剧目 ID 获取演出计划（TTMS_SCU_Schedule_Srv_FetchByPlay）

- **函数声明**：int Schedule_Srv_FetchByPlay(schedule_list_t list, int play_id)。
- **函数功能**：根据参数中的剧目 ID 号，查找与该剧目相关的演出计划。
- **参数说明**：list 为 schedule_list_t 类型指针，表示保存符合条件的演出计划信息的单链表头指针；play_id 为整型，表示待查剧目 ID 号。
- **返 回 值**：整型，表示符合获取条件的演出计划的数量。
- **处理流程**：处理过程说明如下。

a）将参数 list 和 play_id 传递给持久化层根据剧目 ID 载入演出计划函数 Schedule_Perst_SelectByPlay，接收持久化层函数的返回值 rtn；

b）返回 rtn。

（2）添加新演出计划（TTMS_SCU_Schedule_Srv_Add）

- **函数声明**：int Schedule_Srv_Add(schedule_t * data)。
- **函数功能**：将参数 data 作为实参调用持久化层存储新演出计划函数，并将持久化层函数的返回值传递给界面层函数。

- **参数说明**：data 为 schedule_t 类型指针，表示待添加的新演出计划数据的地址。
- **返 回 值**：整型，返回 1 表示添加新演出计划成功，非 1 表示添加新演出计划失败。
- **处理流程**：该函数具体处理过程说明如下。

a) 调用持久化层存储新演出计划函数 Schedule_Perst_Insert，接收其返回值 rtn；

b) 返回 rtn。

（3）修改演出计划（TTMS_SCU_Schedule_Srv_Mod）

- **函数声明**：int Schedule_Srv_Modify(const schedule_t * data)。
- **函数功能**：用参数 data 中的演出计划数据作为实参，通过调用持久化层函数来修改文件中记录的旧的演出计划信息。
- **参数说明**：data 为 schedule_t 类型指针，表示待修改的演出计划信息。
- **返 回 值**：整型，返回 1 表示修改演出计划成功，非 1 表示修改演出计划失败。
- **处理流程**：该函数的处理流程与修改剧目函数类似，处理过程说明如下。

a) 调用持久化层更新演出计划函数 Schedule_Perst_Update 对数据进行修改，接收其返回值 rtn；

b) 返回 rtn。

（4）根据 ID 删除演出计划（TTMS_SCU_Schedule_Srv_DelByID）

- **函数声明**：int Schedule_Srv_DeleteByID(int id)。
- **函数功能**：根据参数 id 记录的演出计划 ID 号，调用持久化层函数删除相应演出计划。
- **参数说明**：id 为整型，表示待删除的演出计划的 ID 号。
- **返 回 值**：整型，返回 1 表示删除演出计划成功，非 1 表示删除演出计划失败。
- **处理流程**：该函数的处理流程与根据 ID 删除剧目函数类似，处理过程说明如下。

a) 根据要删除的演出计划 ID 值，调用持久化层根据 ID 去除演出计划函数 Schedule _Perst_RemByID 删除相应的数据，随后接收持久化层函数的返回值 rtn；

b) 返回 rtn。

3. 持久化层

持久化层业务流程可参考 4.5.3 节管理剧目部分持久化层的流程。

（1）根据剧目 ID 载入演出计划（TTMS_SCU_Schedule_Perst_SelByPlay）

- **函数声明**：int Schedule_Perst_SelectByPlay(schedule_list_t　list, int play_id)。
- **函数功能**：从演出计划数据文件中载入与指定剧目关联的演出计划信息，构成链表 list。
- **参数说明**：list 为 schedule_list_t 类型，表示符合条件的演出计划信息链表头指针；play_id 为整型，表示指定的剧目 ID 值。
- **返 回 值**：整型，表示载入的演出计划数量。
- **处理流程**：具体处理过程说明如下。

a) 定义局部变量 recCount，赋初值 0，判断演出计划数据文件 Schedule.dat 是否存

在,初始化链表 list;

　　b) 以只读方式打开演出计划数据文件 Schedule.dat,若打开失败,提示失败信息,返回 recCount,结束函数;否则执行步骤 c);

　　c) 判断演出计划数据文件是否读到末尾,若是,执行步骤 e);否则执行步骤 d);

　　d) 从演出计划数据文件 Schedule.dat 读出一条记录,保存在临时变量 data 中,若失败,执行步骤 c);否则,判断 data.play_id 是否等于参数 play_id,若相等,构造新结点 newNode,添加到 list 链表尾,recCount 加 1;执行步骤 c);

　　e) 关闭文件,返回 recCount,结束函数。

（2）存储新演出计划(TTMS_SCU_Schedule_Perst_Insert)

- **函数声明**：int Schedule_Perst_Insert(schedule_t * data)。
- **函数功能**：向演出计划文件 Schedule.dat 的末尾添加一条新的演出计划。
- **参数说明**：data 为 schedule_t 类型指针,指向待存储的演出计划。
- **返回值**：整型,返回 1 表示存储演出计划成功,否则存储演出计划失败。
- **处理流程**：具体处理过程说明如下。

　　a) 以追加方式打开演出计划数据文件 Schedule.dat;若打开失败,提示失败信息,返回 0,结束函数;否则执行步骤 b);

　　b) 写入 data 所指的演出计划信息,将写入操作的返回值赋给局部变量 rtn;关闭文件;返回 rtn,结束函数。

（3）更新演出计划(TTMS_SCU_Schedule_Perst_Mod)

- **函数声明**：int Schedule_Perst_Update(const schedule_t * data)。
- **函数功能**：更新演出计划数据文件 Schedule.dat 中的一条演出计划信息。
- **参数说明**：data 为 schedule_t 类型指针,存放新的演出计划数据。
- **返回值**：整型,返回 1 表示更新演出计划成功,否则更新演出计划失败。
- **处理流程**：具体处理过程说明如下。

　　a) 局部变量 found 赋初值 0,以读写方式打开演出计划数据文件 Schedule.dat;若打开失败,提示失败信息,返回 found,结束函数;否则执行步骤 b);

　　b) 若文件读写指针已到文件末尾,执行步骤 e);否则,执行步骤 c);

　　c) 读出当前文件读写指针所指的演出计划信息,保存在临时变量 buf 中,执行步骤 d);若读操作失败,执行步骤 b);

　　d) 判断 buf.id 是否和 data.id 相等,若不等,执行步骤 b);否则回撤读写指针到该记录开始的位置,将参数 data 所保存的演出计划写入文件覆盖旧数据;found 置为 1;

　　e) 关闭文件,返回 found,结束函数。

（4）根据 ID 去除演出计划(TTMS_SCU_Schedule_Perst_RemByID)

- **函数声明**：int Schedule_Perst_RemByID(int id)。
- **函数功能**：去除演出计划数据文件 Schedule.dat 中指定 ID 的演出计划。
- **参数说明**：id 为整型,表示待去除的演出计划 ID 值。
- **返回值**：整型,返回 1 表示去除演出计划成功,否则去除演出计划失败。
- **处理流程**：具体处理过程说明如下。

a) 局部变量 found 赋初值 0,将演出计划数据文件 Schedule.dat 改名为 ScheduleTmp.dat,执行步骤 b);若改名失败,提示失败信息,执行步骤 f);

b) 否则,以只读方式打开 ScheduleTmp.dat,只写方式打开 Schedule.dat,若打开失败,提示失败信息,执行步骤 f);否则执行步骤 c);

c) 判断 ScheduleTmp.dat 文件是否读到末尾,若是,执行步骤 f);否则执行步骤 d);

d) 从 ScheduleTmp.dat 文件读出一条记录到临时变量 buf,若读操作失败,执行步骤 c);否则执行步骤 e);

e) 判断 buf.id 是否等于参数 id,若相等,found 置为 1;否则将 buf 的数据写入 Schedule.dat;跳转至步骤 c);

f) 关闭文件,将文件 ScheduleTmp.dat 改名为演出计划数据文件,返回 found,结束函数。

4.5.5　生成演出票(TTMS_UC_05)

1. 界面层

生成演出票界面(TTMS_SCU_Ticket_UI_MgtEnt)

- **函数声明**:void Ticket_UI_MgtEntry(int schedule_id)。
- **函数功能**:显示与参数对应的演出计划的信息,并提供生成演出票和重新生成票功能的入口。
- **参数说明**:schedule_id 为整型,表示与票相关的演出计划的 ID 号。
- **返 回 值**:无。
- **处理流程**:该函数的具体处理过程说明如下。

a) 调用根据 ID 获取演出计划函数 Schedule_Srv_FetchByID 获取演出计划信息;

b) 从获取的信息中,使用剧目 ID 号作为参数调用 Play_Srv_FetchByID 函数获取剧目信息;

c) 在界面中显示剧目名称、演出厅编号、演出日期、演出时间;

d) 接收用户的输入,若输入的选项无对应的功能菜单,提示错误;若选择"生成演出票"功能,则调用业务逻辑层 Ticket_Srv_GenBatch 函数;若选择"重新生成票"功能,则依次调用业务逻辑层 Ticket_Srv_DeleteBatch、Ticket_Srv_GenBatch 函数,执行完毕后跳转到步骤 e);

e) 退出函数。

2. 业务逻辑层

(1) 根据 ID 获取演出计划(TTMS_SCU_Schedule_Srv_FetchByID)

- **函数声明**:int Schedule_Srv_FetchByID(int id, schedule_t * buf)。
- **函数功能**:根据 ID 获取演出计划函数,根据参数中的演出计划 ID,调用持久化层函数获取演出计划,将信息保存在第二个参数 buf 所指内存中。
- **参数说明**:id 为整型,待获取的演出计划 ID;bufschedule_t 类型指针,获取到的演出计划信息的内存地址。
- **返 回 值**:整型。返回 1 说明获取演出计划成功,非 1 表示获取演出计划失败。

- **处理流程**：处理过程说明如下。

a) 根据要获取的演出计划的 ID,调用持久化层根据 ID 载入演出计划函数 Schedule_Perst_SelectByID 获取相应的演出计划,随后接收其返回值 rtn;

b) 返回 rtn。

(2) 生成演出票(TTMS_SCU_Ticket_Srv_Gen)

- **函数声明**：void Ticket_Srv_GenBatch (int schedule_id, int stuID)。
- **函数功能**：用参数 schedule_id 和 stuID 作为实参,通过调用持久化层函数来批量增加文件 Ticket.dat 中票的信息。
- **参数说明**：schedule_id 为整型,表示与票相关的演出计划的 ID 号;stuID 为整型,表示演出计划所在演出厅的 ID。
- **返 回 值**：整型,>=0 表示新增的票的数量,<0 表示生成票操作失败。
- **处理流程**：该函数的处理流程如图 4.58 所示,具体处理过程说明如下。

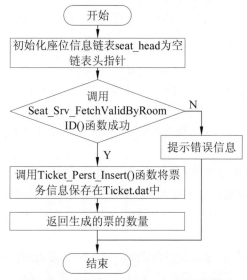

图 4.58　Ticket_Srv_GenBatch()函数流程图

a) 调用 List_Init 函数初始化座位信息链表 seat_head;

b) 调用业务逻辑层根据演出厅 ID 获取有效座位服务函数 Seat_Srv_FetchValidByRoomID,将座位信息添加在座位信息链表上,count 接收其返回值,即有效座位数;

c) 以座位信息链表头指针和演出计划 ID 作为参数,调用持久化层存储演出票函数 Ticket_Perst_Insert;

d) 返回 count,结束函数。

(3) 根据演出计划 ID 删除演出票(TTMS_SCU_Ticket_Srv_Del)

- **函数声明**：int Ticket_Srv_DeleteBatch (int schedule_id)。
- **函数功能**：业务逻辑层根据演出计划 ID 删除演出票函数,用参数 schedule_id 作为实参,通过调用持久化层函数来批量删除文件中与 schedule_id 演出计划相关的票的信息。

- **参数说明**：schedule_id 为整型,表示与票相关的演出计划的 ID 号。
- **返 回 值**：整型,≥0 表示删除的票的数量,<0 表示删除票操作失败。
- **处理流程**：该函数具体处理过程说明如下。

a) 调用持久化层根据演出计划 ID 去除票函数 Ticket_Perst_Rem,接收其返回值 found(删除的票的数量);

b) 返回 found。

3. 持久化层

(1) 根据 ID 载入演出计划(TTMS_SCU_Schedule_Perst_SelByID)

- **函数声明**：int Schedule_Perst_SelectByID(int id, schedule_t * buf)。
- **函数功能**：从文件 Schedule.dat 中载入指定 ID 的演出计划。
- **参数说明**：id 为整型,待载入的演出计划 ID;bufschedule_t 类型指针,记录载入的演出计划的地址。
- **返 回 值**：整型。返回 1 表示载入演出计划成功,否则载入演出计划失败。
- **处理流程**：具体处理过程说明如下。

a) found 置 0,以只读方式打开 Schedule.dat,若打开失败,提示失败信息,转去 e);否则,执行步骤 b);

b) 判断 Schedule.dat 文件是否读到末尾,若是,转去 e);

c) 否则,从 Schedule.dat 文件读出一条记录保存在局部变量 data 中,若失败,转去 b);

d) 否则,判断 data.id 是否等于参数 id,若是,found 置为 1,将 data 的地址赋给 buf;否则,转去执行步骤 b);

e) 关闭文件,返回 found。

(2) 存储演出票(TTMS_SCU_Ticket_Perst_Insert)

- **函数声明**：int Ticket_Perst_Insert (int schedule_id,seat_list_t list)。
- **函数功能**：在票信息文件 Ticket.dat 中批量加入 schedule_id 场次、以 list 链表上各结点信息为座位号的所有票的信息。
- **参数说明**：schedule_id 为 int 型,表示票对应的演出 id;list 为 seat_list_t 类型,表示保存座位信息的链表的头指针。
- **返 回 值**：整型,≥0 表示写入文件成功,<0 表示失败。
- **处理流程**：该函数的处理流程如图 4.59 所示,具体处理过程说明如下。

a) 以追加方式打开票数据文件 Ticket.dat;若打开失败,提示失败信息,返回 0,结束函数;否则执行步骤 b);

b) 用参数 schedule_id 作为实参调用 Schedule_Perst_SelectByID 函数,找到的演出记录信息保存在变量 sch 中;

c) 用 sch.play_id 作为实参调用 Play_Perst_SelectByID 函数获取剧目信息;

d) 统计座位信息链表的长度 count,调用 EntKey_Perst_GetNewKeys 函数,获取这 count 张票的主键;

e) 用剧目信息、座位信息链表上每一结点的座位信息、演出计划信息构造票信息 data,调用 fwrite 函数将 data 写入票信息文件中;

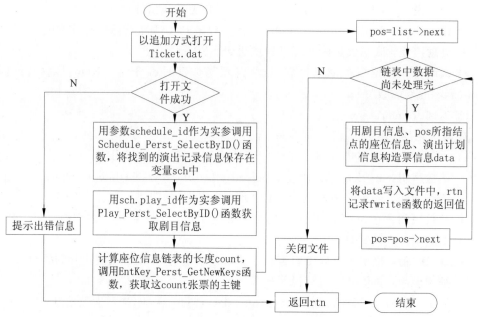

图 4.59 Ticket_Perst_Insert()函数流程图

f) 关闭文件,返回最后一次 fwrite 函数的返回值,结束函数。

(3) 根据演出计划 ID 去除演出票(TTMS_SCU_Ticket_Perst_Rem)

- **函数声明**: int Ticket_Perst_Rem (int schedule_id)。
- **函数功能**: 在票数据文件 Ticket.dat 中批量删除演出计划 ID 号为 schedule_id 的所有票的信息。
- **参数说明**: schedule_id 为整型,表示与票相关的演出计划的 ID 号。
- **返 回 值**: 整型,>=0 表示删除的票的数量,<0 表示删除票操作失败。
- **处理流程**: 该函数处理流程如图 4.60 所示,具体处理过程说明如下。

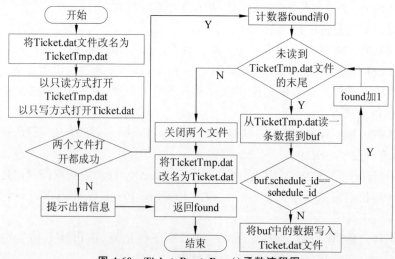

图 4.60 Ticket_Perst_Rem()函数流程图

a) 将票数据文件 Ticket.dat 改名为 TicketTmp.dat,执行步骤 b);若改名失败,提示失败信息,执行步骤 f);

b) 以只读方式打开 TicketTmp.dat,只写方式打开票数据文件 Ticket.dat,若打开失败,提示失败信息,执行步骤 f);否则执行步骤 c);

c) 将计数器 found 清 0,判断 TicketTmp.dat 文件是否读到末尾,若是,执行步骤 f);否则执行步骤 d);

d) 从 TicketTmp.dat 文件读出一条记录到临时变量 buf,执行步骤 e);若读操作失败,执行步骤 c);

e) 判断 buf.schedule_id 是否等于参数 scehdule_id,若相等,found 加 1;否则将 buf 的数据写入 Ticket.dat;跳转至步骤 c);

f) 关闭文件,将文件 TicketTmp.dat 改名为 Ticket.dat,返回 found,结束函数。

4.5.6　查询演出(TTMS_UC_06)

1. 界面层

(1) 查询演出界面(TTMS_SCU_Schedule_UI_List)

- **函数声明**:void Schedule_UI_ListAll (void)。
- **函数功能**:以列表形式显示所有的演出计划信息,列表上方显示表头信息,表头下方显示与所有演出计划中第一页的信息,列表下方显示查询功能选项。
- **参数说明**:无。
- **返 回 值**:无。
- **处理流程**:该函数的处理流程类似管理剧目界面,可参考 4.5.3 节的实现方法,具体处理过程说明如下。

a) 初始化演出计划链表 list,用于将所有演出计划的信息都记录在这条链表上;设置好分页器 paging 的各项参数;

b) 调用业务逻辑层 Schedule_Srv_FetchAll 函数,获取所有演出计划的信息,记录在链表上,每个结点对应一条信息;

c) 当显示的记录条数未达到分页器 paging.pageSize 设置的上限时,取当前结点,使用结点中的剧目 ID 号和演出厅 ID 号,分别作为参数调用业务逻辑层 Play_Srv_FetchByID 和 Studio_Srv_FindByID 函数,获取对应的剧目信息和演出厅信息;否则执行步骤 e);

d) 在界面中显示当前链表结点的演出计划信息和剧目名称、演出厅名称,跳转到步骤 c);

e) 若当前页的数据显示完毕,则等待接收用户的输入,如果输入 'r' 或 'R',则跳转到步骤 f);若输入的选项无对应的功能菜单,提示错误;若输入 'q' 或 'Q',则调用界面层 Schedule_UI_Query 函数;若输入为 'n'/'N'、'p'/'P',则调用分页宏函数 Paging_Locate_OffsetPage 显示前一页演出计划信息或后一页演出计划信息,并跳转到步骤 c);

f) 调用链表操作函数 List_Destroy,退出函数。

(2) 根据剧目名称获取演出计划(TTMS_SCU_Schedule_UI_Qry)

- **函数声明**:int Schedule_UI_Query (void)。

- **函数功能**：显示与剧目关联的演出计划的信息。
- **参数说明**：无。
- **返 回 值**：整型，获取到的演出计划的数量。
- **处理流程**：该函数的处理流程说明如下。

a）提示用户输入待查的剧目名称；

b）接收用户的输入，调用 Play_Srv_FetchByName 函数获取剧目的信息，该函数将满足条件的剧目信息链表 list_p 返回给界面层函数；

c）逐个取 list_p 链表上每个结点的剧目 ID 作为参数，调用 Schedule_Srv_FetchByPlay 函数，该函数将满足条件的演出计划信息加载在链表 list_s 上，返回给界面层函数；

d）逐个取 list_s 链表中的每个结点，根据当前节点的信息将剧目名称，时长，演出厅编号，演出日期，开始时间等信息显示在界面中；

e）所有演出计划信息结点全部显示完毕后，返回获取到的演出计划数量，退出函数。

2. 业务逻辑层

（1）获取全部演出计划（TTMS_SCU_Schedule_Srv_FetchAll）

- **函数声明**：int Schedule_Srv_FetchAll（schedule_list_t list）。
- **函数功能**：将界面层建立的演出计划链表的头指针传递给持久化层函数，并将持久化层函数返回的含有所有演出计划信息的链表的头指针返回给界面层函数。
- **参数说明**：list 为 schedule_list_t 类型，表示记录所有演出计划的链表头指针。
- **返 回 值**：整型，表示获取到的演出计划数量。
- **处理流程**：具体处理过程说明如下。

a）将参数 list（界面层初始化的空链表头指针，用来保存演出计划信息）作为实参调用持久化层 Schedule_Perst_SelectAll 函数，并接收其返回值 rtn；初始化剧目信息链表 list_p，演出计划信息链表 list_s；

b）返回 rtn。

（2）根据名称获取剧目（TTMS_SCU_Play_Srv_FetchByName）

- **函数声明**：int Play_Srv_FetchByName(play_list_t list, char condt[])。
- **函数功能**：按剧目名称获取剧目函数，将参数中的剧目名称 condt 作为实际参数，调用持久化层函数获取剧目信息，将获取到的所有满足条件的剧目信息按顺序保存在链表 list 上。
- **参数说明**：list 为 play_list_t 类型，表示保存获取结果的单链表头指针；condt 为 char 类型数组，表示作为查询条件的剧目名称。
- **返 回 值**：整型，表示获取到的剧目信息数量。
- **处理流程**：具体处理过程说明如下。

a）将参数 condt 作为实参，调用持久化层根据名称载入剧目 Play_Perst_SelectByName 函数，并接受其返回值 rtn；

b）返回 rtn。

3. 持久化层

（1）载入全部演出计划（TTMS_SCU_Schedule_Perst_SelAll）

- **函数声明**：int Schedule_Perst_SelectAll(schedule_list_t list)。
- **函数功能**：从演出计划数据文件 Schedule.dat 中载入所有演出计划，加载到链表 list 上。
- **参数说明**：lists 为 chedule_list_t 类型，表示记录所有演出计划的链表头指针。
- **返 回 值**：整型，表示载入的演出计划数量。
- **处理流程**：该函数的处理流程类似于载入全部剧目函数，可参考 4.5.3 节中的实现方法，具体处理过程说明如下。

a）定义局部变量 recCount，赋初值 0，判断演出计划数据文件 Schedule.dat 是否存在，若不存在，返回 0，结束函数；否则，执行步骤 b）；

b）初始化 list 为空链表；判断以只读方式打开演出计划数据文件是否成功，若失败，返回 0；否则执行步骤 c）；

c）判断演出计划数据文件是否读到末尾，若是，执行步骤 e）；否则执行步骤 d）；

d）从演出计划数据文件读出当前记录，构造结点 newNode，添加在 list 链表尾；执行步骤 c）；

e）关闭文件，返回 recCount，结束函数。

（2）根据名称载入剧目（TTMS_SCU_Play_Perst_SelByName）

- **函数声明**：int Play_Perst_SelectByName (play_list_t list, char condt[ ])。
- **函数功能**：从剧目信息文件 Play.dat 中载入剧目名称包含指定字符串的剧目信息。
- **参数说明**：list 为 play_list_t 类型，表示载入的剧目信息的链表头指针；condt 字符型数组，表示查找的关键词。
- **返 回 值**：整型，表示符合条件的剧目数量。
- **处理流程**：该函数的处理流程如图 4.61 所示，具体处理过程说明如下。

a）局部变量 recCount 赋初值 0，判断剧目数据文件 Play.dat 是否存在，若不存在，返回 0，函数结束；否则执行步骤 b）；

b）初始化 list 为空链表；判断打开剧目数据文件 Play.dat 是否成功，若失败，返回 0，函数结束；否则执行步骤 c）；

c）判断剧目数据文件 Play.dat 是否读到末尾，若是，执行步骤 e）；否则执行步骤 d）；

d）从剧目数据文件 Play.dat 中读出一条记录到 play_t 类型临时变量 data。判断 data.name 是否包含待查字符串 condt，若包含，则构造 newNode 结点添加在 list 链表尾，执行步骤 c）；

e）返回 recCount，关闭文件，结束函数。

4.5.7　查询演出票(TTMS_UC_07)

1. 界面层

（1）查询演出票界面（TTMS_SCU_Ticket_UI_Qry）

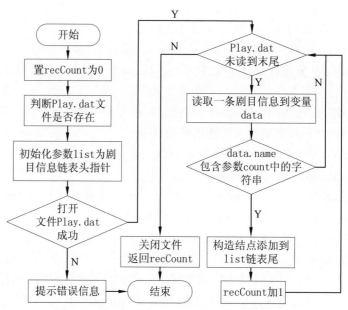

图 4.61　Play_Perst_SelectByName()函数流程图

- **函数声明**：void Ticket_UI_Query(void)。
- **函数功能**：界面层演出票查询管理的入口函数。
- **参数说明**：无。
- **返 回 值**：无。
- **处理流程**：具体处理过程说明如下。

a）调用 List_Init 宏函数初始化演出票链表；

b）调用业务逻辑层 Ticket_Srv_FetchAll()函数获得所有演出票信息，记录在链表上，每个结点对应一条信息；

c）使用结点中的演出票 ID 号，作为参数调用 Ticket_UI_ShowTicket()函数显示演出票信息；

d）调用 List_Destory()函数释放剧目链表空间；

e）返回。

（2）显示演出票界面（TTMS_SCU_Ticket_UI_ShowTicket）

- **函数声明**：int Ticket_UI_ShowTicket (int ticket_id)。
- **函数功能**：界面层演出票查询函数，显示与主键值为 ID 的演出票相关联的所有信息。
- **参数说明**：ticket_id 为整型，表示与查询相关联的演出票 ID 号。
- **返 回 值**：整型，返回 1 说明查询成功，非 1 表示未查找到。
- **处理流程**：显示演出票 Ticket_UI_ShowTicket 函数的流程图如图 4.62 所示，具体处理过程说明如下。

a）根据输入的演出票 ID 号调用业务逻辑层 Ticket_Srv_FetchByID()函数查找该演

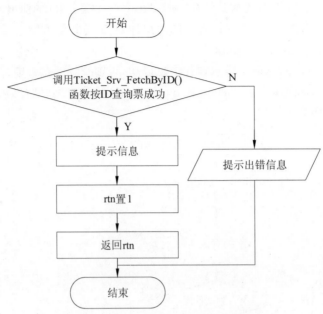

图 4.62 Ticket_UI_ShowTicket( )函数流程图

出票是否存在；

b）根据业务逻辑层 Ticket_Srv_FetchByID( )函数的返回值，提示查找成功或查找失败，如果成功则将 rtn 置为 1；

c）返回 rtn 的值，退出函数。

2. 业务逻辑层

根据 ID 获取演出票（TTMS_SCU_Ticket_Srv_FetchByID）

- **函数声明**：int Ticket_Srv_FetchByID（int id，ticket_t ＊buf）。
- **函数功能**：业务逻辑层按 ID 查询演出票函数，根据参数 id 记录的演出票 ID 值，调用持久化层函数查询演出票函数进行查询。如果找到对应的演出票，将信息保存在第二个参数 buf 所向指内存中，返回持久化层函数的返回值给界面层主调函数。
- **参数说明**：id 为整型，表示待查询的演出票 ID；buf 为 ticket_t 类型指针，表示查询成功的演出票信息的内存地址。
- **返 回 值**：整型，返回 1 说明查询成功，非 1 表示查询失败。
- **处 理 流 程**：具体处理过程说明如下。

a）将参数 id 和 buf 作为实参，调用持久化层查询演出计划 Ticket_Perst_SelByID 函数获取相应的演出计划；

b）返回持久化层查询演出计划函数的返回值。

3. 持久化层

根据 ID 载入演出票（TTMS_SCU_Ticket _Perst_SelByID）

- **函数声明**：int Ticket_Perst_SelByID(int id，ticket_t ＊buf)。

- **函数功能**：在演出票数据文件 Ticket.dat 中查找指定 ID 的演出票。
- **参数说明**：id 为整型，表示待查找的演出计划 id；buf 为 ticket_t 类型指针，用来记录查找到的演出票的变量地址。
- **返 回 值**：整型，返回 1 表示查找信息成功，否则查找信息失败。
- **处理流程**：查询演出票 Ticket_Perst_SelByID 函数的流程如图 4.63 所示，具体处理过程说明如下。

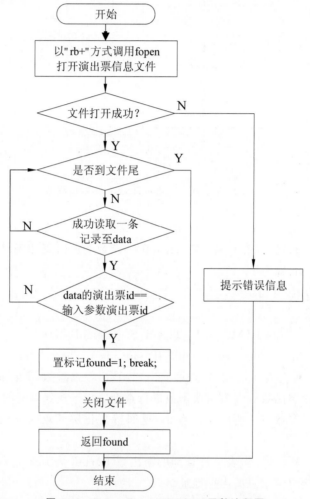

图 4.63   Ticket_Perst_SelByID() 函数流程图

a) 定义局部变量 found，赋初值 0，以只读方式打开 Ticket.dat 文件，若打开失败，提示失败信息，执行步骤 f)；

b) 判断 Ticket.dat 文件是否读到末尾，若是，执行步骤 e)，否则，转 c)；

c) 从 Ticket.dat 文件读出当前记录到局部变量 data，若读操作失败，执行步骤 b)，否则，转 d)；

d) 判断 data.id 是否等于参数 id，若相等，found 置为 1，将 data 的赋给 * buf，使用

break 跳出循环;否则,执行步骤 b);

　　e) 关闭文件,返回 found;

　　f) 返回。

4.5.8　售票管理(TTMS_UC_08)

1. 界面层

(1) 管理售票界面(TTMS_SCU_Sale_UI_MgtEnt)

- **函数声明**:void Sale_UI_MgtEnt ry(void)。
- **函数功能**:管理售票的主界面。
- **参数说明**:无。
- **返 回 值**:无。
- **处理流程**:函数的流程如图 4.64 所示,具体处理过程说明如下。

　　a) 调用 List_Init 宏初始化剧目链表;

　　b) 设置分页显示页面大小,paging.pageSize ＝ SALESANALYSIS_PAGE_SIZE (SALESANALYSIS_PAGE_SIZE 为宏,表示页面大小);

　　c) 调用 Play_Srv_FetchAll()函数获得所有剧目信息;

　　d) 设置分页的总记录数 paging.totalRecords,其值为 Play_Srv_FetchAll()函数的返回值;

　　e) 输入选择菜单;

　　f) 用户输入字符,若是'c'|'C',则调用 Sale_UI_ShowScheduler()函数显示演出计划,转 e;若是's'|'S',则调用 Play_UI_FetchByName()函数查询剧目名字;若是'f'|'F'则调用 Play_Srv_FilterByName()根据剧目名称对 list 进行过滤;若是'p'|'P',显示前一页剧目信息;若是'n'|'N',显示后一页剧目信息;若是'r'|'R',则转 o);

　　g) 调用 Play_Srv_FetchByID 函数获取剧目,获取剧目成功,转 f),否则,转 a);

　　h) 用户输入字符,若是'p'|'P',显示前一页剧目信息;若是'n'|'N',显示后一页剧目信息;若是't'|'T',则调用 Sale_UI_ShowTicket()函数显示所有的票;

　　i) 调用 Schedule_Srv_FetchByID()函数获取演出计划;

　　j) 调用 Seat_Srv_FetchByRoomID()函数载入座位信息;

　　k) 调用 Ticket_Srv_FetchBySchID()函数获取票的数据;

　　l) 用户输入字符,若是'r'|'R',则转 o);若是'b'|'B',调用 Sale_UI_SellTicket()函数售票;

　　m) 调用 Ticket_UI_Print 函数打印票;

　　n) 调用 List_Destory 释放剧目链表空间;

　　o) 返回。

(2) 根据剧目显示演出计划界面(TTMS_SCU_Sale_UI_ShowScheduler)

- **函数声明**:void Sale_UI_ShowScheduler(int playID)。
- **函数功能**:根据剧目 ID 显示演出计划。
- **参数说明**:playID 为整型,表示要查询的剧目 ID。

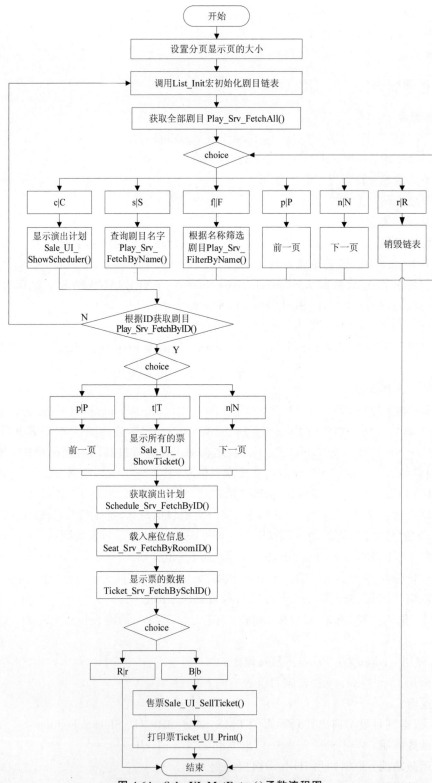

图 4.64   Sale_UI_MgtEntry()函数流程图

- **返 回 值**：无。
- **处理流程**：显示演出计划 Sale_UI_ShowScheduler 函数的流程图如图 4.65 所示，具体处理过程说明如下。

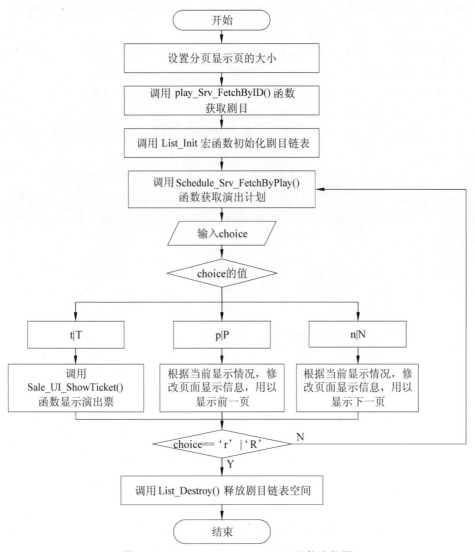

图 4.65　Sale_UI_ShowScheduler()函数流程图

a）设置分页显示页面大小，paging.pageSize ＝ SALESANALYSIS_PAGE_SIZE（SALESANALYSIS_PAGE_SIZE 为宏，表示页面大小）；

b）调用 Play_Srv_FetchByID()函数获取剧目；

c）调用 List_Init 宏函数初始化剧目链表；

d）调用 Schedule_Srv_FetchByPlay()函数获取演出计划；

e）用户输入字符，若是't'｜'T'，则调用 Seat_UI_ShowTicket()函数显示演出票；若是'p'｜'P'，则根据当前显示情况，修改页面显示信息，用以显示前一页信息；若是'n'｜

'N'，则根据当前显示情况，修改页面显示信息，用以显示下一页信息；

　　f) 判断用户的选项，如果按键为'r'或'R'字符，则转 d)，否则转 g)。

　　g) 调用 List_Destory 释放剧目链表空间；

　　h) 返回。

（3）售票界面（TTMS_SCU_Sale_UI_SellTicket）

• **函数声明**：int Sale_UI_SellTicket(ticket_list_t tickList，seat_list_t seatList)。

• **函数功能**：售票。

• **参数说明**：tickList 表示票列表，seatList 表示所有的座位列表。

• **返 回 值**：售出的票所对应的座位 ID。

• **处理流程**：Sale_UI_SellTicket 函数的流程图如图 4.66 所示，具体处理过程说明如下。

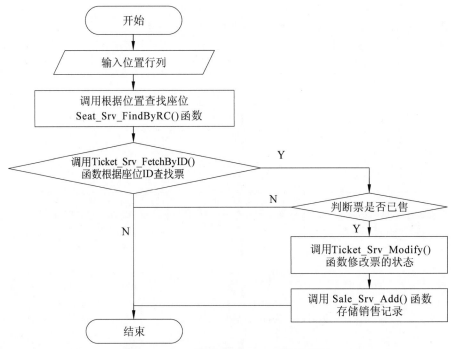

图 4.66　Sale_UI_SellTicket()函数流程图

　　a) 输入座位的行号和列号；

　　b) 根据输入的座位行号和列号的位置，调用 Seat_Srv_FindByRC()函数查找座位；

　　c) 找到座位，再调用根据座位 ID 查找票 Ticket_Srv_FetchByID()函数查找对应的票，没有找到，则转 g)，否则，转 d)；

　　d) 根据票的状态判断票是否已售；若没有出售，则转 e)，否则转 g)；

　　e) 调用 Ticket_Srv_Modify()函数修改票的状态；

　　f) 定义一个销售单结构体变量 sale，记录当前的日期、时间、销售的票的 ID、售票员 ID、票价，并将 sale 的 type 属性赋值为 SALE_SELL（表示售票），然后调用 Sale_Srv_Add

（）函数存储销售记录 sale；

　　g）返回。

　　2. 业务逻辑层

　　业务逻辑层各函数将界面层调用时的参数值传递给持久化层，并将持久化层函数的返回值返回给对应的界面层函数。

　　（1）添加新订单信息（TTMS_SCU_Sale_Srv_Add）

- **函数声明**：int Sale_Srv_Add(const sale_t * data)。
- **函数功能**：将新产生的售票订单信息添加到销售记录中。
- **参数说明**：data 为售票的订单数据。
- **返 回 值**：无。
- **处理流程**：具体处理过程说明如下。

调用持久化层函数 Sale_Perst_Insert，将 data 作为调用时的参数。

　　（2）修改票状态（TTMS_SCU_Ticket_Srv_Mod）

- **函数声明**：int Ticket_Srv_Modify (const ticket_t * data)。
- **函数功能**：使用 data 中票的状态信息修改数据文件中票的状态。
- **参数说明**：data 为要修改状态的票的信息。
- **返 回 值**：是否修改成功标识。
- **处理流程**：具体处理过程说明如下。

调用持久化层函数 Ticket_Perst_Update，将 data 作为调用时的参数。

　　（3）根据演出计划 ID 获取票的数据（TTMS_SCU_Ticket_Srv_FetchBySchID）

- **函数声明**：int Ticket_Srv_FetchBySchID(int ID, ticket_list_t list)。
- **函数功能**：根据演出计划 ID 获取所有演出票的数据。
- **参数说明**：ID 为整型，表示待载入票的演出计划 ID；list 为 ticket_list_t 类型链表头指针，表示记录所有演出票的链表头指针。
- **返 回 值**：返回值为整型，表示获取到的所有演出票数量。
- **处理流程**：具体处理过程说明如下。

　　a）将参数 ID 和 list 作为参数传递给持久化层根据演出计划 ID 载入票的数据函数（Ticket_Srv_SelBySchID），接收持久化层函数的返回值；

　　b）返回持久化层函数的返回值。

　　（4）根据 ID 获取票（TTMS_SCU_Ticket_Srv_ FetchBySeatID）

- **函数声明**：ticket_node_t * Ticket_Srv_ FetchBySeatID (ticket_list_t list, int seat_id)。
- **函数功能**：根据座位 ID 获取获取票的数据。
- **参数说明**：list 为 ticket_list_t 类型链表头指针，表示指向票链表；seat_id 为整型，表示座位 ID。
- **返 回 值**：为 ticket _node_t 指针，表示获取到的票的数据。
- **处理流程**：具体处理过程说明如下。

　　a）对链表上的结点进行遍历，若某一结点 id 等于待查座位 id，则返回该结点；

b）若遍历后没有找到待查座位，则返回 NULL。

3. 持久化层

（1）存储新订单信息（TTMS_SCU_Sale_Perst_Insert）

- **函数声明**：int Sale_Perst_Insert（const sale_t * data）。
- **函数功能**：将参数所指的订单信息写入售票文件中。
- **参数说明**：data 是售出票的信息。
- **返 回 值**：整型，＞＝0 表示写入文件成功，＜0 表示失败。
- **处理流程**：函数 Sale_Perst_Insert 的流程图如图 4.67 所示，具体处理过程说明
  如下。

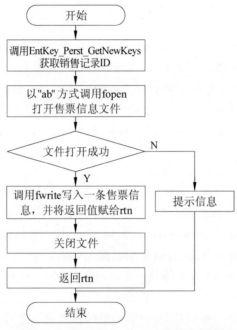

图 4.67   Sale_Perst_Insert（）函数流程图

a）传入参数"sale"调用主键服务函数 EntKey_Perst_GetNewKeys 获取主键 ID 值，
将该值作为销售记录的 ID 值；

b）以"ab"方式打开订单数据文件 Sale.dat；

c）判断文件是否打开成功，如果打开不成功，转 g）；成功转 d）；

d）调用 fwrite 写入一条售票信息，将返回值赋给 rtn 变量；

e）关闭文件；

f）返回 rtn；

g）结束。

（2）更新票状态（TTMS_SCU_Ticket_Perst_Update）

- **函数声明**：int Ticket_Perst_Update（const ticket_t * data）。
- **函数功能**：使用 data 中票的状态信息修改数据文件中票的状态。

- **参数说明**：data 表示要修改状态的票的信息。
- **返 回 值**：整型，＞＝0 表示修改文件成功，＜0 表示失败。
- **处理流程**：函数 Ticket_Perst_Update 的流程图如图 4.68 所示，具体处理过程说明如下。

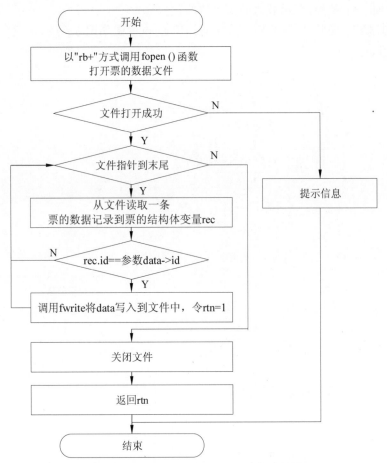

图 4.68　Ticket_Perst_Update()函数流程图

a) 以"rb＋"方式调用 fopen 函数打开票的数据文件 Ticket.dat；

b) 判断文件是否打开成功，如果打开不成功，转 i)，成功转 c)；

c) 判断是否到达文件末尾，如果是转 g)，否则继续；

d) 读取一条票的数据记录到票的结构体变量 rec 中；

e) 判断 rec.id 和 data－＞id 是否相等，如果不相等则转 c)，否则转 f)；

f) 调用 fwrite 将 data 写入到文件中，令 rtn＝1，结束循环；

g) 关闭文件；

h) 返回 rtn；

i) 结束。

（3）根据演出计划 ID 载入票的数据（TTMS_SCU_Ticket_Srv_SelBySchID）

- **函数声明**：int Ticket_Srv_SelBySchID(int id，ticket_list_t list)。
- **函数功能**：根据演出计划 id 载入演出票的数据。
- **参数说明**：id 为整型，表示待载入票的演出计划 id；buf 为 ticket_t 类型指针，表示载入的演出票信息的内存地址。
- **返 回 值**：整型，表示载入的演出票的数量。
- **处理流程**：函数 Ticket_Srv_SelBySchID 的流程图如图 4.69 所示，具体处理过程说明如下。

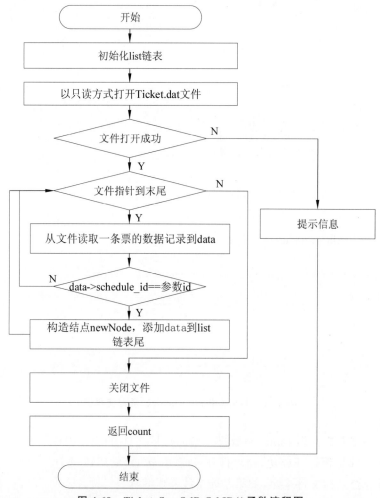

图 4.69　Ticket_Srv_SelBySchID()函数流程图

a）初始化 list 为空链表；

b）局部变量 count 赋初值 0，以只读方式打开 Ticket.dat 文件，若打开失败，提示失败信息，执行步骤 f），否则执行步骤 c）；

c）判断 Ticket.dat 文件是否读到末尾，若是，执行步骤 f）；否则执行步骤 d）；

d）从文件读取一条票的记录到 data；

e）判断 data.schedule_id 是否等于参数 id，若相等，构造结点 newNode，添加该记录到 list 链表尾；否则执行步骤 c）；

　　f）关闭文件；

　　g）返回 count；

　　h）结束。

4.5.9　退票管理(TTMS_UC_09)

1. 界面层

退票界面（TTMS_SCU_Sale_UI_RetfundTicket）

- **函数声明**：void Sale_UI_RetfundTicket()。
- **函数功能**：退票。
- **参数说明**：无。
- **返 回 值**：无。
- **处理流程**：退票界面层 Sale_UI_RetfundTicket 函数的流程如图 4.70 所示，具体处理过程说明如下。

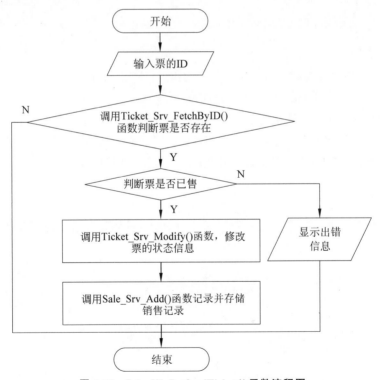

图 4.70　Sale_UI_RetfundTicket()函数流程图

　　a）输入票的 ID；

　　b）调用 Ticket_Srv_FetchByID 函数判断票是否存在；如果不存在，转 f）；否则根据票的状态查看票是否已售；

c）如果票没有售出，则转 f）；

d）如果票已售出，则调用 Ticket_Srv_Modify 函数，修改票的状态；

e）定义一个销售单结构体变量 refound，记录当前的日期、时间、票的 ID、售票员 ID，并将 refound 的 value 属性置为负的票面价格，sale 的 type 属性赋值为 SALE_REFOUND（表示退票），然后调用 Sale_Srv_Add 函数记录并存储退票记录；

f）返回。

2. 业务逻辑层

退票管理的业务逻辑层复用售票管理用例中业务逻辑层的"根据演出计划 ID 获取票的数据 Ticket_Srv_FetchBySchID()函数"、"修改票状态 Ticket_Srv_Mod()函数"和"添加新订单信息 Sale_Srv_Add()函数"，这三个函数的详细设计见 4.5.8 节。

3. 持久化层

退票管理的持久化层复用售票管理用例中持久化层的"根据演出计划 ID 载入票的数据 Ticket_Srv_SelBySchID()函数"、"更新票状态 Ticket_Srv_Upadte()函数"、"存储新订单信息 Sale_Srv_Insert()函数"和"获取实体主键 EntKey_Perst_GetNewKeys()函数"，前三个函数的详细设计见 4.5.8 节，第四个函数的详细设计见 4.5.14 节。

4.5.10　统计销售额(TTMS_UC_10)

1. 界面层

（1）统计销售额界面（TTMS_SCU_ StaSales_UI_MgtEnt）

- **函数声明**：void StaSales_UI_MgtEntry ()。
- **函数功能**：提供统计销售额界面，剧院经理和售票员可以根据角色权限使用"统计售票员销售额"功能和"统计个人销售额"功能。剧院经理只能使用"统计售票员销售额"功能，售票员只能使用"统计个人销售额"功能。
- **参数说明**：无。
- **返回值**：无。
- **处理流程**：该函数的处理流程如图 4.71 所示，具体处理过程说明如下。

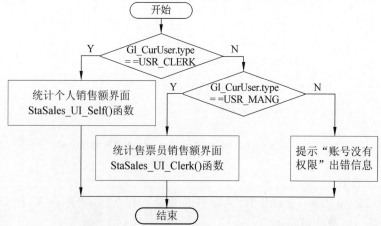

图 4.71　StaSales_UI_MgtEntry()函数流程图

a）判断当前用户类型是否是售票员，即存放当前用户账号的全局变量 Gl_CurUser. type==USR_CLERK（枚举值，表示售票员类型）是否成立，成立，显示"统计个人销售额界面"菜单；

b）若否，判断当前用户类型是否是经理，即 Gl_CurUser.type== USR_MANG（枚举值，表示经理类型）是否成立，成立，显示"统计售票员销售额界面"菜单；

c）若否，出错提示"账号没有权限"。

（2）统计个人销售额界面（TTMS_SCU_StaSales_UI_Self）

• **函数声明**：void StaSales_UI_Self()。

• **函数功能**：当前登录系统的售票员浏览当日或当月个人的销售额统计功能的入口界面。

• **参数说明**：无。

• **返 回 值**：无。

• **处理流程**：该函数的处理流程如图 4.72，具体处理过程说明如下。

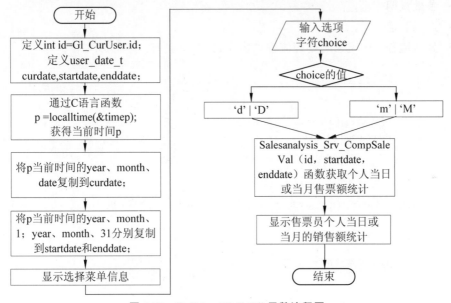

图 4.72 StaSales_UI_Self()函数流程图

a）定义整型变量 id，存储 Gl_CurUser.id，Gl_CurUser.id 存储当前售票员的 id 号；定义 ttms_date_t 类型变量 curdate、startdate 和 enddate，分别存储当前系统日期（年月日）、当月第一天日期（年月日）和当月最后一天日期（年月日）；

b）获取系统当前日期，如通过 C 语言 time.h 中函数 time(&timep)及语句"p = localtime(&timep)"获得当前时间 p；

c）将 p 所指向的当前时间中的 year、month、date 复制到 curdate；

d）将 p 所指向的当前时间中的 year、month、1；year、month、31 分别复制到 startdate 和 enddate；1 和 31 分别表示一个月的第一天和最后一天；

e）显示选择菜单信息，分别显示浏览当日销售额统计和当月销售额统计；

f）输入选项字符 choice；

g）判断 choice 的当前值；

h）choice 等于'd'或'D'，表示查询当日销售额统计；choice 等于'm'或'M'，表示查询当月销售额统计；

i）若 choice 等于'd'或'D'，调用"根据 ID 获取销售额统计 SalesAnalysis_Srv_CompSaleVal(id,curdate,curdate)"函数获取当日售票额统计；

j）若 choice 等于'm'·或'M'，调用"根据 ID 获取销售额统计 SalesAnalysis_Srv_CompSaleVal(id,startdate,enddate)"函数获取当月售票额统计；

k）显示售票员当日或当月的销售额统计信息。

（3）统计售票员销售额界面（TTMS_SCU_StaSales_UI_Clerk）

- **函数声明**：void StaSales_UI_Clerk()。
- **函数功能**：剧院经理根据售票员姓名统计售票员某日期区间销售额功能的入口界面。
- **参数说明**：无。
- **返 回 值**：无。
- **处理流程**：该函数的处理流程如图 4.73，具体处理过程说明如下。

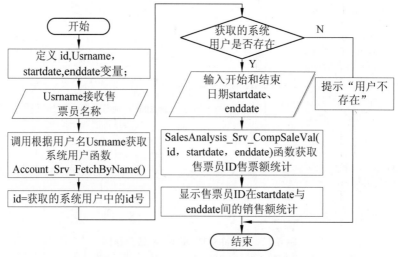

图 4.73　StaSales_UI_ Clerk()函数流程图

a）定义整型变量 id 存放售票员的 id 号；定义 ttms_date_t startdate、enddate 分别存储起始日期（年月日）和结束日期（年月日）；定义字符串变量 Usrname 存放系统用户的用户名；

b）输入售票员姓名字符串至 UsrName 变量；

c）调用"根据用户名获取系统用户 Account_Srv_FetchByName"函数，传入 UsrName 参数；返回值为查询到的系统用户信息；

d）查询到的系统用户中的 id 号赋值给 id 变量；

e）判断 UsrName 对应的系统用户存在吗？若存在，转 f）；若不存在，提示"用户不存

在"错误信息,结束 StaSales_UI_Clerk()函数;

f) 输入开始和结束日期 startdate 和 enddate;

g) 调用"根据 ID 获取销售额统计 Salesanalysis_Srv_CompSaleVal(id,startdate,enddate)"函数获取售票员 ID 日期区间的销售额统计;

h) 显示售票员 ID 在 startdate 与 enddate 日期区间的销售额统计。

2. 业务逻辑层

(1) 根据 ID 获取销售额统计(TTMS_SCU_StaSales_Srv_CompSaleVal)

- **函数声明**:int StaSales_Srv_CompSaleVal(int usrID, ttms_date_t stDate, ttms_date_t endDate)。
- **函数功能**:根据售票员 ID 统计在给定日期区间的销售额。
- **参数说明**:usrID 为整型,表示售票员的 ID 号;stDate 和 endDate 是自定义数据类型 ttms_date_t 变量,表示日期区间的开始日期(年月日)与结束日期(年月日)。
- **返 回 值**:整型,销售额统计值。
- **处理流程**:该函数的处理流程如图 4.74,具体处理过程说明如下。

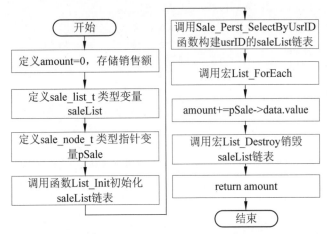

图 4.74 StaSales_Srv_CompSaleVal()函数流程图

a) 定义 int 变量 amount,初始化为 0,该变量存放某售票员的销售额统计;

b) 定义 sale_list_t 类型链表 saleList,该链表存放某售票员的销售记录;

c) 定义 sale_node_t 指针变量 pSale;

d) 调用宏 List_Init 初始化 saleList 链表;

e) 调用 Sale_Perst_SelectByUsrID 函数载入用户 ID 为 usrID 售票员的销售记录信息,构建 saleList 链表;

f) 调用宏 List_ForEach 遍历 saleList 链表,执行循环体 amount += pSale->data.value,即完成累加用户 ID 为 usrID 售票员的销售额,总计为 amount;

g) 返回销售额统计 amount。

3. 持久化层

(1) 根据 ID 载入销售记录(TTMS_SCU_Sale_Perst_SelByID)

- **函数声明**：int Sale_Perst_SelByID（sale_list_tlist，int usrID）。
- **函数功能**：Sale_Perst_SelByID 函数实现了根据售票员 ID 构建该售票员的销售记录链表，销售记录即订单信息。
- **参数说明**：list 为 sale_list_t 类型链表，存放售票员 ID 的销售记录；usrID 为整型，表示用户的 ID 号。
- **返 回 值**：整型，表示匹配 usrID 的销售记录条数，即 list 链表结点数量。
- **处理流程**：

  根据售票员 ID 匹配的原则，在 Sale.dat 文件中，找到匹配的销售记录，构建 sale_list_t 类型内存链表 list。具体方法与可以参考 4.5.6 节的 int Play_Perst_SelectByName（play_list_t list，char condt[ ]）函数流程设计，流程类似。

4.5.11　统计票房(TTMS_UC_11)

1. 界面层

（1）统计票房界面（TTMS_SCU_ SalesAnalysis_UI_MgtEnt）

- **函数声明**：void SalesAnalysis_UI_MgtEntry（）。
- **函数功能**：void SalesAnalysis_UI_MgtEntry 函数实现了"浏览剧目票房排行榜"功能的入口界面。
- **参数说明**：无。
- **返 回 值**：无。
- **处理流程**：该函数的处理流程如图 4.75，具体处理过程说明如下。

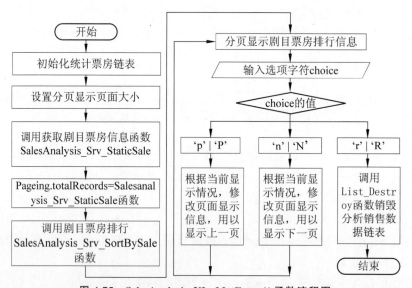

图 4.75　SalesAnalysis_UI_ MgtEntry（）函数流程图

该函数主要功能是显示剧目票房排行信息，剧目票房信息至少包含剧目名、剧目区域、剧目上座数量、剧目票房、剧目上映日期和剧目下映日期等字段。

a）调用 List_Init（head，salesanalysis_node_t）宏函数，初始化统计票房链表

salesanalysis_lis_t;

b）设置分页显示页面大小，paging.pageSize ＝ SALESANALYSIS_PAGE_SIZE（SALESANALYSIS_PAGE_SIZE 为宏，表示页面大小）；

c）调用"获取剧目票房信息 SalesAnalysis_Srv_StaticScale"函数，该函数结合剧目 Play.dat、Schedule.dat、Ticket.dat 和 Sale.dat 文件统计截止目前已上映剧目的票房数据，构建统计票房 salesanalysis_list_t 链表，返回截止目前已上映剧目票房记录数；

d）设置分页的总记录数 paging.totalRecords，其值为 SalesAnalysis_Srv_StaticSale（head）函数的返回值；

e）调用"剧目票房排行 SalesAnalysis_Srv_SortBySale"函数，对 salesanalysis_list_t 链表降序排序；

f）分页显示剧目票房排行信息；

g）接收用户输入的按键字符，存储到 choice 变量中；

h）按键字符如果是'p'或'P'，显示上一页剧目票房排行信息，之后转 f）；

i）按键字符如果是'n'或'N'，显示下一页剧目票房排行信息，之后转 f）；

j）按键字符如果是'r'或'R'，调用 List_Destroy 函数销毁统计票房 salesanalysis_list_t 链表，SalesAnalysis_UI_ MgtEntry 函数结束。

2. 业务逻辑层

（1）获取剧目票房（TTMS_SCU_SalesAnalysis_Srv_StaticSale）

- **函数声明**：int SalesAnalysis_Srv_StaticSale(salesanalysis_list_t list)。

- **函数功能**：SalesAnalysis_Srv_StaticSale 函数实现了构建 salesanalysis_list_t 类型链表功能。

- **参数说明**：list 为自定义 salesanalysis_list_t 数据类型，表示 salesanalysis_list_t 链表的头指针。

- **返 回 值**：整型，表示剧目票房信息的记录条数。

- **处理流程**：该函数的处理流程如图 4.76，具体处理过程说明如下。

a）断言 list 链表是否存在，不存在则报错，否则转 b）；

b）定义 play_list_t 类型链表头指针 playlist，定义 play_node_t 类型指针变量 pos；

c）定义 salesanalysis_node_t 类型指针变量 newNode；

d）定义 int 类型 sold 变量，存储已售有效票数；

e）调用 List_Free(list, salesanalysis_node_t)函数释放链表 list 中所有数据结点；

f）调用 List_Init(playList, play_node_t)函数初始化 playList 链表；

g）调用 Play_Srv_FetchAll(playList)函数从文件 play.dat 载入剧目信息构建 playlist 链表；

h）调用 List_ForEach(playList, pos)函数遍历 playList 链表，构建统计票房 salesanalysis_list_t 类型链表 list；

i）调用 List_Destroy(playList, play_node_t)函数销毁链表 playlist，释放所有数据结点及头结点；

j）返回 list 链表的结点个数。

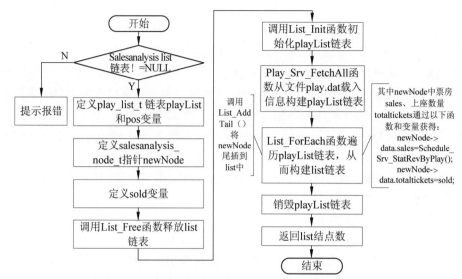

图 4.76　SalesAnalysis_Srv_StaticSale()函数流程图

（2）剧目票房排行（TTMS_SCU_SalesAnalysis_Srv_SortBySale）

- **函数声明**：void SalesAnalysis_Srv_SortBySale(salesanalysis_list_t list)。
- **函数功能**：SalesAnalysis_Srv_SortBySale 函数实现了对 Salesanalysis_list_t 类型链表以剧目票房为关键字排行票房的功能。
- **参数说明**：list 为自定义 salesanalysis_list_t 数据类型，表示指向 salesanalysis_list_t 链表的头指针。
- **返 回 值**：无。
- **处理流程**：

以票房为关键字，对 list 链表进行排序。SalesAnalysis_Srv_SortBySale 函数处理流程与 4.5.2 节设置座位业务逻辑层的 void Seat_Srv_SortSeatList(seat_list_t list)函数处理流程相同。

（3）根据剧目 ID 获取票房（TTMS_SCU_Schedule_Srv_StatRevByPlay）

- **函数声明**：int Schedule_Srv_StatRevByPlay(int play_id, int * soldCount)。
- **函数功能**：Schedule_Srv_StatRevByPlay 函数实现了根据剧目 ID 统计剧目票房。
- **参数说明**：play_id 为整型，表示剧目 ID；soldCount 为整型指针，指向匹配剧目 ID 的有效售票数量。
- **返 回 值**：返回值为整型，表示剧目 ID 的票房。
- **处理流程**：该函数的具体处理过程说明如下。

a）定义整型变量 value，存放剧目 ID 的票房；

b）定义整型 sold，存放剧目 ID 的有效售票数量；

c）定义 schedule_list_t 类型链表头指针 list 和 schedule_node_t 类型指针 p；

d）初始化有效售票数量，即 * soldCount = 0；

e）调用 List_Init 宏初始化 list 链表，即 List_Init(list, schedule_node_t);

f) 调用函数 Schedule_Perst_SelectByPlay(list，play_id)，根据参数剧目 ID(play_id) 载入演出计划数据，构建演出计划链表 list；

g) 调用宏 List_ForEach 遍历 list，每次循环执行 h)和 i)；

h) 调用 Ticket_Srv_StatRevBySchID(p->data.id，&sold) 函数根据演出计划 ID 统计有效售票数量，返回票房，票房累加，即 value += Ticket_Srv_StatRevBySchID(p->data.id，&sold，)；

i) 累加有效售票数量，即 *solCount = *soldCount + sold；

j) 调用 List_Destroy 销毁 list 链表，即 List_Destroy(list，schedule_node_t)；

k) 返回剧目 ID 的票房。

（4）根据演出计划 ID 获取票房(TTMS_SCU_Ticket_Srv_StatRevBySchID)

- **函数声明**：int Ticket_Srv_StatRevBySchID(int schedule_id，int * soldCount)。
- **函数功能**：Ticket_Srv_StatRevBySchID 函数实现了根据演出计划 ID 统计票房。
- **参数说明**：schedule_id 为整型，表示演出计划 ID；soldCount 为整型指针，指向匹配演出计划 ID 的有效售票数量。
- **返 回 值**：返回值为整型，表示演出计划 ID 的票房。
- **处理流程**：该函数的具体处理过程说明如下。

a) 定义整型变量 value，存放匹配演出计划 ID(schedule_id)对应的票房；

b) 定义 ticket_list_t 类型链表头指针 list，定义 ticket_node_t 类型指针 p，定义 sale_node_t 类型变量 sale；

c) 调用宏 List_Init 初始化 list 链表，即 List_Init(list，ticket_node_t)；

d) 有效售票数量参数 soldCount 变量初始化为 0，即 * soldCount=0；

e) 调用 Ticket_Srv_FetchBySchID(list，schedule_id) 函数，根据演出计划 ID (schedule_id)获取全部的票，构建链表 list，该函数返回值为有效售票数量；即 * soldCount=Ticket_Srv_FetchBySchID(list，schedule_id)；

f) 调用宏 List_ForEach 遍历 list 链表，执行循环体 g)、h)、i)和 j)；

g) 调用 int Sale_Srv_FetchByTicketID(int ticket_id，sale_node_t * sale) 函数根据票 ID 获取销售记录 sale；

h) 判断 sale.type 是否为"买票"并且判断 p->status 是否为"已售"，如果是则执行 i)和 j)；

i) 有效售票累加，即(* soldCount)++；

j) 票房累加，即 value+=p->data.price；

k) 调用 List_Destroy 宏销毁 list 链表，即 List_Destroy(list，ticket_node_t)；

l) 返回 value。

（5）根据演出计划 ID 获取票的数据(TTMS_SCU_Ticket_Srv_FetchBySchID)

- **函数声明**：int Ticket_Srv_FetchBySchID(ticket_list_t list，int schedule_id)。
- **函数功能**：Ticket_Srv_FetchBySchID 函数实现了根据演出计划 ID 获取匹配的票链表 list。
- **参数说明**：list 为 ticket_list_t 类型链表头指针，表示指向票链表；schedule_id 为整型，表示演出计划 ID。

- **返 回 值**：返回值为整型，表示匹配演出计划 ID 的票链表结点数量。
- **处理流程**：该函数的具体处理过程说明如下。

a）定义整型变量 count，初始化为 0，count 存放 list 链表的结点数；

b）清除 list 原始数据，即 List_Free(list，ticket_node_t)；

c）定义 ticket_list_t 类型链表头指针 tickList；

d）调用 List_Init 宏初始化 tickList，即 List_Init(tickList，ticket_node_t)；

e）调用 Ticket_Perst_SelectBySchID(tickList，schedule_id)函数，根据演出计划 ID 从 Ticket.dat 文件中载入匹配的票信息，构建 tickList 链表；

f）将 Ticket_Perst_SelectBySchID(tickList，schedule_id)函数返回值赋值给 count；

g）判断 Ticket_Perst_SelectBySchID(tickList，schedule_id)函数返回值是否小于等于 0，是，则执行 h）和 i），否则返回 count；

h）调用宏 List_Destroy 销毁链表 tickList，即 List_Destroy(tickList，ticket_node_t)；

i）返回为 0。

（6）根据票 ID 获取销售记录(TTMS_SCU_Sale_Srv_FetchByTicketID)

- **函数声明**：int Sale_Srv_FetchByTicketID(int ticket_id，sale_t * sale)。
- **函数功能**：Sale_Srv_FetchByTicketID(int ticket_id，sale_t * sale)函数根据票 ID 获取销售记录 sale。
- **参数说明**：ticket_id 为整型，表示票 ID；sale 为 sale_t 类型指针，表示销售记录。
- **返 回 值**：返回值为整型，表示票 ID 的销售记录。
- **处理流程**：该函数的具体处理过程说明如下。

a）将参数 ticket_id 作为参数，调用持久化层根据票 ID 载入销售记录 Sale_Perst_SelByTicketID 函数；

b）返回持久化层根据 ID 载入销售记录函数的返回值。

3. 持久化层

（1）根据票 ID 载入销售记录(TTMS_SCU_Sale_Perst_SelByTicketID)

- **函数声明**：int Sale_Perst_SelByTicketID(int ticket_id，sale_t * sale)。
- **函数功能**：int Sale_Perst_SelByTicketID 函数根据票 ID 载入销售记录。
- **参数说明**：ticket_id 为整型，表示票 ID；sale 为 sale_t 类型指针，表示销售记录。
- **返 回 值**：返回值为整型，返回 1 表示载入销售记录成功，否则载入销售记录失败。
- **处理流程**：该函数的具体处理过程说明如下。

根据票 ID 匹配的原则，在 Sale.dat 文件中，找到匹配的销售记录存放到 sale 指针指向的变量中，具体方法可以参考 4.5.3 节剧目管理持久化层的 Play_Perst_SelectByID(int id，play_t * buf)"函数，流程类似。

4.5.12　维护个人资料(TTMS_UC_98)

1. 界面层

维护个人资料界面(TTMS_SCU_MaiAccount_UI_MgtEnt)

- **函数声明**：void MaiAccount_UI_MgtEntry ()。
- **函数功能**：MaiAccount_UI_MgtEntry()函数是 TTMS 系统用户维护个人资料的界面，在此界面系统用户可以修改除用户 ID、用户类型、用户名之外的系统用户信息，如个人密码。
- **参数说明**：无。
- **返　回　值**：无。
- **处理流程**：该函数的处理流程如图 4.77 所示，具体处理过程说明如下。

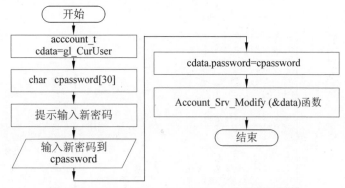

图 4.77　MaiAccount_UI_MgtEntry ()函数流程图

a) 定义变量 cdata 存放当前系统用户信息；account_t cdata = gl_CurUser；gl_CurUser 为全局变量，存放当前系统用户信息；

b) 定义变量 cpassword 存储当前系统用户密码；

c) 提示输入新密码；

d) 接收新密码到 cpassword；

e) 将修改后的密码存储到 data 中，cdata.password=cpassword；

f) 调用"修改系统用户 int Account_Srv_ Modify（&data）"函数，修改系统用户信息。

2. 业务逻辑层

维护个人资料用例调用了管理系统用户用例的 Account_Srv_Modify 函数，其函数接口详细设计参见 4.5.13 节。

3. 持久化层

维护个人资料用例调用了管理系统用户用例的 Account_Perst_Update 函数，其函数接口详细设计参见 4.5.13 节。

4.5.13　管理系统用户(TTMS_UC_99)

1. 界面层

（1）系统登录(TTMS_SCU_Login)

- **函数声明**：int SysLogin( )。
- **函数功能**：界面层的系统用户登录函数，创建 Admin 系统账号，并接收用户输入的用户名和密码,验证用户名和密码的正确性。

- **参数说明**:无。
- **返 回 值**:整型,为表示1登录验证成功,为表示0登录验证失败。
- **处理流程**:该函数的处理流程如图4.78所示,具体处理过程说明如下。

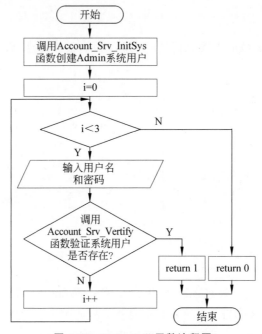

图 4.78   SysLogin( )函数流程图

a) 调用逻辑层的"创建管理员 Admin 匿名系统用户 Account_Srv_InitSys"函数创建 TTMS 系统初始化匿名系统用户 Admin(用户名和密码,软件设计人员自定义);

b) 设置局部 int 变量 i,i=0,i 控制系统用户账号(用户名,密码)的可验证次数(假设为3);

c) 判断 i 是否小于3,若"不小于3",表明系统用户账号多次验证不正确,返回0;否则执行 d);

d) 接收用户输入的用户名和密码;

e) 调用逻辑层的"验证系统用户的用户名和密码 Account_Srv_Vertify"函数验证系统用户是否存在? 若"不存在",i++,转到 c);否则,返回1;

(2) 系统用户管理界面(TTMS_SCU_Account_UI_MgtEnt)

- **函数声明**:void Account_UI_MgtEntry( )。
- **函数功能**:实现系统用户管理界面功能,系统管理员可以根据选项对系统用户进行添加、修改、删除和查询操作。
- **参数说明**:无。
- **返 回 值**:无。
- **处理流程**:该函数的处理流程如图4.79所示,具体处理过程说明如下。

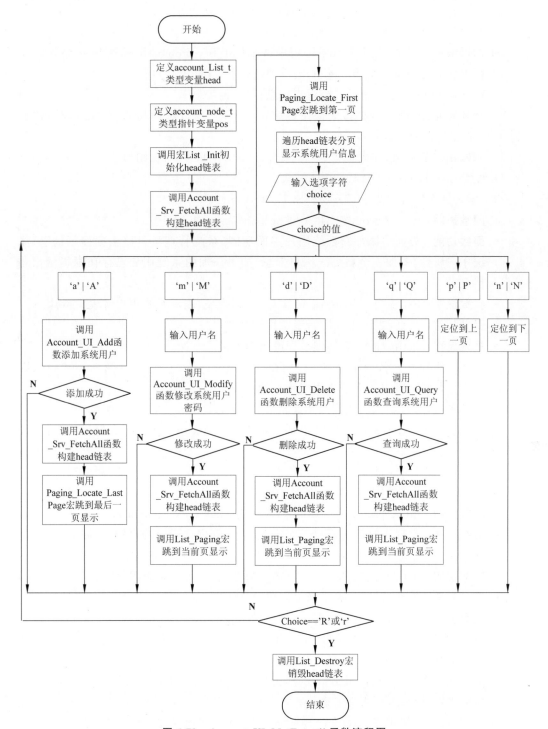

图 4.79 Account_UI_MgtEntry()函数流程图

a）定义指向 account_list_t 类型链表头结点 head；

b）定义指针 pos 指向当前操作的 account_node_t 类型结点；

c）调用宏 List_Init 初始化 head 链表；

d）调用服务层函数"获取全部系统用户 Account_Srv_FetchAll"构造 head 链表；

e）利用分页机制将分页器 paging 定位到链表 head 的第一页；

f）遍历 head 链表分页显示系统用户信息；

g）管理界面提示输入选项，根据按键字符的不同，执行不同功能，如添加、修改、删除、查询、上翻一页和下翻一页等；

h）判断用户的选项，如果按键为'R'或'r'字符，返回到 e)，否则 i)；

i）调用 List_Destroy 宏销毁 head 链表。

（3）添加新系统用户界面（TTMS_SCU_Account_UI_Add）

- **函数声明**：int　Account_UI_Add(account_list_t list)。
- **函数功能**：界面层添加新系统用户界面功能，系统管理员可以根据提示信息（系统用户属性）添加一个新系统用户信息，如果添加的系统用户已存在则提示出错信息。
- **参数说明**：list 为自定义 account_list_t 数据类型，表示系统用户链表头指针。
- **返 回 值**：整型，表示添加的新系统用户个数。
- **处理流程**：该函数的核心处理过程说明如下。

a）调用"根据用户名获取系统用户指针 Account_Srv_FindByUsrName"函数在 account_list_t 类型链表中实现系统用户查找的功能；

b）如果系统用户已存在，则提示出错信息，退出 Account_UI_Add 函数；

c）如果系统用户不存在，则调用"添加新系统用户 Account_Srv_Add"函数实现添加系统用户账号信息；

d）对 account_list_t 链表进行同步添加一个新的 account_node_t 类型结点。

（4）修改系统用户界面（TTMS_SCU_Account_UI_Mod）

- **函数声明**：int Account_UI_Modify(account_list_t list,char usrName[])。
- **函数功能**：实现修改系统用户界面功能，系统管理员可以根据输入的用户名查询到该用户，并进行修改密码，如果查询的系统用户不存在则提示出错信息。
- **参数说明**：list 为自定义 account_list_t 数据类型，表示系统用户链表头指针。
- **返 回 值**：整型，返回 0 表示修改失败，1 表示成功。
- **处理流程**：该函数的核心处理过程说明如下。

a）调用"根据用户名获取系统用户指针 Account_Srv_FindByUsrName"函数在 account_list_t 类型链表中实现账号查找的功能；

b）如果账号不存在，则提示出错信息，退出 Account_UI_Modify 函数；

c）如果账号已存在，输入新的密码；

d）调用"修改系统用户 Account_Srv_Modify"函数实现修改系统用户账号信息；

e）对 account_list_t 链表进行同步修改 account_node_t 类型结点信息。

（5）删除系统用户界面（TTMS_SCU_Account_UI_Del）

- **函数声明**：int Account_UI_Delete(account_list_t list,char usrName[])。
- **函数功能**：实现删除系统用户界面功能,系统管理员可以根据输入的用户名查询到匹配系统用户,并进行删除该系统用户,如果查询的系统用户不存在则提示出错信息。
- **参数说明**：list 为自定义 account_list_t 数据类型,表示系统用户链表头指针;usrName 为字符数组,表示接收系统用户输入的用户名。
- **返　回　值**：整型,返回 0 表示删除失败,1 表示成功。
- **处理流程**：该函数的核心处理过程说明如下。

a) 调用"根据用户名获取系统用户指针 Account_Srv_FindByUsrName"函数在 account_list_t 类型链表中实现系统用户查找的功能;

b) 如果系统用户不存在,则提示出错信息,退出 Account_UI_Delete 函数;

c) 如果系统用户已存在,调用"根据用户 ID 删除系统用户 Account_Srv_DeleteByID"函数实现删除系统用户信息;

d) 对 account_list_t 链表进行同步删除 account_node_t 类型结点。

(6) 查询系统用户界面(TTMS_SCU_Account_UI_Que)

- **函数声明**：int Account_UI_Query(account_list_t list,char usrName[])。
- **函数功能**：函数实现查询系统用户界面功能,系统管理员可以根据输入的用户名查询到匹配系统用户,如果查询的系统用户不存在则提示出错信息。
- **参数说明**：list 为自定义 account_list_t 数据类型,表示系统用户链表头指针;usrName 为字符数组,表示接收系统用户输入的用户名。
- **返　回　值**：整型,返回 0 表示查询失败,1 表示成功。
- **处理流程**：该函数的核心处理过程说明如下。

a) 调用"根据用户名获取系统用户 Account_Srv_FindByUsrName"函数在 account_list_t 类型链表中实现查找对应的系统用户;

b) 如果系统用户不存在,则提示出错信息,退出 Account_UI_Query 函数;

c) 如果系统用户存在,显示系统用户信息。

2. 业务逻辑层

(1) 创建管理员 Admin 匿名系统用户(TTMS_SCU_Account_Srv_InitSys)

- **函数声明**：void Account_Srv_InitSys()。
- **函数功能**：如果系统用户文件 Account.dat 不存在,则创建 TTMS 系统 Admin 匿名系统用户,权限为系统管理员。
- **参数说明**：无。
- **返　回　值**：无。
- **处理流程**：该函数的处理流程如图 4.80 所示,具体处理过程说明如下。

a) 调用"判断系统用户文件是否存在 Account_Perst_CheckAccFile"函数判断 Account.dat 文件是否存在;

b) 判断 Account_Perst_CheckAccFile 函数返回值是否为 true,若为 true,结束 Account_Srv_InitSys 函数;否则转 c);

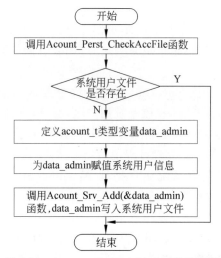

图 4.80　**Account_Srv_InitSys()函数流程图**

c）定义 account_t 类型变量 data_admin 存储 admin 系统用户信息；

d）为 data_admin 系统用户赋值成员信息，如用户名为 admin 等；

e）调用"添加新系统用户 Account_Srv_Add（&data_admin）"函数将新建系统用户 data_admin 写入文件 Account.dat 中；

（2）验证系统用户的用户名和密码（TTMS_SCU_Account_Srv_Verify）

- **函数声明**：int Account_Srv_Verify(char usrName[], char pwd[])。
- **函数功能**：验证系统用户登录时输入的用户名和密码是否在系统用户文件 Account.dat 中存在。
- **参数说明**：usrName[]为字符数组，表示系统用户的用户名；char pwd[]为字符数组，表示系统用户的密码。
- **返 回 值**：整型，返回 0 表示系统用户不存在，1 表示存在。
- **处理流程**：该函数的处理流程如图 4.81 所示，具体处理过程说明如下。

a）定义 account_t 类型变量 usr，保存登录 TTMS 系统的系统用户信息；

b）调用"根据用户名载入系统用户 Account_Perst_SelByName（usrName，&usr）"函数"，该函数在 Account.dat 文件中可以找到与 usrName 匹配的系统用户信息，并载入到 usr 中；

c）判断 usrName 在系统用户文件 Account.dat 中是否存在，若不存在，返回 0；否则转 d）；

d）判断 usr 系统用户的密码与函数 Account_Srv_Verify（char usrName[]，char pwd[]）参数 pwd 是否相同，不相同，返回 0；否则转 e）；

e）将登录用户系统用户信息 usr 保存在全局变量 gl_CurUser 中；

f）返回 1。

（3）添加新系统用户（TTMS_SCU_Account_Srv_Add）

- **函数声明**：int Account_Srv_Add(const account_t * data)。

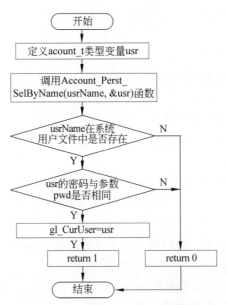

图 4.81　Account_Srv_Verify()函数流程图

- **函数功能**：添加新系统用户，即创建一个新系统用户。
- **参数说明**：data 为指向 account_t 类型的一个常量指针，表示接收一个新的系统用户。
- **返 回 值**：整型，返回 0 表示添加失败，1 表示成功。
- **处理流程**：该函数的核心处理过程说明如下。

调用 Account_Perst_Insert(data)函数。

（4）修改系统用户（TTMS_SCU_Account_Srv_Mod）

- **函数声明**：int Account_Srv_ Modify (const account_t ＊data)。
- **函数功能**：修改一个系统用户的密码。
- **参数说明**：data 为指向 account_t 类型的一个常量指针，表示接收一个系统用户。
- **返 回 值**：整型，返回 0 表示修改失败，1 表示成功。
- **处理流程**：该函数的核心处理过程说明如下。

调用 Account_Perst_Update(data)函数。

（5）删除系统用户（TTMS_SCU_ Account_Srv_DelByID）

- **函数声明**：int Account_Srv_DeleteByID(int usrID)。
- **函数功能**：根据用户 ID 删除系统用户。
- **参数说明**：usrID 为整型，表示系统用户的 ID 编号。
- **返 回 值**：整型，返回 0 表示删除失败，1 表示成功。
- **处理流程**：该函数的核心处理过程说明如下。

调用 Account_Perst_ DeleteByID (usrID)函数。

（6）获取所有系统用户（TTMS_SCU_Account_Srv_FetchAll）

- **函数声明**：int Account_Srv_FetchAll(account_list_t list)。

- **函数功能**：获取所有系统用户的系统用户信息。
- **参数说明**：list 为 account_list_t 类型，表示系统用户链表头指针。
- **返 回 值**：整型，表示获取的系统用户数。
- **处理流程**：该函数的核心处理过程说明如下。

调用 Account_Perst_ SelectAll (list) 函数。

（7）根据用户名获取系统用户指针（TMS_SCU_Account_Srv_FindByUsrName）

- **函数声明**：account_node_t * Account_Srv_FindByUsrName(account_list_t list, char usrName[])。
- **函数功能**：根据用户名 usrName 获取系统用户在账户链表 list 中的结点指针。
- **参数说明**：list 为 account_list_t 类型，表示系统用户链表头指针；usrName[] 为字符数组，表示接收系统用户的用户名。
- **返 回 值**：找到的结点指针；系统用户不存在时返回 NULL。
- **处理流程**：该函数的核心处理过程说明如下。

a）定义 account_node_t 类型指针 pos；

b）调用 List_ForEach 宏遍历链表结点，如果 pos－>data.usrname 等于 usrName，函数返回 pos 指针；否则继续遍历，链表遍历结束函数返回 NULL 指针。

3. 持久化层

（1）判断系统用户文件是否存在（TTMS_SCU_Account_Perst_CheckAccFile）

- **函数声明**：int Account_Perst_CheckAccFile()。
- **函数功能**：判断系统用户 account.dat 文件是否存在。
- **参数说明**：无。
- **返 回 值**：整型，返回 0 表示系统用户文件不存在，1 表示存在。
- **处理流程**：该函数的核心处理过程说明如下。

调用系统函数 access(ACCOUNT_DATA_FILE,0) 判断系统用户 Account.dat 文件是否存在。

（2）存储新系统用户（TTMS_SCU_Account_Perst_Insert）

- **函数声明**：int Account_Perst_Insert(account_t * data)。
- **函数功能**：将 data 指针所指向的系统用户插入到系统用户文件 Account.dat 中。
- **参数说明**：data 为 account_t 类型指针，指向一个系统用户信息。
- **返 回 值**：整型，返回 0 表示插入失败，1 表示成功。
- **处理流程**：该函数的核心处理过程说明如下。

调用获取实体主键函数 EntKey_Perst_GetNewKeys 获取主键 ID 值，将该值作为新系统用户的 ID 值，打开文件 Account.dat，将指针 data 指向的系统用户信息以追加方式写入 Account.dat 文件中。具体方法可以参考 4.5.3 节剧目管理持久化层的 int Play_Perst_Insert() 函数流程设计。

（3）更新系统用户（TTMS_SCU_Account_Perst_Update）

- **函数声明**：int Account_Perst_Update(account_t * data)。
- **函数功能**：将 data 指针所指向的系统用户更新到系统用户文件 Account.dat 中。

- **参数说明**：data 为 account_t 类型指针，指向一个系统用户信息。
- **返　回　值**：整型，返回 0 表示更新失败，1 表示成功。
- **处理流程**：

　　根据系统用户 ID 匹配的原则，在 Account.dat 文件中，找到对应的系统用户记录，将其更新替换为 data 中的数据。具体方法可以参考 4.5.3 节剧目管理持久化层的 Play_Perst_Update()函数流程设计。

　　(4) 根据 ID 去除系统用户(TTMS_SCU_Account_Perst_RemByID)

- **函数声明**：int Account_Perst_RemByID(int id)。
- **函数功能**：根据系统用户 ID，查找匹配的系统用户信息，并从文件 account.dat 中删除。
- **参数说明**：id 为整型，表示为系统用户的 ID。
- **返　回　值**：整型，返回 0 表示删除失败，1 表示成功。
- **处理流程**：

　　根据系统用户 ID 匹配的原则，在 Account.dat 文件中，找到对应的系统用户记录，删除该记录。具体方法可以参考 4.5.3 节剧目管理持久化层 Play_Perst_RemByID()函数流程设计。

　　(5) 载入全部系统用户(TTMS_SCU_Account_Perst_SelAll)

- **函数声明**：int Account_Perst_SelectAll(account_list_t list)。
- **函数功能**：遍历读取 Account.dat 文件，构建 list 链表。
- **参数说明**：list 为 account_list_t 类型，表示指向系统用户链表的头指针。
- **返　回　值**：整型，表示获取的系统用户数。
- **处理流程**：

　　依次读取 Account.dat 文件中的每条系统用户记录，分别载入内存，构建 account_list_t 类型链表 list。具体方法可以参考 4.5.3 节剧目管理持久化层 Play_Perst_SelectAll()函数流程设计。

4.5.14　主键服务

　　根据实体名及实体个数，从文件中获取主键信息(TTMS_SCU_EntKey_Perst_GetNewKeys)

- **函数声明**：long EntKey_Perst_GetNewKeys(char entName[], int count)。
- **函数功能**：根据实体名及实体个数，为这个新实体分配一个长度为 count 的主键值区间，并在文件中更新主键值，若未找到实体的主键记录，则新加主键记录到文件末尾。
- **参数说明**：第一个参数 entName 为字符数组，表示待获取主键的实体名，第二个参数 count 为整型，表示待获取主键的实体个数。
- **返　回　值**：长整型，主键区间的最小值。
- **处理流程**：该函数的处理流程图 4.82 所示，具体的处理过程说明如下。

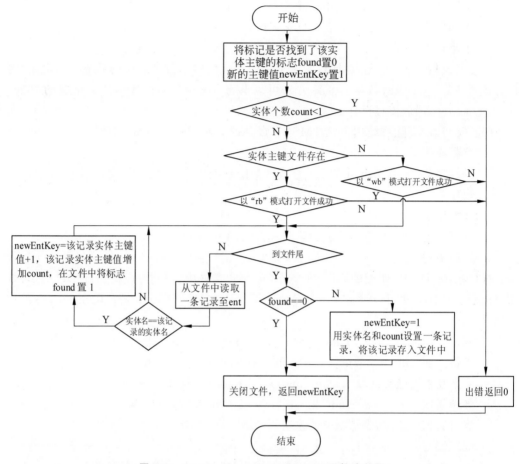

图 4.82   EntKey_Perst_GetNewKeys()函数流程图

a) 在文件中将标记是否找到了实体主键的标志 found 置 0,将新的主键值 newEntKey 置 1;

b) 若 count<1,则提示出错,返回 0;

c) 若保存主键值的 ENTITY_KEY_FILE 文件存在,则以"wb+"方式打开,否则,以"rb+"方式打开;

d) 若打开失败,则提示出错,返回 0;

e) 通过循环在文件中找主键,若找到了,则为新实体分配一个长度为 count 的主键值区间,newEntKey 置为主键记录值加 1,即为新实体分配的主键值区间的最小值,并将主键记录重新置入文件,found=1,否则继续循环;

f) 若文件中没有该主键,即 found=0,则将新主键记录存入文件,newEntKey 置 1,将新主键记录存入文件末尾;

g) 关闭文件,返回 newEntKey。

4.6 本章小结

系统设计是一个软件项目实施的依据,本章就影院售票系统进行了设计。本章首先从整体架构出发,使用最常见的分层模式将程序设计为三层结构:界面层、业务逻辑层、持久化层。界面层负责和用户互动;业务逻辑层实现业务逻辑;持久化层实现数据存取。

将程序架构设计分为三层结构之后,根据用例图将需要实现的功能逐个划分到各层函数之中,确定函数之间的相互联系,结合用例图和需求分析中对于数据的要求,确定了实现程序的过程中需要使用到的数据类型及各层中所要实现的软件单元。在随后的详细设计中,首先根据功能不同,设计了各个用例的执行方案说明系统中整个业务的流程,并根据需求设计了相应的数据结构,同时按层次列出了各个功能函数的接口说明。本章最后一节按照界面层、业务逻辑层和持久化层的顺序,介绍了各个功能模块的详细设计方案,读者可以根据这部分的内容自行实现剧院票务管理系统程序。

第 5 章

系 统 实 现

针对 TTMS 的软件系统需求及设计,本章介绍系统实现采用的开发环境 Eclipse for C++ 及其相关组件的安装及配置、版本控制工具 Git 的安装及基本操作,给出测试驱动开发的基本方法及具体实例,以及系统测试的设计和测试报告撰写方法。

5.1　开发环境

5.1.1　开发工具

开发工具可选用 Eclipse for C++,对初学者来说,需要学会安装及配置方法。Eclipse for C++ 的安装及配置可按照以下步骤进行。

1. JDK 环境

如果本机没有 JDK 环境,需要先安装 JDK 环境。

JDK 下载地址为:http://www.oracle.com/technetwork/java/javase/downloads/index.html。

选择相应的版本进行下载,此处以 jdk1.8.0_91 版本为例下载安装。下载完成后,即可进行安装,此时需要注意选择安装的路径,例如选择"C:\Program Files\Java\"。JDK 安装完成之后,需要配置环境变量,配置环境变量方法如下。

选择"计算机",单击鼠标右键,依次选择"属性"→"高级系统设置"→"高级"→"环境变量",在"系统变量"下完成以下步骤:

(1) 单击"新建"按钮,新建一个环境变量 JAVA_HOME,如图 5.1 所示。其值为前面 JDK 安装的目录,如"C:\Program Files\Java\jdk1.8.0_91"。

(2) 选择 Path 变量,然后单击"编辑"按钮,如图 5.2 所示。在变量值栏最前面添加以下内容:

```
%JAVA_HOME%\bin;%JAVA_HOME%\jre\bin;
```

注意:最后的分号,用于将新添加的 Java 路径与后面的路径值分隔开,不能缺少。

(3) 单击"新建"按钮,新建一个环境变量 CLASSPATH,如图 5.3 所示。其值为:

```
.;%JAVA_HOME%\lib;%JAVA_HOME%\lib\tools.jar;%JAVA_HOME%\lib\dt.jar。
```

环境变量配置完成后,单击"确定"按钮,退出环境变量配置。在运行窗口输入 cmd 命令,在命令提示符下输入 java -version,如果出现 Java 正确版本号则表明 JDK 配置正确。

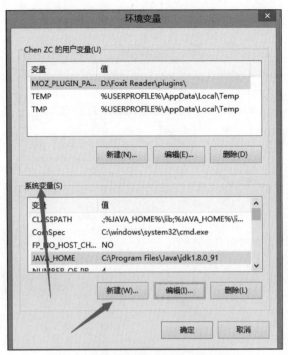

图 5.1   新建环境变量 JAVA_HOME

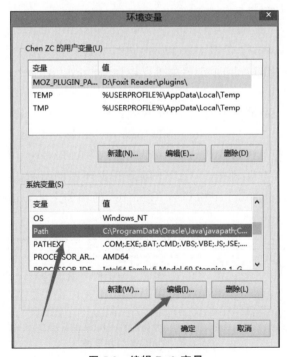

图 5.2   编辑 Path 变量

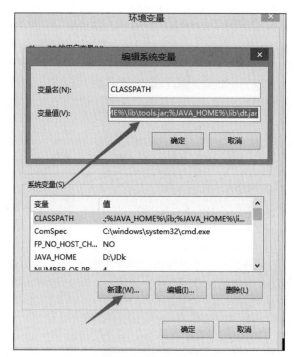

图 5.3　新建环境变量 CLASSPATH

2. 安装 Eclipse for C++

Eclipse for C++ 下载地址为：http：//www.eclipse.org/downloads/。

选择 Eclipse IDE for C/C++ Developers 进行下载。下载完成后直接解压即可，无须安装。单击解压目录中的 eclipse.exe，就可以运行 Eclipse for C++。

3. 安装 MinGW

MinGW 提供了一套简单方便的 Windows 下的 GCC 程序开发环境。

下载地址为：https：//sourceforge.net/projects/mingw/files/？source=navbar。

下载完成之后，即可进行安装，选择安装目录"C：\MinGW"，并按提示安装相关组件，如图 5.4 所示。因为只是进行 C/C++ 编译开发环境的配置，所以这里只需要选择与 C 和 C++ 有关的 C Compiler 和 C++ Compiler 的相关文件。选择完成之后，进行组件安装。

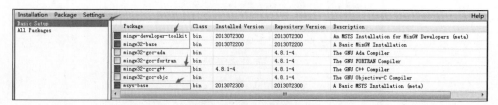

图 5.4　MinGW 组件安装

4. 配置 MinGW

新建系统变量 MINGW_HOME，该变量的值设为 MinGW 安装目录，例如"C：\

MinGW",如图 5.5 所示。

图 5.5 新建系统变量 MINGW_HOME

在 Path 变量的最前面添加"%MINGW_HOME%\bin;",如图 5.6 所示。

图 5.6 设置 Path 变量

然后在 Eclipse 中进行配置。依次单击打开 Window→Preferences→C/C++→New C/C++ Project Wizard,按照图 5.7 进行配置。

单击 OK 按钮之后,弹出如图 5.8 的窗口,在该界面中选择 Makefile Project,勾选 "PE Windows Parser",单击 OK 按钮保存(注意:此设置过程意味着对所有 C/C++ 工程都将应用此配置。如果只是想在单个工程中进行配置,可右击该项目,并依次选择 Properties→C/C++ Build→Settings,在右侧选择 Binary Parsers 标签,并勾选 PE Windows Parser 即可,此设置过程只对当前选中的工程有效)。

5. 环境测试

新建一个 C++ 工程,选择 Hello World C++ Project 进行测试。

依次单击菜单栏 File→New Project→C++ Project,输入工程名,例如"Hello",在 Project Explorer 中右击工程 hello,依次选择 Make Targets→Create,输入目标文件名 hello,单击 OK 按钮,完成目标文件的创建。

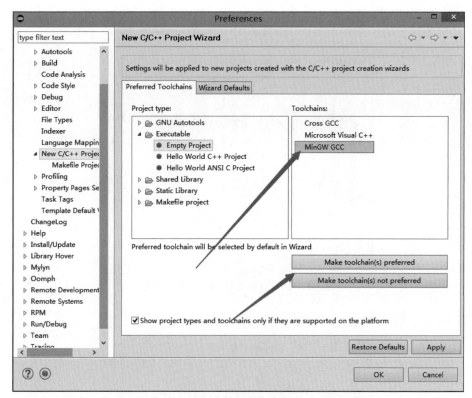

图 5.7　Eclipse 配置

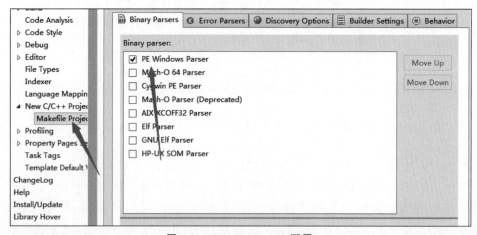

图 5.8　Makefile Project 配置

在 Project Explorer 中右击工程 hello.cpp,依次选择 Make Targets→Build,选择创建的目标文件,单击 Build,完成 hello 工程的构建;在控制台显示如图 5.9 所示。

接着单击 Run 运行程序,在控制台中显示如图 5.10 的输出结果,表明环境配置成功。

6. 导入已有工程

如果已经创建了一个工程,例如已创建剧院票务管理系统 TTMS 的工程文件,在使

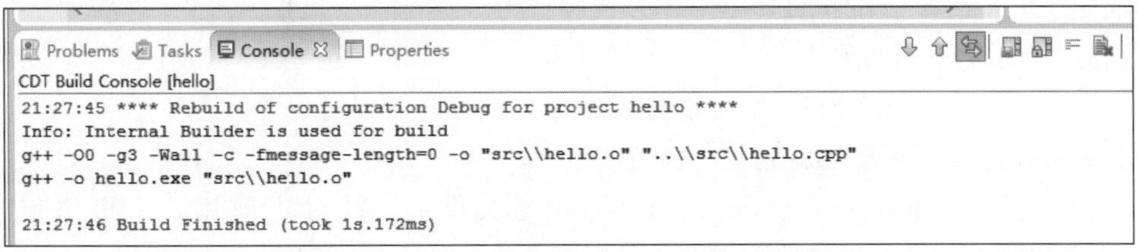

図 5.9 目标文件 hello 构建完成后控制台结果输出

```
Problems  Tasks  Console ☒  Properties
<terminated> (exit value: 0) hello.exe [C/C++ Application] D:\c++pro\hello\Debug\hello.exe (16/5/2 下午9:29)
!!!Hello World!!!
```

図 5.10   控制台输出结果

用 eclipse 时需要将该工程导入,可使用以下步骤:

(1) 单击菜单栏中 File→Import,出现 Import 窗口。

(2) 在 Import 窗口中的 General 下选择"Projects from Folder or Archive",单击 Next 按钮,出现"Import Projects",该窗口给用户提供"Select a directory to search for existing Eclipse Projects"功能,选择"Select root directory",单击 Browse 按钮,弹出选择工程位置的窗口。此处选择 TTMS 工程文件存储路径,然后单击 Finish 按钮,TTMS 工程就添加到项目资源管理器中了。

5.1.2   版本控制工具

Git 是 Linus Torvalds 为了帮助管理 Linux 内核开发而开发的一个开放源码的版本控制软件。最初 Git 只能在 Linux 和 UNIX 系统上运行,现在通过移植,Git 可以在 Linux、UNIX、Mac 和 Windows 这些平台上正常运行了。Git 采用了分布式版本库的方式,不需要服务器端软件支持。

1. Git 安装

Git 在 Linux 和 Windows 操作系统中都可以使用,以下分别介绍在这两种系统中的安装方法。

(1) 在 Linux 操作系统上安装 Git。在终端命令行输入以下命令后按回车键,就可以完成 Git 的安装:

$ sudo apt-get install git

(2) 在 Windows 操作系统中安装 Git。这里可以选择使用 msysgit,它是 Git 版本控制系统在 Windows 下的版本。

msysgit 下载地址为:https://git-for-windows.github.io。下载后按默认选项安装即可。

安装完成后,在开始菜单里找到 Git→GitBash,弹出一个类似命令行窗口,表明 Git 安装成功。

2. Git 配置

Git 提供 git config 工具,专门用来配置或读取相应的工作环境变量。这些环境变

量,决定了 Git 在各个环节的具体工作方式和行为。在 Linux 操作系统中,这些变量可以存放在以下三个不同的地方:

（1）/etc/gitconfig 文件:系统中对所有用户都普遍适用的配置。若使用 gitconfig 时选用--system 选项,读写的就是这个文件。

（2）～/.gitconfig 或 ～/.config/git/config 文件:只针对当前用户。可以传递--global 选项让 Git 读写此文件。

（3）当前项目的 Git 目录中的配置文件(也就是工作目录中的./gitconfig 文件):这里的配置仅仅针对当前项目有效。每一个级别的配置都会覆盖上层的相同配置,所以./gitconfig 里的配置会覆盖/etc/gitconfig 中的同名变量。

在 Windows 操作系统中,Git 会找寻用户主目录下的.gitconfig 文件。主目录即 $HOME 变量指定的目录,一般是 C:\DocumentsandSettings\ $USER。

此外,Git 还会尝试搜索/etc/gitconfig 文件,Git 安装在哪个目录下,就以此作为根目录来定位。

配置个人的用户名称和电子邮件地址:

```
$git config - global user.name "runoob"
$git config - global user.email test@runoob.com
```

如果使用了--global 选项,那么更改的配置文件就是～/.gitconfig 文件,所有的项目都会默认使用这里配置的用户信息。如果要在某个特定的项目中使用其他名字或者电子邮件,只需去掉--global 选项重新配置即可,新的设定保存在当前项目的.git/config 文件里。

3. Git 基本操作

（1）git init 命令

功能:在目录中创建新的 Git 仓库。

在目录中执行 git init 命令,就可以创建一个 Git 仓库。例如,创建 test 项目:

```
$mkdir test
$cd test/
$git init
Initialized empty Git repository in /Users/u/test/.git/
```

执行此操作后就可以看到在 test 中生成了.git 这个子目录,该目录即为 Git 仓库,所有有关此项目的快照数据都存放在“/Users/u/test/.git/”中。

（2）git clone 命令

功能:复制一个 Git 仓库到本地,从而能够查看该项目,或者进行修改。

当需要与他人合作完成一个项目,或者查看项目的代码,就需要克隆该项目。执行以下命令可实现项目的复制:

```
git clone [url]
```

其中,[url]是需要复制的项目。默认情况下,Git 会按照用户提供的 URL 所指示的项目名称创建一个本地项目目录,通常是该 URL 最后一个"/"后的项目名称。如果用户想要与目录不同的名字,则可以在该命令后加上新的名称。

例如,克隆 Github 上的项目:

```
$git clone git@github.com:schacon/simplegit.git
Cloning into 'simplegit'...
remote:Counting objects:13,done.
remote:Total 13(delta0),reused 0 (delta0),pack－reused 13
Receiving objects:100%(13/13),done.
Resolving deltas:100%(2/2),done.
Checking connectivity...done.
```

克隆完成后,在当前目录下会生成一个 simplegit 目录:

```
$cd simplegit/
$ls
README Rakefile lib
```

上述操作将复制该项目的全部记录。

(3) git add 和 git status 命令

功能:git add 命令将文件添加到缓存;git status 命令查看项目的当前状态。

例如,添加 README 和 hello.php 两个文件到缓存的方法如下。

创建 README 和 hello.php 文件:

```
$touch README                        //创建 README 文件
$touch hello.php                     //创建 hello.php 文件
$ls
README hello.php
```

查看项目当前状态:

```
$git status -s
??README
??hello.php
```

执行 gitadd 命令,添加文件到缓存中:

```
$git add README hello.php
```

执行 git status:

```
$git status -s
A README
A hello.php
```

以上结果表明这两个文件已经添加到缓存中。修改 README 文件,输入以下命令:

```
$vim README
```

在 README 文件中添加以下内容：

`#Runoob Git 测试`

保存退出。然后再执行 git status 命令：

```
$git status -s
AM README
A  hello.php
```

AM 状态表明 README 文件被添加到缓存之后进行了新的修改，需要再次执行 git add 命令将其添加到缓存中：

```
$git add .
$git status -s                                //查看添加之后的状态
A  README
A  hello.php
```

（4）git diff 命令

功能：比较两次修改的差异。

git diff 命令显示已写入缓存的文件与已修改但尚未写入缓存文件的区别。不同的应用场景使用的命令不完全相同，主要有以下几种形式：

- git diff：比较工作区文件与缓存区中的文件，当缓存区中没有文件时，比较的是工作区中的文件与上次提交到版本库中的文件；
- git diff - cached：查看已缓存的改动；
- git diff HEAD：查看已写入缓存的与未缓存的所有改动；
- git diff - stat：显示摘要而非整个 diff。

例如，在 hello.php 文件中输入以下内容并执行后面的操作命令：

```
<?php
echo 'Git 使用教程';
?>

$git status -s
    A  README
    AM hello.php
$git diff
diff --git a/hello.php b/hello.php
index e69de29..69b5711 100644
---a/hello.php
+++b/hello.php
@@-0,0 +1,3 @@
+<?php
+echo 'Git 使用教程';
+?>
```

在以上代码中,git status 显示上次提交更新后的更改或者写入缓存的改动,而 git diff 一行一行地显示这些改动的具体内容。

(5) git commit 命令

功能:将缓存区内容添加到项目仓库中。

每一次提交 Git 都会记录提交者用户名和电子邮箱地址,因此首先需要配置用户名和邮箱地址,接着写入缓存,并提交在前面例子中对 hello.php 文件的所有改动。

```
$git add hello.php
$git status -s
A   README
A   hello.php
$git commit -m '第一次版本提交'
[master (root-commit) d32cf1f] 第一次版本提交
2 files changed, 4 insertions(+)
create mode 100644 README
create mode 100644 hello.php
```

通过这些操作就已经记录了快照,执行 git status 命令,则结果如下:

```
$git status
#On branch master
nothing to commit (working directory clean)
```

以上输出表明在最近一次提交之后,没有做任何改动。

如果在 git commit 命令中没有 -m 选项,Git 会尝试打开一个编辑器来填写提交信息,默认会打开 vim。屏幕会显示:

```
#Please enter the commit message for your changes. Lines starting
#with '#' will be ignored, and an empty message aborts the commit.
#On branch master
#Changes to be committed:
#    (use "git reset HEAD <file>..." to unstage)
#
#modified:   hello.php
#
~
~
".git/COMMIT_EDITMSG" 9L, 257C
```

(6) git rm 命令

功能:从当前的工作目录和文件缓存区中删除文件。例如,删除 hello.php 文件:

```
$git rm hello.php
rm 'hello.php'
```

如果仅删除缓存区文件,保留当前目录下的文件,可以使用 git rm - cached。例如:

```
$git rm—cached README
rm 'README'
```

也可以递归地删除,即如果该命令后的参数是一个目录,则会递归删除整个目录中的所有子目录和文件,命令如下:

```
git rm - r *
```

4. Git 中创建新项目

在 Git 中创建一个新项目 TTMS,步骤如下:

(1) 使用 mkidir 命令建一个文件夹 TTMS: mkdir TTMs;

(2) 使用 cd 命令切换到 TTMS 下: cd TTMs;

(3) 使用 git init 命令在目录中创建新的 Git 仓库: git init;

(4) 使用 touch 命令创建一个 Readme 文件: touch Readme;

(5) 使用 git add 命令将 Readme 文件添加到缓存: git add Readme;

(6) 使用 git commit 命令将缓存区内容添加到本地项目仓库中: git commit -m '第一次版本提交'.

5.2　测试驱动开发

5.2.1　测试驱动开发简介

测试驱动开发(Test-Driven Development,TDD)是一种新型的开发方法。TDD 要求在编写某一个功能模块的代码之前,先根据模块的接口和功能编写测试代码,然后再编写功能模块的代码并使得测试能够通过,从而通过测试来推动整个开发的进行。

TDD 具有以下优点:

(1) 根据需求编写测试用例,对功能的实现过程和接口都进行了针对性设计,有助于澄清接口和行为的细节。

(2) 将测试工作提到编码之前,并频繁地运行所有测试,可以尽量避免和尽早发现错误,极大地降低了后续测试及修复的成本,提高了代码的质量。

(3) 提供了持续的回归测试,使开发人员拥有优化代码的勇气,因为代码的改动导致系统其他部分产生任何异常,测试都会立刻检测出来。

(4) 以测试用例通过的形式明确告诉开发人员什么时候开发工作结束,增强了程序员的满足感和自信心。

(5) 测试驱动可自动实现所有测试用例的执行和结果的判定,提高了开发效率;

(6) 测试驱动为其他开发人员使用开发好的模块成果提供了示例。

5.2.2　测试驱动开发原则

测试驱动开发应遵循以下基本原则:

(1) 操作过程尽量模拟正常使用的过程。

(2) 测试用例应该尽量做到分支覆盖,核心代码尽量做到路径覆盖。

（3）测试数据尽量包括真实数据和边界数据。

（4）测试语句和测试数据应该尽量简单，容易理解。

（5）为了避免对其他模块过多的依赖，可以编写简单的桩模块来模拟被调用模块。

5.2.3 测试驱动开发举例

下面根据待开发模块是否调用其他模块，分为两种情况给出测试驱动开发的实例。

1. 孤立模块

对于没有调用其他模块的孤立模块，开发时仅需要编写测试驱动代码即可。例如，下面的函数模块在给定的学生链表 list 中求出最高成绩。当 list 为 NULL 或为空时，返回 −1，否则为最高成绩。

```
int Student_List_GetTopScore(student_list_t list)
```

在设计测试用例时，根据函数的功能和参数，考虑以下 3 种情况：

- list 为 NULL：此时返回值应为 −1；
- list 为空：此时返回值应为 −1；
- list 不为空：此时需要为 list 链表初始化多个结点，并保留最高成绩用于和被测模块的返回值进行比较。

该模块的测试驱动代码（背景为灰色部分）见例 5.1。在测试驱动代码编写完后，就可以着手编写待开发模块了，该函数的具体实现作为练习留给读者自己补充。当该函数模块编写完后，可以直接运行测试驱动自动判定测试用例是否通过，而不像传统模式每次都需要手动输入测试数据并查看运行结果，明显提升了开发效率。

【例 5.1】 孤立模块的测试驱动开发。

```c
#include <stdio.h>
#include <stdlib.h>
#include <time.h>
#include "List.h"

//定义实体 student 结构体
typedef struct{
    int ID;
    char name[20];
    int score;
}student_t;

//定义管理 student 的链表结点
typedef struct student_node{
    student_t data;
    struct student_node * prev;
    struct student_node * next;
}student_node_t, * student_list_t;
```

```
//待开发模块：初始时为一个空的函数，由读者自行补充
int Student_List_GetTopScore(student_list_t list ){
    return 0;
}
```

```
//以尾插法创建链表 list,返回值为最高成绩
int CreateList_Tail(student_list_t list, int n) {
    int i =0;
    int max= 0;
    student_node_t * p;
    for (i =0; i <n; i++) {
        p =(student_node_t *) malloc(sizeof(student_node_t));
        if (!p)
            break;
        p->data.ID =i;
        p->data.score =rand()%100;              //随机生成成绩
        sprintf(p->data.name, "%s%d", "Student-", i);
        List_AddTail(list, p);                  //尾插法,将 p 插入到 list 中
        if(p->data.score>max)
            max=p->data.score;
    }
    return max;
}

//测试驱动
void Student_List_GetTopScore_TestDrv(){
    student_list_t list;
    int maxScore=0;
    List_Init(list, student_node_t);

    //测试 list 为 NULL 的情况
    printf("Test case 1: the list is NULL.\n");
    if(Student_List_GetTopScore(NULL)==-1)      //判断比较待开发模块的运行结果
        printf(".....Test case 1 passed\n");
    else
        printf(".....Test case 1 failed\n");

    //测试 list 为空的情况
    printf("Test case 2: the list is empty.\n");
    if(Student_List_GetTopScore(list)==-1)      //判断比较待开发模块的运行结果
        printf(".....Test case 2 passed\n");
    else
        printf(".....Test case 2 failed\n");

    //测试 list 为不为空的情况
    maxScore=CreateList_Tail(list, 10);     //为 list 增加 10 个数据,并保留最大值
    printf("Test case 3: the list is not empty.\n");
    //判断比较待开发模块的运行结果
```

```
    if(Student_List_GetTopScore(list)==maxScore)
        printf(".....Test case 3 passed\n");
    else
        printf(".....Test case 3 failed\n");
}


int main(void) {
    Student_List_GetTopScore_TestDrv();
    return EXIT_SUCCESS;
}
```

2. 非孤立模块

对于调用了其他模块的非孤立模块,由于缺少被调用模块而导致待开发模块不能够独立运行,故在开发时除了需要编写测试驱动代码外,还需要编写简单的桩模块来模拟被调用模块。例如下面的函数模块计算给定的文件中的学生平均成绩,文件不存在或为空时返回−1,否则返回平均成绩。

float Student_File_GetAverage(const char * fileName)

该函数调用了另外一个函数 Student_LoadFile 从文件中载入学生数据到链表 list 中,函数接口如下:

int Student_LoadFile(const char * fileName, student_list_t list)

当文件 fileName 不存在时,函数 Student_LoadFile 返回−1,否则为实际读入的学生记录数。在设计函数 Student_File_GetAverage 的测试用例时,根据其功能和参数,考虑以下 3 种情况:

- 文件 fileName 不存在:此时返回值应为−1;
- 文件 fileName 存在但为空:此时返回值应为−1;
- 文件 fileName 存在且包含多个记录:此时返回平均成绩。

在开发函数 Student_File_GetAverage 的测试驱动时,由于被调用函数 Student_LoadFile 尚不存在,故需要编写一个简单的桩模块来模拟被调用函数。注意:桩模块的接口与实际模拟的被调用函数保持一致,只是把被调用函数的功能简化了。

该模块的测试驱动代码见例 5.2,其中背景为浅灰色的是测试驱动,深灰色为编写的桩模块。为了初始化测试用例,定义了两个全局变量 gl_list 和 gl_student_count,分别用来保存模拟从文件中读出的学生数据以及学生记录的个数。这两个全局变量在测试驱动函数 Student_File_ GetAverage_TestDrv 中根据测试用例进行初始化,并在桩模块 Student_LoadFile 中经过简单赋值处理后作为返回值传递给待开发模块 Student_File_ GetAverage。待开发模块的具体实现作为练习留给读者自己补充。

【例 5.2】 非孤立模块的测试驱动开发。

```
#include <stdio.h>
#include <stdlib.h>
#include <time.h>
#include "List.h"
```

```
//定义实体 student 结构体
typedef struct {
    int ID;
    char name[20];
    int score;
} student_t;

//定义管理 student 的链表结点
typedef struct student_node {
    student_t data;
    struct student_node * prev;
    struct student_node * next;
} student_node_t, * student_list_t;

//全局变量,用于对 Student_LoadFile 桩模块的链表及返回值进行初始化。
student_list_t gl_list =NULL;
int gl_student_count =0;
```

```
//Student_LoadFile 的桩模块
int Student_LoadFile(const char * fileName, student_list_t list) {
    //清空传入的学生链表
    List_Free(list, student_node_t);
    student_node_t * p, * q;
    //将测试驱动中生成的测试数据 copy 到 list 中
    List_ForEach(gl_list, p) {
        q = (student_node_t * ) malloc(sizeof(student_node_t));
        if (!q) {
            printf("Error: memory overflow!\n");
            exit(1);
        }
        q->data =p->data;
        List_AddTail(list, q);
    };
    return gl_student_count;
}
```

```
//待开发模块:初始时为一个空的函数,由读者自行补充
float Student_File_GetAverage(const char * fileName) {
    return 0;
}
```

```
//以尾插法创建链表 list。返回值为平均成绩。
float CreateList_Tail(student_list_t list, int n) {
    int i =0;
    float avg =0;
    student_node_t * p;

    for (i =0; i <n; i++) {
```

```
        p = (student_node_t *) malloc(sizeof(student_node_t));
        if (!p) {
            printf("Error: memory overflow!\n");
            exit(1);
        }
        p->data.ID = i;
        p->data.score = rand() % 100;
        sprintf(p->data.name, "%s%d", "Student-", i);
        List_AddTail(list, p);              //尾插法,将 p 插入到 list 中
        avg += p->data.score;
    }
    if (n > 0)
        avg /= n;
    return avg;
}
//测试驱动
void Student_File_GetAverage_TestDrv() {
    float avg = 0;
    //将学生链表初始化为空链表
    List_Init(gl_list, student_node_t);
    gl_student_count = 0;

    //测试 fileName 为 NULL 的情况
    printf("Test case 1. the file name is NULL:\n");
    if (Student_File_GetAverage(NULL ) == -1)
        printf(".....Test case 1 passed\n");
    else
        printf(".....Test case 1 failed\n");
    //测试文件 fileName 不存在
    printf("Test case 2. the file does exist:\n");
    if (Student_File_GetAverage("testFile") == -1)
        printf(".....Test case 2 passed\n");
    else
        printf(".....Test case 2 failed\n");

    //测试文件 fileName 为空的情况
    printf("Test case 3. the file is empty:\n");
    if (Student_File_GetAverage("testFile") == -1)
        printf(".....Test case 3 passed\n");
    else
        printf(".....Test case 3 failed\n");

    //为学生链表增加 10 个数据,并保存平均分数
    gl_student_count = 10;
    avg = CreateList_Tail(gl_list, gl_student_count);
    //测试文件 fileName 不空的情况
    printf("Test case 4. the file is not empty:\n");
    if (Student_File_GetAverage("testFile") == avg)
```

```
        printf(".....Test case 4 passed\n");
    else
        printf(".....Test case 4 failed\n");

    List_Destroy(gl_list, student_node_t);
}
```

```
int main(void) {
    Student_File_GetAverage_TestDrv();
    return EXIT_SUCCESS;
}
```

5.3　系　统　测　试

测试贯穿于软件开发的整个生命周期,是一个系统过程,是保证软件质量的重要手段和不可缺少的一个重要阶段。在软件投入运行之前,对软件需求分析、设计和实现各阶段产品进行最终检查,是为了保证软件开发产品的正确性、完全性和一致性而进行检测错误及修正错误的过程。从用户角度看,普遍希望通过软件测试找出软件中隐藏的错误,因此软件测试应该是为了发现错误而执行程序的过程。软件测试的主要作用如下:

(1) 测试是执行一个系统或者程序的操作。

(2) 测试是带着发现问题和错误的意图来分析和执行程序。

(3) 测试结果可以检验程序的功能和质量。

(4) 测试可以评估软件是否获得预期目标。

(5) 测试不仅包括执行代码,还包括对需求等编码以外的测试。

5.3.1　测试设计

系统测试设计由测试技术人员完成,在参考系统需求规约设计说明的基础上,对系统进行分析并设计测试方案,主要涉及:

(1) 系统业务及业务流分析。

(2) 系统级别的接口分析,如与硬件的接口、与其他系统的接口。

(3) 系统功能分析。

(4) 系统级别的数据分析。

(5) 系统非功能分析,如安全性、可用性方面的分析。

1. 测试范围

"剧院票务管理系统"是使用C语言开发的字符界面单机版软件系统,该系统测试设计包括功能测试和性能测试的用例描述,以及性能测试的测试脚本,为测试人员进行功能测试和性能测试提供标准和依据,以及详尽的测试步骤和方法。

2. 测试覆盖设计

测试的依据是系统需求,测试的设计应该满足对需求的覆盖,因此采用的测试方法主

要是黑盒测试,包括等价类划分(有效测试和无效测试)、边界值和错误猜测法等。按照
3.4 节的功能需求分析,"剧院票务管理系统"共有 13 个测试用例,按照功能测试的需求,
该系统测试用例覆盖功能矩阵如表 5.1 所示。

表 5.1　测试用例功能覆盖矩阵

序号	功 能 项	测 试 用 例
1	管理演出厅	TestCase-FUNC-01
2	设置座位	TestCase-FUNC-02
3	管理剧目	TestCase-FUNC-03
4	管理演出计划	TestCase-FUNC-04
5	生成演出票	TestCase-FUNC-05
6	查询演出	TestCase-FUNC-06
7	查询演出票	TestCase-FUNC-07
8	售票	TestCase-FUNC-08
9	退票	TestCase-FUNC-09
10	统计销售额	TestCase-FUNC-10
11	统计票房	TestCase-FUNC-11
12	维护个人资料	TestCase-FUNC-12
13	管理系统用户	TestCase-FUNC-13

3. 测试用例

按照上面的测试矩阵表,设计相应的测试用例。针对每一个软件测试用例,确定其输入、
测试步骤以及每一步骤的预期输出。例如,以管理演出厅用例为例,设计的测试用例如下。

用例 01,管理演出厅:该测试用例的测试编号是 TestCase-FUNC-01,测试内容是验
证演出厅管理所有功能的正确性,同时演出厅管理所有功能显示都按照需求有正确的显
示。该测试用例的具体设计如表 5.2 所示。

表 5.2　管理演出厅测试用例

测试项目名称:管理演出厅	
测试用例编号:TestCase-FUNC-01	
测试人员:	测试时间:

测试内容:
1. 验证管理演出厅菜单能正确显示;
2. 验证管理演出厅中添加新演出厅功能,能向系统中添加一个新的演出厅数据;
3. 验证管理演出厅中修改演出厅功能,能修改系统中现存的一个演出厅数据;
4. 验证管理演出厅中删除演出厅功能,能删除系统中现存的一个演出厅数据;
5. 验证管理演出厅中座位管理功能,能根据得到的座位数据对界面进行初始化,显示当前对应演出厅的座位数据,并显示对座位进行增加、删除及修改的菜单项;
6. 验证管理演出厅中子菜单的显示信息都符合需求。

续表

测试环境与系统配置：

步骤	（测试流程名称或界面名称）	测试规程	预期结果	实际结果	
				通过	问题等级
1	正常输入				
2	异常输入				

测试次数：

预期结果：

测试结果：

测试结论：

备注：

　　管理演出厅测试用例具体内容及其他功能模块的测试用例，请读者仿照表 5.2 自己设计完成。

5.3.2　测试报告

1. 编写目的

　　本测试报告为"剧院票务管理系统"的测试报告，目的在于总结测试阶段的测试以及分析测试结果，描述系统是否符合需求。预期参考人员包括测试人员、开发人员、项目管理者、其他质量管理人员。

2. 项目背景

　　"剧院票务管理系统"在学生学习完高级语言程序设计（C 语言）之后，为了训练其基础编程能力而设计的"初级软件项目训练"集中实践环节，拟为中小规模的剧院（包含电影院、歌剧院、演唱会等）开发一个通用的票务管理软件，对剧院的演出厅、剧目、演出计划、售票、销售统计等售票相关业务实现全程计算机管理。在开发完成项目功能进入试运行之前，对功能需求中的管理演出厅、设置座位、管理剧目、管理演出计划、生成演出票、查询演出、查询演出票、售票、退票、统计销售额、统计票房、维护个人资料、管理系统用户等 13个用例进行功能测试。

3. 系统简介

　　"剧院票务管理系统"采用面向过程技术进行系统设计和开发，开发语言为标准 C 语言；在开发过程中了采用分层架构模式，将软件模块分为界面层、业务逻辑层及持久化层；采用结构体描述业务实体，并使用带头结点的双向循环链表在内存中进行数据的组织与管理；开发的系统可运行在各种版本的 Linux/Windows 操作系统。

4. 术语和缩写词

　　列出设计本系统的专用术语及缩写语约定。例如：

（1）TTMS，即"剧院票务管理系统"（Theater Tickets Management System）。

（2）严重缺陷（Bug）：出现以下缺陷，测试定义为严重缺陷（Bug）。

- 系统无响应，处于死机状态，需要其他人工修复系统才可复原。
- 单击某个菜单后出现返回异常错误。
- 进行某个操作（增加、修改、删除等）后，出现返回异常错误。
- 对必填字段进行校验时，未输入必填字段，出现返回异常错误。
- 对系统定义为不允许重复的字段输入重复数据后，出现返回异常错误。

5. 测试时间、地点和人员

本次测试的时间、地点和人员总结如下：

- 测试时间：××××××××。
- 地点：××××××××。
- 人员：××××××××。

6. 测试环境与配置

简要介绍测试环境与配置。例如：

- CPU：Intel Core i7-5500U CPU 2.40GHz。
- 内存：8GB。
- 硬盘：512GB。
- 操作系统：Windows 7。

7. 测试执行情况

测试执行情况主要汇总各种测试数据并进行度量，度量包括对测试过程的度量和评估、对系统质量的度量和功能评估。测试执行情况以表格形式进行详细记录，以管理演出厅为例，设计的详细测试记录如表 5.3 所示。

表 5.3 管理演出厅详细测试记录

用例编号： TestCase-FUNC-01	软件名称：剧院票务管理系统	
报告人：	用例设计日期：	
	用例测试日期：	
模块列表：管理演出厅		
用例设计：管理演出厅中添加、删除、修改及座位管理		
设计目的：演出厅管理基本操作及座位管理		
执行结果： （对执行结果进行描述，并截取执行结果图）		
测试结果：		
备注		

管理演出厅详细测试记录中的具体内容及其他功能模块的详细测试记录请读者完成。

8. 测试结论与建议

对上述测试过程、测试结果分析之后的结论。

(1) 测试结论：主要包括以下 4 部分内容。

- 测试执行是否充分(可以增加对安全性、可靠性、可维护性和功能性描述)。
- 测试是否完成。
- 测试是否通过。
- 是否可进入下一阶段项目目标。

(2) 建议：主要包括以下 4 部分内容。

- 对系统存在问题的说明，描述测试所揭露的软件缺陷和不足，以及可能给软件实施和运行带来的影响。
- 可能存在的潜在缺陷。
- 对缺陷修改和软件设计的建议。
- 对过程改进方面的建议。

5.4　本 章 小 结

本章主要介绍了进行系统开发实现过程中使用的开发环境的安装及配置、测试驱动程序的开发、系统测试的设计及测试报告的撰写。本章的内容主要包含以下几个方面。

(1) 开发工具的安装及测试。在开发剧院票务管理系统时，选用了 Eclipse for C++ 作为开发工具。Eclipse for C++ 具有代码格式设置灵活、代码提示美观、代码行定位方便、多个级别设置文件编码(文件类型、工作区、项目、单个文件四个级别)、智能化的快速修复功能等优点。面向初学者需要安装环境的需求，详细介绍了 JDK 环境安装、Eclipse for C++ 安装、MinGW 安装、MinGW 的配置方法以及对安装好的插件如何进行环境测试。

(2) Git 版本控制工具。在团队开发、多人协作完成项目时，使用 Git 版本控制工具可以提高开发效率。本章主要介绍了在不同操作系统下环境 Git 的安装、配置及常用 Git 操作命令的使用方法。

(3) 测试驱动开发。测试驱动开发是一种不同于传统软件开发流程的新型开发方法，通过本章的学习，读者可掌握测试驱动开发原则、孤立模块和非孤立模块两种方式的测试驱动开发方法。

(4) 系统测试。系统测试对系统设计与开发结果进行校验和总结，在测试的过程中汇总检测系统的正确性、完整性和可用性。本章主要介绍了系统测试过程中测试设计的目的、范围、测试用例的设计及测试报告的撰写方法。

第 6 章

项 目 验 收

项目验收,也称为范围核实或移交。它是核查项目计划规定范围内各项工作或活动是否已经全部完成,可交付成果是否令人满意,并将核查结果记录在验收文件中的一系列活动。软件开发团队按照第 3 章、第 4 章和第 5 章要求完成 TTMS 系统的开发与测试后,管理上需要组织专门的验收小组对开发团队实现的项目成果进行验收及成绩评定,以评测项目的完成质量。本章介绍项目验收流程、具体的成绩评定方法以及项目总结报告的撰写方法,对项目验收的描述适合高等院校学生所进行的软件项目验收,与企业项目验收有不同,侧重于教学需求。

6.1 验 收 流 程

项目验收流程是项目验收组织方法及验收过程执行步骤的描述,项目验收流程涉及验收目的、验收时间、验收评定小组构成、验收对象、验收准备、验收过程和成绩评定七个方面,下面分别进行详细地阐述。

1. 验收目的

项目验收目的是验收小组检查软件开发团队是否在规定时间内完成了软件开发任务,评测软件的开发质量,并对软件开发团队成员进行成绩评定。

2. 验收时间

项目验收时间建议是在项目周期的最后一天或两天进行,验收小组评估验收团队的数量,确定验收具体天数和最终验收日期。

3. 验收评定小组构成

验收评定小组是验收项目的个人或组织,本书以小组方式组织验收评定小组,这种方式可以增加验收过程的公平性和公正性,同时提高验收效率。

验收评定小组是由指导教师及软件开发团队成员组成的一个验收评定组织,验收评定小组开展项目验收工作,一般由指导教师及每开发团队内部各推荐一名成员组成,例如 5 个团队(A、B、C、D、E),一名指导教师,可形成 6 个人组成的验收评定小组。

4. 验收对象

TTMS 软件是以团队小组形式组织开发的,因此以项目团队为单位进行项目的统一验收,验收对象是软件开发团队及小组的每位成员。

5. 验收准备

项目验收当天每个软件开发团队需要提供软件及配套的文档资料,即项目验收资料

包,软件开发团队在小组开发计划中应安排有撰写文档的工作,并在验收当天前全部撰写完成。验收资料包包括:

(1) TTMS 软件源代码一套。

(2) TTMS 软件测试报告一份。

(3) TTMS 软件用户手册一份。

(4) TTMS 软件项目总结报告一份。

(5) TTMS 答辩时 PPT 一份。

软件用户手册是提供给用户使用的文档,该文档详细描述了用户如何使用软件的详细过程和方法,应该是完整的、可以理解的。手册需要撰写系统目的、参考文献、术语、缩写等,详细描述系统功能,系统功能应该一项项描述,功能描述时需要注意是告诉用户系统能做什么及如何使用,而不是描述系统是如何实现的。

6. 验收过程

验收过程按时间的先后顺序分为五个阶段,具体验收过程如图 6.1 所示。

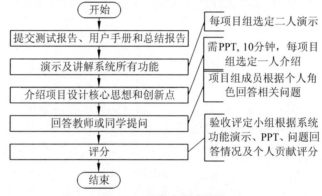

图 6.1　项目验收过程图

第一阶段,提供验收资料包,每个软件开发团队向验收评定小组提供 TTMS 软件源代码、软件测试报告、用户手册和总结报告各一份。

第二阶段,系统功能演示及讲解,演示及讲解团队所实现的软件功能,演示及讲解由软件开发团队自选二人分别参与执行。

第三阶段,项目成果介绍,介绍者需提前准备好 ppt,主要介绍项目设计思想、关键技术及解决方案、创新点等,介绍由软件开发团队自选一人参与,一般不超过 10 分钟。

第四阶段,回答问题,验收评定小组针对 TTMS 软件需求、设计、实现、测试方面提出问题,软件开发团队成员进行详细解答,问题涉及哪个软件模块,由该模块负责人进行问题的回答。

第五阶段,验收评分,验收评定小组根据软件开发团队系统功能演示、PPT 介绍、问题回答情况及成员在项目组的个人贡献进行综合评分,进行项目过程验收的成绩评定,评定对象为每位软件开发团队成员。具体成绩评定方法见 6.2 节。

7. 成绩评定

参见 6.2 节描述。

6.2　成　绩　评　定

项目成绩评定是验收评定小组对软件开发团队所开发出的软件项目及相关文档的整体性评价及定量评定。项目的成绩评定可以客观反映出团队开发软件项目的质量,如功能完整性、业务流程合理性、界面友好性、系统稳定性、安全性和创新性等,也可以反映出软件项目相关文档撰写的质量,如内容合理性和格式规范性等。

在本书 1.4.4 节曾对实践考核成绩评定方法有介绍,为了方便读者的阅读,现摘录实践环节考核成绩评定方案,如下:

个人总成绩＝平时成绩×20％＋个人总结报告×20％

＋(项目成绩×50％＋答辩成绩×20％＋开发文档×30％)

×个人贡献×60％

每个人的最终成绩上限不超过 100 分。

项目验收阶段成绩评定包括个人总结报告成绩、项目成绩、答辩成绩、开发文档成绩和个人贡献,这些成绩分为验收评定小组评定和教师评定。验收评定小组评定内容有项目成绩、答辩成绩和个人贡献,成绩评定方式是验收评定小组互评方式评分;教师评定内容有个人总结报告和开发文档,成绩评定方式是教师个人进行评分。

下面介绍项目验收评定小组和教师对成绩的评定方法。

6.2.1　验收评定小组的成绩评定

1. 方式

项目验收当天"验收评定小组"对所有软件开发团队进行互评打分,验收评定小组成员不对自己所在软件开发团队打分,例如 5 个团队(A、B、C、D、E),一名指导教师,可形成 6 个人组成的验收评定小组,团队 A 成员对 B、C、D、E 团队进行评定打分,团队 B 成员对 A、C、D、E 团队进行评定打分,教师对 A、B、C、D、E 团队评定打分,形成成绩团队互评评定方式,教师打分占权重 50％,团队互评打分占权重 50％。

2. 成绩评分标准

1) 答辩成绩

答辩成绩指验收者对软件开发团队使用 PPT 对软件设计思想阐述的成绩评定,满分为 100 分。成绩评定点包括 PPT 和阐述内容。PPT 质量占 40 分,考核 PPT 是否美观与逻辑清楚;阐述占 60 分,考核阐述内容是否条理清楚与正确。

2) 项目成绩

项目成绩是对软件开发团队所开发的 TTMS 软件质量进行的成绩评定,包括软件功能是否完整、操作演示是否流畅、操作解说是否合理、提问质量、回答验收评定小组问题是否正确及软件是否有扩展点六个方面进行成绩评定,可参考表 6.2 进行打分,下面分别对表 6.2 中所有列具体评分标准做介绍。

- 软件功能完整情况,具体打分可参见表 6.1 所示,表 6.1 反映了 TTMS 中 13 个用例功能是否完整实现的情况。完整,该项分值计满分;基本完整,该项分值计一半分;缺少一个用例功能,计 0 分。表 6.1 中"总计分"列同时需记录在表 6.2"软件功能完整情况"列中,建议表 6.1 和表 6.2 打印到一张纸上,方便成绩记录。

表 6.1   软件功能完整情况打分表

模　　块	分值	打分	模　　块	分值	打分
1. 管理演出厅	4 分		8. 售票	4 分	
2. 设置座位	4 分		9. 退票	4 分	
3. 管理剧目	4 分		10. 统计销售额	3 分	
4. 管理演出计划	4 分		11. 统计票房	3 分	
5. 生成演出票	4 分		12. 维护个人资料	2 分	
6. 查询演出	3 分		13. 管理系统用户	3 分	
7. 查询演出票	3 分				

总计:　　　　　分(满分 45 分)

表 6.2   项目组打分表

项目组编号	项目成绩（系统功能演示）						（100 分）
	软件功能完整情况	操作熟练程度	操作解说	提问情况	回答问题	加分项	
	(45 分)	(10 分)	(10 分)	(10 分)	(20 分)	(5 分)	总分

- 操作熟练程度:操作熟练程度是指演示 TTMS 系统时是否流畅,流畅 10 分,较流程 8 分,基本流程 6 分,不流畅 4 分。
- 操作解说:操作解说是指演示 TTMS 系统时,演示者能否对模块功能及主要设计思想解说清楚,清楚 10 分,较清楚 8 分,基本清楚 6 分,不清楚 4 分。
- 提问情况:项目成绩评定是互评方式,因此验收评定小组中的其他团队成员会在某一团队进行项目验收时进行提问,每个评定小组成员至少提出一个问题,提问情况是对提问者的提问质量进行的打分,有效 10 分,较有效 8 分,基本有效 6 分,无效 4 分。
- 回答情况:回答情况是被验收的团队对验收者提出的问题进行的回答,根据回答情况给分,正确 20 分,较正确 16 分,基本正确 12 分,不正确 0 分。
- 加分项:加分项是被验收团队设计出了除项目需求规定范围之外的功能点而所给予的成绩分值,如实现了 3.4 节中的某用例扩展功能,完成了一个扩展功能给 5分,否则不给分。

3) 个人贡献

个人贡献是软件开发团队成员的个人贡献成绩与本团队成员最高个人贡献成绩的比值,可以通过组内打分情况表进行简化的计算,组内打分情况表如表 6.3 所示,表中的个人贡献成绩就是组内成员对本团队的贡献比例,注意填写表 6.3 时,需要明确给出评分依据,依据应客观、公正及有效,打分人为组长和副组长,两人协商打分并进行组内公示。

表 6.3 组内打分情况表

项目组编号		项目组名称		个人贡献(成员 i 个人贡献成绩/本团队成员最高个人贡献成绩)
成员	姓名	个人贡献成绩	评分依据	
成员 1				
成员 2				
成员 3				
成员 4				
成员 5				
合计		100 分		
	打分人签字: _____			

6.2.2 教师的成绩评定

1. 方式

指导教师在项目验收后需对"个人总结报告和开发文档"进行批阅,进行成绩评定。每个软件开发团队提供一份总结报告和开发文档,开发文档包括用户手册和测试报告。指导教师对报告进行批阅,并书写报告评语及打分。总结报告、用户手册和测试报告成绩分别是百分制,满分 100 分。

2. 成绩评分标准

总结报告、用户手册和测试报告使用统一的成绩评分标准,如表 6.4 所示。

表 6.4 报告成绩评定方法

考核内容	评分标准
报告内容与 TTMS 案例设计思想结合度(30 分)	高度结合:24～30 分;结合一般:15～21 分;略有体现:6～12 分。
报告工作量(50 分)	饱满:40～50 分;一般:25～35 分;不饱满:10～20 分。
报告撰写规范性(20 分)	规范:16～20 分;一般:10～14 分;不规范:4～8 分。

6.3 项目总结

项目总结是软件项目开发完成之后需要软件开发团队成员撰写的总结文档。项目总结报告每个软件开发团队撰写一份,总体分为两大部分:第一部分为项目团队开发总结,一般包括项目背景、参考资料、术语与缩写、团队组织与分工、完成的系统功能介绍、软件开发过程、难点问题与解决方法、经验与教训；第二部分为团队成员开发总结，即个人负责模块总结，一般包括开发任务、开发结果、收获与教训。

　　"剧院票务管理系统"项目总结报告模板参考如下：

---

1. 项目团队开发总结

项目名称：剧院票务管理系统。

团队名称：给出团队名称或团队编号。

1.1　项目背景

概要介绍项目的开发背景。

1.2　参考资料

列出用到的参考资料……，格式为

[1]作者. 资料名称. 出版社/期刊，出版时间.

[2]……

1.3　术语与缩写

列出本文件中用到的专门术语和英文缩写的定义

1.4　团队分工

给出项目团队每个成员在项目开发时的具体分工。

1.5　完成的系统功能

结合功能结构图，对项目组完成系统功能进行说明。

1.6　开发工作总结

1.6.1　团队组织管理

总结项目团队的组织管理方法，包括成员间沟通、交流、激励等方面。

1.6.2　软件开发过程

总结项目团队具体如何实施项目开发，即从拿到设计说明书开始，是如何一步步把项目做出来的。

1.6.3　难点问题解决

总结列举项目开发时遇到的问题，以及解决问题的思路和方法。

1.7　经验与教训

总结项目团队通过此次课程设计，取得了哪些收获，有哪些教训。

2. 团队成员开发总结

本节依次为每个团队成员的个人总结。注意：XXX为具体成员的名字。

2.1　XXX个人总结

2.1.1　开发任务

给出自己在项目组中承担的职责和开发任务。

2.1.2　开发成果

给出自己在项目开发中，取得了哪些成果，即开发了哪些模块，写了哪些文档，有哪些贡献。

2.1.3　收获与教训

总结自己在项目开发中的收获，以及有哪些教训需要在以后的学习和软件开发中重点注意。

6.4　本 章 小 结

　　本章针对教学为背景的软件开发团队模式,从软件项目验收流程、验收成绩评定和项目总结报告撰写要求三个方面介绍了项目验收中涉及的内容和具体的操作方法。项目验收阶段对软件开发团队成员的考核与评测点较多,包括项目软件质量、项目答辩质量、个人在团队贡献情况、测试报告、用户手册和项目总结报告撰写质量,体现了对团队成员综合能力的考核与评测;另外,项目成绩、答辩成绩和个人贡献成绩使用了团队互评方式进行评定,体现了成绩评定的公正与公平性。

第 7 章

进一步学习

经过前面章节的学习和项目训练,读者已经掌握了如何使用 C 语言开发字符界面单机版的"剧院票务管理系统"。然而,这样的软件系统由于存在界面不美观、操作不方便、数据无法共享等缺点,和实际应用还有一定距离。本章介绍将字符界面单机版的 TTMS 升级为图形用户界面网络版用到的两种技术,即 C 图形用户界面和数据库技术,为读者进一步学习指明方向。

7.1 C 图形用户界面技术

本节首先概要介绍图形用户界面相关的背景知识与主要开发技术,然后重点介绍 Linux GTK+图形用户界面开发的基础知识,并以 TTMS 中的演出厅管理为例,给出 GTK+进行图形用户界面的开发方法。

7.1.1 图形用户界面简介

图形用户界面(Graphical User Interface,GUI)是一种图形化方式显示的计算机软件操作界面,由窗口、对话框、菜单、按钮、文本框等可视化控件及相应的控制机制构成,允许用户通过鼠标、键盘等输入设备操纵界面上的控件(例如,用鼠标双击应用程序图标或单击菜单项、按钮等)向软件发命令,让软件完成启动程序、打开文件或者保存数据等操作。

GUI 最初由施乐公司(Xerox)位于硅谷的帕罗奥图研究中心(Palo Alto Research Center,PARC)于 1973 年提出,在研发的个人计算机 Alto 中首次将软件的控制命令以窗口、图标、菜单、按钮等图形元素的形式集中展示在图形用户界面中,开启了以可视化方式进行人机交互的新纪元。1983 年,苹果公司(Apple)推出了首个具有图形用户界面的商用个人计算机 Lisa,提供更丰富的 GUI 图形元素并支持磁盘文件的管理。随后,微软公司、IBM、Red Hat 等更多公司、机构和学者加入到 GUI 的研究和应用中,涉及图形处理器(Graphics Processing Unit,GPU)、操作系统、输入输出设备、人机交互技术、图形图像库等众多方面,下面仅简单介绍 GUI 操作系统。

从操作系统层面支持 GUI,一方面可以方便用户管理维护计算机资源,另一方面可以方便 GUI 应用程序开发,并为 GUI 程序的高效运行提供支持。目前支持 GUI 的操作系统主要包含以下几类:

(1) Windows 操作系统。微软公司从 1985 年开始推出 GUI 操作系统,分为面向个人计算机的桌面 Windows 操作系统(包括 Windows XP/7/8/10 等)和面向服务器的

Windows Server 操作系统(包括 Window Server 2008/2012 等)两个系列产品。Windows
操作系统具备安装维护方便、界面美观、操作简单、应用软件丰富等特点,在个人计算机和
中小企业的服务器操作系统市场占据统治地位。

(2) Mac 操作系统。苹果公司 1984 年在 Lisa 的基础上,为自己的计算机产品开发
了首个 GUI 操作系统 System 1.0,随后又陆续推出了 System 2.0～7.6 版;从 1997 年开
始苹果公司将自己的操作系统命名为 Mac OS,并相继推出了 Mac OS 8.0～10.13 版。
Mac OS X(10.x 各版本)基于 BSD UNIX 的内核设计,具有执行效率高、稳定性好的特
点,深受用户的喜爱。

(3) UNIX 操作系统。1984 年麻省理工学院(MIT)的两位学者 Scheifler 和 Gettys
为 UNIX 操作系统建立了分布式 GUI 系统 X Window,以 Client/Server 模式提供了创建
GUI 环境的基本框架,其中 X Server 负责在屏幕上绘制窗口并接收来自键盘、鼠标等设
备的命令;X Client 为具有 GUI 界面的应用程序,可运行在本机或其他网络计算机上,负
责具体程序任务的执行;X Server 和 X Client 之间通过 X 通信协议进行交互。X
Window 是 UNIX 及类 UNIX 操作系统(如各种版本的 Linux、FreeBSD 等,下文将此类
操作系统简写为 UNIX/Linux)实现 GUI 的基础。UNIX/Linux 本身定位为服务器操作
系统,X Window 并不是 UNIX/Linux 的核心服务组件,可根据需要启动。

(4) 嵌入式操作系统。该类操作系统运行在各种智能设备上,如智能手机、平板电
脑、智能家电、数控机床等,包含 Android、iOS、μC/OS-II、嵌入式 Linux、Windows
Embeded 等众多产品。由于嵌入式设备的资源和交互方式有限,嵌入式操作系统的 GUI
显示和控制要根据设备特点进行定制,例如为方便用户使用,iOS 和 Android 手机操作系
统的 GUI 界面适合于用手势进行控制操作。

图形用户界面是人类历史上最伟大的发明创造之一,它将计算机的操作和运行结果
以直观和丰富多彩的形式展示给用户,从而避免了字符界面需要记忆操作命令才能使用
的缺点,成为现代软件界面的主导形式,对计算机的普及与发展具有极其重要的意义。

7.1.2　GUI 开发技术与工具

GUI 操作系统仅提供了 GUI 应用程序开发的基本框架和运行环境,而 GUI 应用程
序的具体用户界面则需要开发人员借助专门的开发技术和工具环境进行定制开发,下面
按照运行平台的不同介绍当前主流的 GUI 开发技术与工具。

1. Windows GUI 应用开发

微软公司为方便软件开发人员开发 Windows 操作系统上的应用软件,提供了丰富的
应用程序编程接口(Application Programming Interface,Windows API),并从 1997 年开
始推出了 Visual Studio(https://www.visualstudio.com)软件开发工具集,目前最新版
为 Visual Studio 2017。Visual Studio 包含了整个软件生命周期中所需的大部分工具
(如 UML 建模、版本控制、编程开发、跟踪调试等),支持 C++、C♯、Python 等多种编程
语言,并能够直接调用 Windows API。

Visual Studio 提供了强大的界面设计器和丰富的界面控件(如标签、文本框、菜单、
按钮、下拉列表等),能够在界面设计器中以"所见即所得"的方式直接对窗口界面中的控

件进行布局,可以快速地开发出具有 GUI 界面的应用程序。

2. UNIX/Linux GUI 应用开发

UNIX/Linux 操作系统将 X Client 与 X Server 进行底层通信的函数封装在函数库 Xlib 中,可以通过 Motif、GTK＋和 QT 等工具库来开发 GUI 应用程序。

Motif(http：//motif.ics.com)是 20 世纪 80 年代初期为 UNIX 工作站上开发 GUI 应用程序定义的工业标准,同时也提供了软件开发的工具包,编程接口为 C 语言接口。Motif 最初为商业软件,2012 年向自由软件社区使用 GNU 库通用公共许可证(GNU Library General Public License, LGPL)开放了源代码(https：//sourceforge. net/projects/motif),可以免费使用 Motif,目前最新版为 Motif 2.3.5。

GTK(GIMP Toolkit)作为当时商业软件 Motif 的替代,最初由美国加州大学伯克利分校的两名学生 Spencer Kimball 和 Peter Mattis 在 1995 年参与 GNU 开源项目 GIMP 时开发。GTK 是 C 语言开发的函数库,后来引入面向对象机制扩充后,命名为 GTK＋(https：//www.gtk.org),目前最新版为 GTK＋3.22。GTK＋被 Linux 操作系统上著名的图形桌面环境 GNOME(GNU Network Object Model Environment)选中作为开发的基础图形库,成为 Linux 下开发 GUI 应用软件的主流开发工具之一。GTK＋支持 C、C++、Python 等多种语言开发,并有专门的可视化界面设计器 Glade(https：//glade.gnome.org)进行界面的快速开发。

QT(http：//www.trolltech.com)是挪威 TrollTech 公司在 1995 年推出的跨平台 GUI 应用程序开发框架,提供了强大的 C++ 图形库和 API,支持各种版本的 UNIX、Linux 和 Windows 等操作系统,同时支持 2D/3D 渲染和 OpenGL API。QT 分为商业和开源两种版本,两者主要功能相同,但商业版提供了更强大的可视化控件、数据可视化和数据库访问等功能,并拥有集成可视化开发环境 QT Creator。QT 是 Linux 操作系统上另一个著名图形桌面环境 KDE(K Desktop Environment)开发时选用的图形库,也是 Linux 下广泛使用的开发工具之一。

3. Web 应用开发

Web 应用是部署在互联网 Web 服务器(如 Apache、Tomcat、IIS 等)上的特殊应用程序(俗称网站),一般由多个 Web 页面构成,通过用户计算机上的浏览器(如 IE、Firefox、Chrome 等)进行访问。Web 页面使用超文本标记语言(HyperText Markup Language, HTML)以字符脚本模式描述页面的布局、样式和内容,支持图形、图像、音视频等多种媒体格式,并由浏览器将 HTML 脚本解释为 GUI 界面展示给用户。Web 应用早期仅是用纯 HTML 写的静态页面,只能查看阅读网站内容,为方便用户交互,后来出现了 JSP、ASP.NET、PHP 等技术来编写动态网页,可接收来自浏览器的访问请求和提交的数据,由 Web 服务器执行完动态网页中的程序代码后,将结果生成为 HTML 脚本返给用户浏览器进行显示。Web 应用仅对浏览器有依赖,和用户使用的操作系统无关,成为当前应用软件主要采用的形式之一。

4. 嵌入式 GUI 应用开发

由于嵌入式操作系统平台种类繁多,相应 GUI 应用软件的开发技术也很多,例如前面提到的 Visual Studio、QT、GTK＋也支持开发嵌入式软件,下面仅介绍 iOS 和 Android

上的开发技术。

iOS 是苹果公司为 iPhone 和 iPad 研发的移动操作系统，由 Mac OS X 的内核演变而来。苹果公司为 iOS 上开发软件提供了集成开发环境 Xcode(https：//developer.apple.com/xcode)，集开发、测试和模拟运行为一体，主要开发语言为 Objective-C 和 Swift。Xcode 需要运行在操作系统为 Mac OS X v10.5 以上版本的苹果电脑中；开发人员也可以在虚拟机(如 VMWare)中安装 Mac OS X 来创建虚拟的 Xcode 开发环境。

Android 是谷歌公司(Google)为智能手机、平板电脑、智能电视等移动设备而开发的开源操作系统。Android App 的开发语言为 Java。谷歌公司为 Android App 开发提供了 SDK(Software Development Kit)和集成开发环境 Android Studio(http：//www.android-studio.org/)，可运行在各种版本的 Linux 和 Windows 操作系统上；开发人员也可以下载 Android SDK 和 ADT(Android Developer Tools)并配合 Eclipse 进行开发。

7.1.3 Linux GTK+ GUI 开发

GTK＋是 Linux 平台下开发 GUI 应用软件的主流开发工具之一，本小节介绍在 Eclipse 中如何搭建 GTK＋的开发环境、GTTK＋的构成及开发流程。

1. GTK＋开发环境搭建

按照 5.1 节的内容，先安装配置好 Eclipse for C/C++ 的开发环境，经测试无误后再安装配置 GTK＋的开发环境。下面以 GTK＋3.0 为例，给出具体过程：

(1) 从网站 https：//www.gtk.org/下载 GTK＋资源文件 GTK.rar，将压缩包解压到一个目录下，如"D：\MinGW＋GTK"(可以解压到任何目录下，只需要替换为对应目录即可，但是注意，路径中的目录名称不能有"空格")，并将此目录作为环境变量进行配置。

(2) 在命令行中输入：

```
pkg-config --cflags gtk+-3.0
```

如果能显示类似"-mms-bitfields -ID：\MinGW＋GTK....."的内容则环境配置正确。在命令行中输入：gtk-demo 可以看到 GTK 的一个演示程序。

(3) 在命令行中执行命令：

```
pkg-config --cflags gtk+-3.0 >D:\MinGW+GTK\gtk_include.txt
```

执行完毕后，会在 DGTK2.0 目录下看到文件 gtk_include.txt，打开后内容为"-mms-bitfields -ID：/MinGW＋GTK....."。

(4) 在命令行中执行命令：

```
pkg-config --libs gtk+-3.0 >D:\MinGW+GTK\gtk_libs.txt
```

执行完毕后，会在 D：\MinGW＋GTK 目录下看到文件 gtk_libs.txt，打开后内容为"-LD：/MinGW＋GTK...."。

(5) 打开 Eclipse，创建一个空的 C 工程项目，命名为软件项目的名称，此处以名称 Exam7_1 为例，在其中创建一个源程序 main.c，并输入下面的测试程序：

【例 7.1】　GTK＋环境测试程序

```
/* Exam7_1.c */
#include <gtk/gtk.h>
int main(int argc, char * argv[]){
    GtkWidget * win;
    gtk_init(&argc, &argv);
    win =gtk_window_new(GTK_WINDOW_TOPLEVEL);
    gtk_widget_show(win);
    gtk_main();
    return FALSE;
}
```

完成后,单击 firstGTK 工程项目的属性设置,配置编译链接参数:

(1) 在 C/C++ Builder 的 Environment 下,添加环境变量"C_INLUDE_PATH",值为"D：\MinGW＋GTK\GTK\include\gtk-3.0"。

(2) 在 GCC C Compiler -－＞ Miscellaneous 中的 Other flags 文本框里,输入"-C",并将刚才生成的文件 D：\MinGW＋GTK\gtk_include.txt 中的内容赋值到文本框后面,完成后内容应为"-C -mms-bitfields -ID：/MinGW＋GTK…"。

(3) 在 GCC C Linker 的 command line pattern 中,＄{INPUTS}参数从最末尾调整到＄{COMMAND}之后,调整后的内容为"＄{COMMAND} ＄{INPUTS} ＄{FLAGS} ＄{OUTPUT_FLAG} ＄{OUTPUT_PREFIX} ＄{OUTPUT} "。

(4) 在 GCC C Linker -－＞ Miscellaneous 中的 Linker flags 文本框里,将刚才生成的文件 D：\MinGW＋GTK\gtk_libs.txt 中的内容赋值到文本框后面,完成后内容应为"-LD：/MinGW＋GTK…."。

(5) 在 C/C++ General 的 Path and Symbols 下,在 Includes 下添加相应的 include 文件夹,并在 Library Paths 添加相应的 lib 文件夹。

6)最后对 firstGTK 工程进行编译和运行,就可以看到一个具有空白界面的窗口。

2. GTK＋的控件及界面开发步骤

GTK＋虽然使用 C 语言开发,但通过对象机制为开发人员设计 GUI 界面提供了丰富的控件(widget)。控件根据用途不同主要分为非容器控件和容器控件,前者用于数据的输入和展示,主要包括标签、图片、文本框等;后者可容纳其他控件并提供控件的布局和分组可视化等功能,主要包含窗口、按钮、菜单等。熟练掌握控件的使用是 GUI 编程的基础,表 7.1 给出了软件开发时常用的一些 GTK＋控件。

表 7.1　GTK＋常用控件介绍

类　　别	控　件	说　　明
非容器控件	GtkLabel	标签,用于显示文字
	GtkImage	图片,用于显示图片
	GtkEntry	文本框,用于单行文字的输入和显示

续表

类　别	控　件	说　明
容器控件	GtkWindow	窗口,GUI 界面显示的基本单位
	GtkDiaglog	对话框模式的窗口界面
	GtkButton	普通按钮,当单击时可以触发事件
	GtkCList	分栏列表,用于列表模式展示数据
	GtkTable	表格布局,用于以表格状布局子控件
	GtkFixed	固定布局,任意位置布局控件
	GtkVBox	垂直布局
	GtkHBox	水平布局

GTK＋中开发一个 GUI 界面的流程如图 7.1 所示,具体步骤说明如下。

图 7.1　GTK＋GUI 界面的开发步骤

(1) 初始化 GTK＋运行环境。在创建 GUI 界面之前,先需要调用函数 gtk_init(gint ＊ argc, gchar ＊ ＊ ＊ argv)进行 GTK＋运行环境的初始化,一旦出现问题程序会直接退出。该函数调用一般放在程序的 main()函数中,使用 main()函数传入的参数进行调用,具体语句为:

```
gtk_init (&argc, &argv);
```

(2) 创建窗口。窗口是 GUI 应用程序显示可视化界面的基本单位,在其中可以放置其他 GTK＋控件。创建窗口时,首先需要定义指向窗口对象的指针变量,然后调用函数 gtk_window_new (GtkWindowType type)创建一个新窗口对象。该函数的参数 type 为枚举类型,取值只能是 GTK_WINDOW_TOPLEVEL(顶层窗口,有边框)或 GTK_WINDOW_POPUP(弹出式窗口,没边框);函数的返回值为窗口对象的指针。具体语句如下:

```
GtkWidget ＊ win;                              /＊定义窗口对象指针变量 win＊/
win =gtk_window_new(GTK_WINDOW_TOPLEVEL);     /＊创建窗口＊/
```

创建好窗口对象之后,还可以调用 GTK＋提供的库函数设置窗口的标题、显示位置、大小等属性,例如将窗口 win 的标题设置为"First Window"的语句为:

```
gtk_window_set_title(GTK_WINDOW(win), "First Window");
```

(3) 在窗口中添加控件。根据实际需要,可以在窗口中添加多个控件,步骤为:

• 定义指向控件对象的指针变量;

- 调用 GTK＋提供的函数创建控件对象并将返回的对象指针保存在相应的指针变量中；
- 设置控件的属性；
- 为控件添加事件处理函数；
- 将控件添加到窗口对象中。

例如，在窗口 win 中添加一个按钮的代码如下：

```
GtkWidget * btn;                                    /* 定义按钮对象指针变量 btn */
btn =gtk_button_new();                              /* 创建按钮对象 */
gtk_button_set_label(GTK_BUTTON(btn), "click me");  /* 设置按钮 btn 的标签 */
gtk_signal_connect(GTK_OBJECT(btn), "clicked", (GtkSignalFunc)btn_clicked,
                   NULL);  /* 设置 btn 的鼠标单击事件处理函数为 btn_clicked */
gtk_container_add(GTK_CONTAINER(win), btn);         /* 将 btn 添加到窗口 win 中 */
```

其中，按钮 btn 的鼠标单击事件处理函数 btn_clicked 的代码见例 7.2，鼠标单击后会将 btn 上显示的标签修改为"clicked!!!"。GTK＋支持的典型 X 事件包括鼠标单击、鼠标移动、鼠标键按下/释放、键盘键按下/释放等，且每种控件支持的事件有所不同，编程时需要查阅 GTK＋的编程手册。注意：GTK＋用来保存控件对象的指针变量均为 GtkWidget 类型，访问控件对象时还需要使用专用宏转变为对应的控件类型指针，例如宏 GTK_BUTTON(btn)和 GTK_CONTAINER(win)分别将 btn 和 win 转换为按钮和窗口控件类型指针。

（4）显示窗口。窗口的控件添加完成后，就可以调用函数 gtk_widget_show_all(GtkWidget * widget)进行显示，例如显示窗口 win 的语句为：

```
gtk_widget_show_all (win);
```

（5）进入 X 事件循环等待与处理。窗口界面显示后将等待用户操作，相应的需要在程序里调用函数 gtk_main()进入 X 事件的循环等待与处理状态，当界面的事件到达后会执行相应的事件处理代码，处理完成后又会进入事件等待状态。

上述 GTK＋界面开发流程的完整代码见例 7.2。

【例 7.2】 GTK＋开发示例

```
/* Exam7_2.c */
#include <stdio.h>
#include <gtk/gtk.h>
void btn_clicked(GtkWidget * btn, gpointer data){   /* btn 的鼠标单击事件处理函数 */
    gtk_button_set_label(GTK_BUTTON(btn), "clicked!!!");
}
int main(int argc, char * * argv){
    gtk_init(&argc, &argv);                          /* 初始化 GTK+运行环境 */
    GtkWidget * win;                                 /* 定义窗口对象指针变量 win */
    win =gtk_window_new(GTK_WINDOW_TOPLEVEL);         /* 创建窗口 */
    gtk_window_set_title(GTK_WINDOW(win), "First Window");
```

```
GtkWidget * btn;                                    /* 定义按钮对象指针变量 btn */
btn = gtk_button_new();                             /* 创建按钮对象 */
gtk_button_set_label(GTK_BUTTON(btn), "click me");  /* 设置按钮 btn 的标签 */
/* 设置 btn 的鼠标单击事件处理函数为 btn_clicked */
gtk_signal_connect(GTK_OBJECT(btn), "clicked",
    (GtkSignalFunc)btn_clicked,NULL);
gtk_container_add(GTK_CONTAINER(win), btn);  /* 将 btn 添加到窗口 win 中 */
gtk_widget_show_all(win);                    /* 显示窗口 win */
gtk_main();                                  /* 进入 X 事件循环等待与处理 */
return 0;
}
```

7.1.4　开发实例

下面以 TTMS 中的管理演出厅用例为例，介绍在软件项目中如何使用 GTK＋开发图形用户界面。由于 TTMS 采用分层设计，故只需要将界面层替换为图形用户界面就可以了，具体业务处理依然调用 Service 层即可。

管理演出厅用例的 GUI 界面函数构成及其调用关系如图 7.2 所示，各函数所在的源文件用点画线框标出，另外虚线框表示的函数为静态函数，实线框函数为全局函数。静态函数的声明在 C 源程序文件的开始部分，而全局函数的声明在 C 源程序对应的头文件中。下面以项目模块为单位对各函数的具体实现进行说明。

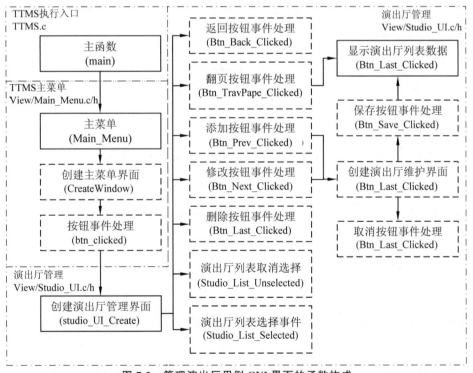

图 7.2　管理演出厅用例 GUI 界面的函数构成

1. TTMS 项目执行入口

TTMS 项目的执行入口位于 TTMS.c 文件中,仅包含 main 函数,用来对 GTK＋的运行环境进行初始化,并调用 Main_Menu 函数(声明在"./View/Main_Menu.h"文件中)进入 TTMS 的主菜单界面。TTMS.c 的代码如下:

【例 7.3】 GUI 版 TTMS 程序入口

```
/* TTMS.c */
#include <stdlib.h>
#include <gtk/gtk.h>
#include "./View/Main_Menu.h"
int main(int argc, char * argv[]) {
    gtk_init(&argc,&argv);                          /* GTK+运行环境初始化 */
    /*……此处可加入登录模块进行用户身份认证 */
    Main_Menu();                                    /* 进入主菜单界面 */
    return EXIT_SUCCESS;
}
```

在调用 Main_Menu 函数之前,还可以增加登录模块来对用户身份进行认证,具体代码由读者学完本节后自行补充。

2. TTMS 主菜单

TTMS 主菜单模块以 GUI 模式显示系统的功能菜单,界面布局如图 7.3 所示,每个功能项对应界面上的一个按钮,采用表格布局放置在窗口上,用户单击功能按钮即可进入相应的功能模块。主菜单模块源程序由 View/Main_Menu.h 和 View/Main_Menu.c 两个文件构成。

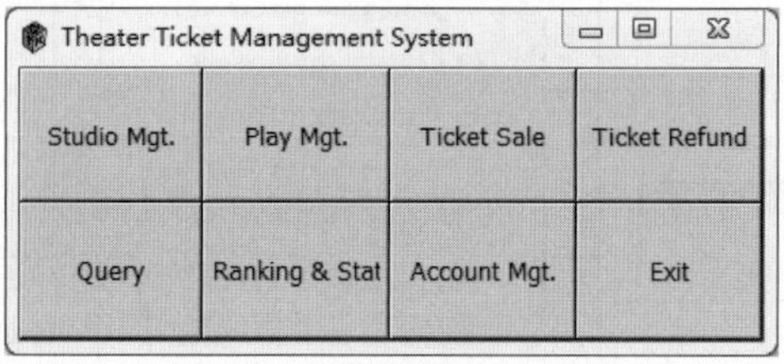

Theater Ticket Management System			
Studio Mgt.	Play Mgt.	Ticket Sale	Ticket Refund
Query	Ranking & Stat	Account Mgt.	Exit

图 7.3 TTMS 主菜单界面

头文件 View/Main_Menu.h 定义了主菜单模块的访问接口,包含唯一接口函数 Main_Menu 的声明,具体代码如下:

【例 7.4】 主菜单界面头文件

```
/* View/Main_Menu.h */
#ifndef MAIN_MENU_H_
#define MAIN_MENU_H_
void Main_Menu(void);                              /* 打开 TTMS 主菜单界面 */
#endif
```

源程序 View/Main_Menu.c 为主菜单模块的程序代码,主要包含 Main_Menu 及两个局部函数 CreateWindow 和 Btn_Clicked 的定义。CreateWindow 函数用来创建主菜单的界面窗口,而 Btn_Clicked 为所有功能菜单项按钮共享的单击事件处理函数。具体程序代码如下:

【例 7.5】 主菜单界面代码

```c
/* View/Main_Menu.c */
#include <stdio.h>
#include "Main_Menu.h"
#include "Studio_UI.h"
static GtkWidget * CreateWindow();                  /* 局部函数,创建主菜单窗口 */
static void Btn_Clicked(GtkWidget * btn,gpointer data);/* 按钮事件处理 */
static GtkWidget * win_main_nemu =NULL;             /* 主菜单窗口对象指针 */
/* TTMS 主菜单模块访问接口函数 */
void Main_Menu(void) {
    win_main_nemu =CreateWindow();                  /* 创建主菜单界面窗口 */
    gtk_widget_show_all(win_main_nemu);             /* 显示主菜单界面 */
    gtk_main();
}
/* 创建主菜单界面窗口,返回值为窗口指针 */
static GtkWidget * CreateWindow() {
    GtkWidget * win;
    win =gtk_window_new(GTK_WINDOW_TOPLEVEL);     /* 创建窗口对象 */
    gtk_widget_set_size_request(win, 800, 600);   /* 设置窗口大小为 800 * 600 */
    gtk_window_set_title(GTK_WINDOW(win),
            "Theater Ticket Management System");  /* 设置窗标题 */
    gtk_window_set_position(GTK_WINDOW(win),
            GTK_WIN_POS_CENTER);                  /* 设置窗口在屏幕上显示位置为居中显示 */
    GtkWidget * table =gtk_table_new(2, 4, TRUE); /* 创建 2 行 4 列表格布局对象 */
    gtk_container_add(GTK_CONTAINER(win), table); /* 将表格 table 加入到窗口中 */
    /* 创建按钮作为演出厅管理、剧目管理等 TTMS 功能菜单项入口 */
    GtkWidget * btnStud;                          /* 定义所有功能菜单按钮 */
    btnStud =gtk_button_new_with_label("Studio Mgt."); /* 创建演出厅管理按钮 */
    /* 设置演出厅按钮单击事件处理函数为 Btn_Clicked,"S"为事件参数 */
    g_signal_connect(GTK_OBJECT(btnStud), "clicked",
            G_CALLBACK(Btn_Clicked), "S");
    /* 将演出厅按钮放在表格的 0 行 0 列 */
    gtk_table_attach_defaults(GTK_TABLE(table), btnStud, 0, 1, 0, 1);
    ……;   /* 创建其他按钮,均使用 Btn_Clicked 作为事件处理函数,通过参数区分 */
    btnExit =gtk_button_new_with_label("Exit");   /* 创建退出按钮 */
    /* 设置退出按钮单击后,调用 gtk_main_quit 结束程序 */
    g_signal_connect(GTK_OBJECT(btnExit), "clicked",
            G_CALLBACK(gtk_main_quit),NULL );
    gtk_table_attach_defaults(GTK_TABLE(table), btnExit, 3, 4, 1, 2);
            /* 退出按钮放在表格的 1 行 3 列 */
```

```
        return win;                              /* 返回窗口指针 */
    }
```

/* TTMS 功能菜单按钮单击事件处理函数。除退出按钮外，其他按钮均使用此函数。btn 为触发
事件的按钮对象指针，data 为事件传入的参数指针。*/

```
    static void Btn_Clicked(GtkWidget * btn, gpointer data) {
        GtkWidget * win_child;
        if (NULL ==data)     return;           /* 参数为 NULL，直接返回 */
        char choice = ((char *) data)[0]; /* 将参数转为字符串，并取首字母 */
        switch (choice) {                      /* 通过参数首字母区分用户选择的功能模块 */
            case 'S':                          /* 演出厅管理模块 */
                win_child =Studio_UI_Create(win_main_nemu);/* 创建演出厅窗口 */
                break;
            ……;   /* 其他功能按钮的事件处理，过程与演出厅管理类似 */
        }
        gtk_widget_hide(win_main_nemu); /* 隐藏 TTMS 主菜单窗口 win_main_nemu */
        gtk_widget_show_all(win_child); /* 显示用户选择的功能窗口 win_child */
    }
```

　　主界面模块的例子里使用了按钮作为 TTMS 的功能菜单项，虽然能够满足基本需要，但是界面并不美观。读者可以通过给按钮添加图片来进一步美化界面，该任务作为课后练习由读者自行完成。

3. 演出厅管理

　　演出厅管理模块的主窗口界面如图 7.4 所示，界面中间通过列表以分页方式显示演出厅数据，列表下方有总演出厅个数、总页数以及当前页号，并提供了翻页按钮和 Add、Modify、Delete 按钮供用户浏览和维护数据。用户在演出厅管理窗口中单击了 Add 按钮（或在演出厅列表中选中一个演出厅并单击了 Modify 按钮），会弹出图 7.5 所示的演出厅维护界面，在该界面中完成演出厅数据的输入（或修改）后，单击 Save 或者 Cancel 按钮返回到演出厅管理窗口。

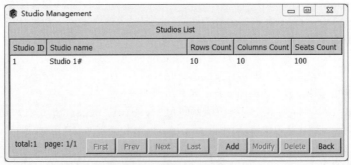

图 7.4　演出厅管理界面

　　演出厅管理界面层的源程序由 View/Studio_UI.h 和 View/Studio_UI.c 两个文件构成，涉及的演出厅数据的读取、添加、删除或修改，直接调用 Service 层提供的函数即可。

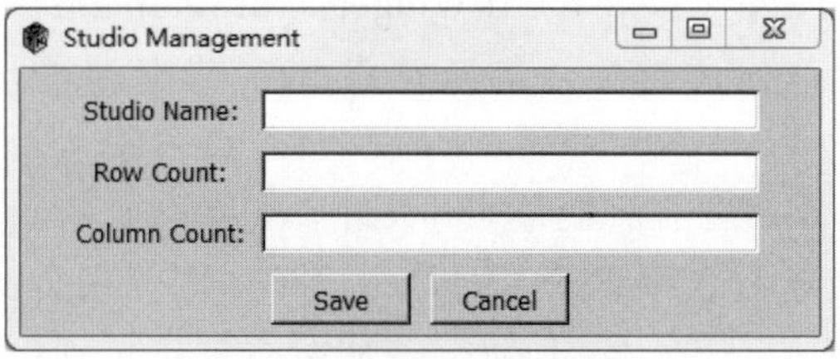

图 7.5　演出厅维护界面

头文件 View/Studio_UI.h 定义了演出厅管理模块的访问接口,包含唯一接口函数 Studio_UI_Create 的声明。该函数用于创建演出厅管理窗口,并返回窗口指针;函数 parent 为父窗口指针,用户在演出厅管理界面中单击"返回"按钮后,会销毁演出厅管理窗口并显示 parent 指向的父窗口。具体代码如下:

【例 7.6】　View/Studio_UI.h

```
#ifndef STUDIO_UI_H_
#define STUDIO_UI_H_
#include <gtk/gtk.h>
GtkWidget * Studio_UI_Create(GtkWidget * parent);    /*创建并返回演出厅管理窗口*/
#endif
```

源程序 View/Studio_UI.c 包含了图 7.2 所示的演出厅管理模块界面层的所有函数定义,主要函数的设计思路说明如下:

(1) GtkWidget * Studio_UI_Create(GtkWidget * parent)。该函数创建演出厅管理主窗口,并返回窗口指针,主要处理流程如下:

(a) 将传入的父窗口指针 parent 保存到静态变量 win_parent 中。

(b) 创建演出厅管理主窗口,并设置窗口标题、大小、显示位置。

(c) 分别创建显示"Studios List"标签对象 label_caption、显示演出厅数据的分栏列表对象 clist_studio 和固定布局对象 fixed。为 clist_studio 对象添加选择行("select_row")和取消选择行("unselect_row")两个事件,并分别关联到事件处理函数 Studio_List_Selected 和 Studio_List_Unselected 中。

(d) 创建垂直布局 vbox,依次将 label_caption、clist_studio 和 fixed 加入到 vbox 中。

(e) 创建显示页码信息的标签对象 label_page_info 加入到 fixed 中。

(f) 依次创建 First、Prev、Next 和 Last 四个翻页导航按钮,并加入到 fixed 中。这四个按钮共享鼠标单击事件处理函数 Btn_TravPage_Clicked,通过传入参数的首字母进行区别。

(g) 依次创建 Add、Modify、Delete 和 Back 四个操作按钮并加入到 fixed 中。这四个按钮的鼠标单击事件处理函数分别为 Btn_Add_Clicked、Btn_Modify_Clicked、Btn_Delete_Clicked 和 Btn_Back_Clicked。

(h) 调用 Service 层的 Studio_Srv_FetchAll 函数获取现有演出厅数据,对分页器进行初始化,并调用 Btn_TravPage_Clicked 函数显示第一页演出厅数据。

（2）void Btn_TravPage_Clicked(GtkWidget ＊ btn, gpointer data)。该函数为翻页导航按钮的事件处理函数，通过传入的字符串 data 首字母进行区分，主要处理流程如下：

（a）取出 data 的首字母保存到变量 choice 中。

（b）对 choice 的值进行枚举处理，为'F'或'L'时分别利用分页器的函数宏 Paging_Locate_FirstPage 或 Paging_Locate_LastPage 将分页器定位到第一页或最后一页；为'P'或'N'时则调用分页器的函数宏 Paging_Locate_OffsetPage 将分页器前移或者后移一页。

（c）调用函数 Show_Studio_Data 在演出厅管理界面中显示分页器当前页面的演出厅数据。

（3）void Show_Studio_Data()。该函数用于在演出厅管理界面中的 clist_studio 对象中显示分页器当前页面的演出厅数据，主要处理流程如下：

（a）清空 clist_studio 中的数据。

（b）依次取出分页器当前页面的每一条演出厅数据，加入到 clist_studio 中。

（c）更新标签对象 label_page_info 中显示的页码信息。

（d）根据分页器当前的页面位置，设置分页导航按钮的可用性。注意，在界面开发时无效操作的按钮一定要禁用或者不可见，例如已经是最后一页了，那么 Next 按钮要禁用，否则会影响界面的友好性。

（e）将保持 clist_studio 中当前选中行号的变量 row_selected 值为－1，表示没有选中任何行，并将"Modify"和"Delete"按钮置为禁用状态。

其他函数的处理逻辑相对比较简单，此处不再一一说明，具体可阅读程序中的注释代码。另外，对于需要在多个函数中访问的控件对象，需要将对应的指针变量定义成静态全局变量。View/Studio_UI.c 的程序代码如下：

【例 7.7】 管理演出厅界面层

```
/ * View/Studio_UI.c * /
#include <string.h>
#include "Studio_UI.h"
#include "../Common/List.h"
#include "../Service/studio.h"
#include "../Service/EntityKey.h"
static GtkWidget * win_studio_mgt =NULL;      /＊演出厅管理窗口＊/
static GtkWidget * win_studio =NULL;          /＊演出厅维护窗口＊/
static GtkWidget * win_parent =NULL;          /＊父窗口指针变量＊/
static GtkWidget * clist_studio =NULL;        /＊演出厅分栏列表对象＊/
static GtkWidget * btn_first, * btn_prev, * btn_next, * btn_last;
                                              /＊四个分页导航按钮＊/
static GtkWidget * btn_add, * btn_mod, * btn_del, * btn_back;
                                              /＊四个操作按钮＊/
static GtkWidget * label_page_info;           /＊页面信息标签＊/
static int row_selected =-1;                  /＊当前选中的行＊/
static studio_list_t head =NULL;              /＊演出厅链表头指针＊/
```

```
static Pagination_t paging;                    /* 演出厅链表分页器 */
static const int STUDIO_PAGE_SIZE =10;         /* 分页器页面大小 */
/* 演出厅维护的文本框,包括演出厅名称、行数和列数 */
static GtkWidget * textbox_name, * textbox_row_count, * textbox_col_count;
static studio_t studio_current;                /* 当前维护的演出厅 */
static int oper_mode = 0;                       /* 维护模式:1 表示添加;0 表示修改 */
static void Show_Studio_Data(void);            /* 声明显示当前页演出厅数据的局部函数 */
……;                                            /* 声明其他的局部函数 */

/* 创建演出厅管理主窗口,并返回窗口指针 */
GtkWidget * Studio_UI_Create(GtkWidget * parent) {
    win_parent =parent;                         /* 保存传入的父窗口指针 */
    /* 创建演出厅管理主窗口对象,并设置窗口属性 */
    win_studio_mgt =gtk_window_new(GTK_WINDOW_TOPLEVEL);
    gtk_widget_set_size_request(win_studio_mgt, 800, 600);
    gtk_window_set_title(GTK_WINDOW(win_studio_mgt), "Studio Management");
    gtk_window_set_position(GTK_WINDOW(win_studio_mgt),
          GTK_WIN_POS_CENTER);
    GtkWidget * label_caption =gtk_label_new("Studios List"); /* 显示标题 */
    /* 创建显示演出厅数据的分栏列表控件,并设置属性和事件处理函数 */
    char * list_title[5] ={ "Studio ID", "Studio name", "Rows Count",
          "Columns Count", "Seats Count" };              /* 分栏列表标题数组 */
    /* 创建分栏类别控件,设置大小为宽 780、高 500,并将第 1 列(演出厅名称)宽度设置为
       300 */
    clist_studio =gtk_clist_new_with_titles(5, list_title);
    gtk_widget_set_size_request(clist_studio, 780, 500);
    gtk_clist_set_column_width(GTK_CLIST(clist_studio), 1, 300);
    /* 分别设置分栏类别中,选中行和取消选中行的处理事件 */
    gtk_signal_connect(GTK_OBJECT(clist_studio), "select_row",
          GTK_SIGNAL_FUNC(Studio_List_Selected), (gpointer )1);
    gtk_signal_connect(GTK_OBJECT(clist_studio), "unselect_row",
          GTK_SIGNAL_FUNC(Studio_List_Unselected), (gpointer )0);
    GtkWidget * vbox =gtk_vbox_new(0, 0);       /* 创建垂直布局对象 */
    gtk_container_add(GTK_CONTAINER(win_studio_mgt), vbox);
    /* 在 vbox 中依次加入标题控件 label_caption 和列表控件 clist_studio */
    gtk_box_pack_start(GTK_BOX(vbox), label_caption, 0, 0, 3);
    gtk_box_pack_start(GTK_BOX(vbox), clist_studio, 0, 0, 3);
    GtkWidget * fixed =gtk_fixed_new();         /* 创建固定布局控件 */
    gtk_container_add(GTK_CONTAINER(vbox), fixed); /* 加入 fixed 到 vbox 中 */
    label_page_info =gtk_label_new("page");     /* 创建页面标签,加入到 fixed */
    gtk_fixed_put(GTK_FIXED(fixed), label_page_info, 20, 10);
    int i =200;
    /* 创建 First 按钮,加入到 fixed 中,并设置单击事件为 Btn_TravPage_clicked */
    btn_first =gtk_button_new_with_label("First");
```

```
        gtk_widget_set_size_request(btn_first, 60, 25);  /* 设置按钮大小 */
        gtk_fixed_put(GTK_FIXED(fixed), btn_first, i, 10);
        g_signal_connect(G_OBJECT(btn_first), "clicked",
            G_CALLBACK(Btn_TravPage_clicked), "First");/* "First"按钮 */
        i += 65;
        ……;      /* 创建其他按钮,事件处理函数均为 Btn_TravPage_clicked,加入到 fixed 中 */
        List_Init(head, studio_node_t);                   /* 初始化演出厅链表 */
        paging.pageSize = STUDIO_PAGE_SIZE;               /* 设置分页器页面大小 */
        paging.totalRecords = Studio_Srv_FetchAll(head); /* 载入所有演出厅数据 */
        Btn_TravPage_clicked(btn_last, "First");          /* 定位到第一页 */
        return win_studio_mgt;                            /* 返回演出厅管理窗口指针 */
    }

    /* 翻页导航按钮的事件处理函数,通过传入的字符串 data 首字母进行区分 */
    static void Btn_TravPage_clicked(GtkWidget * btn, gpointer data){
        if (NULL == data)            return;
        char choice = ((char *) data)[0];   /* 将参数转换为字符串后,去首字母 */
        switch (choice) {
            case 'F':                                    /* 第一页 */
                Paging_Locate_FirstPage(head, paging);  /* 定位到第一页 */
                break;
            case 'P':                                    /* 上一页 */
                if (!Pageing_IsFirstPage(paging))        /* 若非第一页,后退一页 */
                    Paging_Locate_OffsetPage(head, paging, -1, studio_node_t);
                break;
            case 'N':                                    /* 下一页 */
                if (!Pageing_IsLastPage(paging))         /* 若非最后一页,前进一页 */
                    Paging_Locate_OffsetPage(head, paging, 1, studio_node_t);
                break;
            case 'L':                                    /* 最后一页,定位到最后一页 */
                Paging_Locate_LastPage(head, paging, studio_node_t);
                break;
        }
        Show_Studio_Data();                             /* 在主界面中显示当前页的演出厅数据 */
    }

    /* 演出厅列表选中行的事件处理 */
    static void Studio_List_Selected(GtkWidget * clist_studio, gint row,
        gint column,GdkEventButton * event, gpointer data) {
        row_selected = row;                             /* 保存用户选中的行号 */
        gtk_widget_set_sensitive(btn_mod, TRUE);        /* 将 Modify 按钮置为可用 */
        gtk_widget_set_sensitive(btn_del, TRUE);        /* 将 Delete 按钮置为可用 */
    }
```

```
/* 演出厅列表取消选中行的事件处理 */
static void Studio_List_Unselected(GtkWidget * clist_studio, gint row,
    gint column, GdkEventButton * event, gpointer data) {
    row_selected = -1;                              /* -1 表示未选中行 */
    gtk_widget_set_sensitive(btn_mod, FALSE);       /* 禁用 Modify 按钮 */
    gtk_widget_set_sensitive(btn_del, FALSE);       /* 禁用 Delete 按钮 */
}


/* 在演出厅管理界面中显示分页器当前页面的演出厅数据 */
static void Show_Studio_Data(void) {
    char value[5][40], * ref[5];                /* 定义字符串数组来缓存演出厅数据 */
    for (int i = 0; i < 5; i++)                 /* 保存每个字符串地址到 ref 中 */
        ref[i] = value[i];
    gtk_clist_clear(GTK_CLIST(clist_studio));   /* 清空演出厅列表中数据 */
    studio_node_t * pos = NULL;
/* 遍历分页器当前页每个演出厅记录,将属性逐个转换为字符串保存在 value 中 */
    Paging_ViewPage_ForEach(head, paging, studio_node_t, pos, i)    {
        sprintf(value[0], "%d", pos->data.id);
        ……; /* 依次处理转换演出厅的其他属性,分别保存到 value[1]~value[4]中 */
        gtk_clist_append(GTK_CLIST(clist_studio), ref);
                                                /* 加入到 clist_studio 中 */
    }
    char page_info[100];                /* 格式化页面数据并显示到 label_page_info 中 */
    sprintf(page_info, "total:%d    page: %d/%d", paging.totalRecords,
        Pageing_CurPage(paging), Pageing_TotalPages(paging));
    gtk_label_set_text(GTK_LABEL(label_page_info), page_info);
    row_selected = -1;                              /* 取消选中的行 */
    gtk_widget_set_sensitive(btn_mod, FALSE);   /* 禁用 btn_mod 按钮 */
    gtk_widget_set_sensitive(btn_del, FALSE);
    /* 设置导航按钮状态,先将所有按钮置为可用,然后根据当前页面禁用对应按钮 */
    gtk_widget_set_sensitive(btn_first, TRUE); /* btn_first 置为可用 */
    ……;    /* 第一页则禁用 btn_first、btn_prev。最后一页则禁用 btn_next、btn_
            last */
}


/* 添加演出厅按钮的鼠标单击事件处理 */
static void Btn_Add_Clicked(void) { .
    win_studio = Studio_Add_UI_Create();            /* 创建演出厅维护窗口 */
    oper_mode = 1;                                  /* 设置当前为添加模式 */
    gtk_widget_show_all(win_studio);                /* 显示演出厅维护界面 */
}


/* 修改演出厅按钮的鼠标单击事件处理 */
static void Btn_Modify_Clicked(void) {
```

```
    gchar * value[5];                                  /* 定义指针数组 */
    for(int i = 0; i < 5; i++){/* 获取 clist_studio 当前选中行的演出厅数据 */
        gtk_clist_get_text(GTK_CLIST(clist_studio), row_selected,
            i, &value[i]);
    }
    sscanf(value[0], "%d", &studio_current.id); /* 提取演出厅 ID */
    win_studio = Studio_Add_UI_Create();              /* 创建演出厅维护窗口 */
    /* 初始化演出厅维护界面各控件,显示当前的演出厅数据 */
    gtk_entry_set_text(GTK_ENTRY(textbox_name), value[1]);/* 演出厅名称 */
    gtk_entry_set_text(GTK_ENTRY(textbox_row_count), value[2]); /* 行数 */
    gtk_entry_set_text(GTK_ENTRY(textbox_col_count), value[3]); /* 列数 */
    oper_mode = 0;                                     /* 设置当前为修改模式 */
    gtk_widget_show_all(win_studio);                   /* 显示演出厅维护窗口 */
}


/* 删除演出厅按钮的鼠标单击事件处理 */
static void Btn_Delete_Clicked(void) {
    gchar * value[1];                                  /* 定义指针数组来获取演出厅 ID */
    gtk_clist_get_text(GTK_CLIST(clist_studio), row_selected, 0, value);
    sscanf(value[0], "%d", &studio_current.id); /* 读取演出厅 ID */
    /* 调用 Service 层方法删除演出厅 */
    if (Studio_Srv_DeleteByID(studio_current.id)) {
        GtkWidget * dialog;                    /* 创建并显示对话框提示用户删除成功 */
        dialog = gtk_message_dialog_new(GTK_WINDOW(win_studio_mgt),
            GTK_DIALOG_DESTROY_WITH_PARENT,
            GTK_MESSAGE_INFO, GTK_BUTTONS_OK,
            "The studio has been deleted!!!");    /* 创建对话框 */
        gtk_window_set_title(GTK_WINDOW(dialog), "Studio Management");
        gtk_dialog_run(GTK_DIALOG(dialog));        /* 显示对话框 */
        gtk_widget_destroy(dialog);                /* 销毁对话框 */
        /* Service 层方法重新载入所有演出厅数据 */
        paging.totalRecords = Studio_Srv_FetchAll(head);
    List_Paging(head, paging, studio_node_t);    /* 进行分页 */
    Show_Studio_Data();                            /* 显示当前页的演出厅 */
    }
}


/* 返回主菜单按钮的鼠标单击事件处理 */
static void Btn_Back_Clicked(void) {
    gtk_widget_destroy(win_studio_mgt);            /* 销毁演出厅管理窗口 */
    gtk_widget_show_all(win_parent);               /* 显示主菜单窗口界面 */
}


/* 创建演出厅维护窗口,并返回窗口指针 */
```

```
static GtkWidget * Studio_Add_UI_Create(void) {
    GtkWidget * win =gtk_window_new(GTK_WINDOW_TOPLEVEL);  /* 创建窗口 */
    ……;   /* 设置窗口大小 400 * 300,显示位置居中,标题为"Studio Management" */
    GtkWidget * fixed =gtk_fixed_new();           /* 创建固定布局 */
    gtk_container_add(GTK_CONTAINER(win), fixed);    /* 添加 fixed 到窗口中 */
    ……;   /* 按照图 7.5,创建演出厅名称、行数和列数的标签和文本框,加入 fixed */
    ……;   /* 按照图 7.5,创建 btn_save、btn_cancel 按钮,加入 fixed */
    g_signal_connect(G_OBJECT(btn_save), "clicked",
        G_CALLBACK(Btn_Save_Clicked), NULL );    /* 关联单击事件处理函数 */
    g_signal_connect(G_OBJECT(btn_cancel), "clicked",
        G_CALLBACK(Btn_Cancel_Clicked), NULL );
    return win;
}

/* 保存演出厅数据按钮单击事件处理函数 */
static void Btn_Save_Clicked(void) {
/* 将演出厅的名称、座位行数和列数读取到全局变量 studio_current 中 */
    strcpy(studio_current.name,gtk_entry_get_text(
        GTK_ENTRY(textbox_name)));                  /* 获取演出厅名称 */
    studio_current.rowsCount =atoi(
        gtk_entry_get_text(GTK_ENTRY(textbox_row_count)));  /* 获取座位行数 */
    studio_current.colsCount =atoi(
        gtk_entry_get_text(GTK_ENTRY(textbox_col_count)));  /* 获取座位列数 */
    studio_current.seatsCount =studio_current.rowsCount
        * studio_current.colsCount;              /* 计算座位数 */
    int data_saved_tag =0;                        /* 数据保存成功标记 */
    if (1 ==oper_mode) {                          /* 添加新演出厅模式 */
        if (Studio_Srv_Add(&studio_current)){    /* 保存新演出厅记录成功 */
            data_saved_tag =1;
            /* 载入所有演出厅数据 */
            paging.totalRecords =Studio_Srv_FetchAll(head);
            /* 定位最后一页 */
            Paging_Locate_LastPage(head, paging, studio_node_t);
        }
    } else {                                     /* 维护演出厅模式 */
        if (Studio_Srv_Modify(&studio_current)){/* 修改演出厅记录成功 */
            data_saved_tag =1;
            paging.totalRecords =Studio_Srv_FetchAll(head);
            List_Paging(head, paging, studio_node_t);    /* 重新定位当前页 */
        }
    }
    if (1 ==data_saved_tag) {                      /* 数据保存成功 */
        ……;   /* 显示对话框提示数据保存成功,方法同 Btn_Delete_Clicked 函数 */
        gtk_widget_destroy(win_studio);            /* 销毁演出厅维护窗口 */
```

```
        Show_Studio_Data();                        /* 显示当前页面的演出厅数据 */
        }else{
        ……;   /* 显示对话框提示数据保存失败,方法同 Btn_Delete_Clicked 函数 */
    }
}


/* 取消演出厅数据维护按钮单击事件处理函数 */
static void Btn_Cancel_Clicked(void) {
    gtk_widget_destroy(win_studio);                /* 销毁演出厅维护窗口 */
}
```

7.2　数据库技术

经过前面章节的学习与实践,不难发现在 TTMS 的持久化层中,虽然针对不同的业务对象(如演出厅、座位、票等)均定义有专门的函数来实现业务数据在相应数据文件中的添加、删除、修改和查询,但是这些函数的处理流程是很类似的,最大的差别仅是处理的数据不同而已,因此相当于写了大量的重复性代码,无形中浪费了大量软件工程师的劳动。另外,数据文件存储在本地计算机中,没有办法直接在不同用户间实现数据共享。

为解决数据文件存储方法开发效率低下且数据无法直接共享的问题,20 世纪 60 年代出现了专门用来管理数据的数据库技术。本节首先概要介绍数据库相关的背景知识与结构化查询语言(Structured Query Language,SQL),然后重点介绍 MySQL 数据库开发的基础知识,并以 TTMS 中的演出厅管理为例,给出使用数据库进行软件开发的方法。

7.2.1　数据库技术简介

数据库(Database)是建立在计算机存储设备(如硬盘)上,按照一定数据模型来组织、存储与管理的数据集合,一般包含一组特殊文件,由特定的数据库管理系统(Database Management System,DBMS)进行数据存储空间的管理、存储模型的定义及数据的管理和维护。应用软件开发时仅需要将数据操纵命令按照给定的接口传递给 DBMS 即可,由 DBMS 完成命令的解析并按照指定要求完成数据在数据库中的存储和访问,将应用软件开发从低效的数据文件读写中摆脱出来,并能够实现数据的直接共享访问,从而极大的提高了软件的开发效率,促进了计算机在社会各个领域的推广和应用。

最初出现的 DBMS 是美国通用电器公司(GE)在 1961 年推出的 IDS(Integrated DataStore,集成数据仓库),属于网状模型的数据库,可以描述、存储具有复杂关系的业务对象数据,但存在结构复杂、用户不宜使用的缺点。1968 年,IBM 公司推出基于层次模型的数据库管理系统 IMS(InformationManagement System),可以高效存储访问具备树状特征的层次化数据(如行政区域、族谱等),但存储非层次数据效率较低。1974 年 IBM 基于关系模型推出了首个关系数据库 System R,并定义了 SQL 作为关系数据库的访问语言。关系数据库具有严格的数学基础,高度抽象,且简单清晰,便于理解和使用,成为现代数据库产品的主流形式。

关系数据库由于使用 SQL 作为数据库的访问语言,因此也称为 SQL 数据库。关系数据库用于存储管理结构化数据,提供了完整的数据安全性、完整性和一致性保护措施,适用于数据量不是很大,但实时性和并发性要求高,且严格要求数据增、删、改、查事务的完整性的领域。目前广泛使用的关系数据库有 IBM 公司的 DB2、甲骨文公司的 Oracle、微软公司的 SQL Server 等商业软件,以及开源软件 MySQL。

随着互联网的日益兴盛,出现了大量的非结构化数据,如网页、微博、社交网络等,相应的出现了一批存储非结构化数据的 DBMS。为和关系数据库进行区分,这些数据库统称为 NoSQL(Not Only SQL)数据库。根据存储策略不同,NoSQL 数据库分为键值存储数据库(如 Redis)、列存储数据库(如 HBase)、文档型数据库(如 MongoDb)和图形数据库(如 Neo4J),分别用来存储 Key-Value 型字典、日志、Web 网页、社交网络等类型的数据。NoSQL 为分布式数据库,具备高可用性、容错能力与扩展性,适合于存储海量非结构化数据,主要用于大数据的分析计算,不能用于事务的实时处理。NoSQL 数据库绝大多数为开源软件,可以免费使用。

7.2.2　SQL 语言简介

SQL(Structured Query Language,结构化查询语言)是关系数据库为应用软件定义的数据库访问语言,用于存取数据以及查询、更新和管理关系数据库系统。SQL 最初由 IBM 公司在 1974 年开发 System R 数据库时定义,后来经不断地发展和完善,自 1986 年以来 SQL 的各个版本均分别被美国国家标准局(ANSI)和国际标准化组织(ISO)采纳为关系型数据库语言的国家和国际标准。为了软件的可移植性,不同厂商的关系数据库都支持标准的 SQL,但是一般还会根据自家数据库系统的特点对 SQL 进行扩充,如微软公司的 Transact-SQL 和 Oracle 的 PL/SQL。SQL 语法简单、功能强大、使用灵活,是软件工程师使用关系数据库进行软件开发必须掌握的一门语言。

SQL 语言本身不区分大小写,为方便区分,本书中将 SQL 关键字写为大写,用户标识符写为小写,另外可选的 SQL 子句包含在一对方括号"[...]"中。SQL 语句根据用途的不同,可以分为以下 6 类:

1. 数据定义语言

数据定义语言(Data Definition Language,DDL)是 SQL 中用于定义数据库对象的语句,可以用来创建(CREATE)、修改(ALTER)或者删除(DROP)数据库(DATABASE)、数据表(TABLE)、索引(INDEX)等数据库对象。基本语法格式为:

```
CREATE | ALTER | DROP  DATABASE | TABLE | INDEX  对象名  [对象内容]
```

例如,创建数据表的 SQL 语句语法格式为:

```
CREATE TABLE table_name(col_name1 data_type1,......)
```

其中 table_name 为数据表的名称;col_name1 为数据表的字段(Field)名,data_type1 为该属性的数据类型。一个数据表作用等同于数据文件存储模式中的一个数据文件,用来存储一种类型的业务实体数据。数据表的创建语句的作用是告诉 DBMS 业务实体包含的属性名称及数据类型,以便于 DBMS 分配存储空间和进行数据维护管理。

2. 数据操纵语言

数据操纵语言(Data Manipulation Language,DML)是 SQL 中用来在数据表中添加(INSERT)、修改(UPDATE)和删除(DELETE)数据记录(Record)的语句。

添加语法格式为：

```
INSERT INTO table_name(col_1, ......) VALUES(val_1, ......)
```

修改语法格式为：

```
UPDATE table_name SET col_1=val_1, ......   [WHERE 修改条件]
```

删除语法格式为：

```
DELETE FROM table_name   [WHERE 删除条件]
```

其中,一条添加语句一次只能向表中增加一条记录;修改语句根据条件的不同,一次可以修改多条语句的多个字段值,当条件为空时则修改表中所有记录;删除语句中删除条件的作用与修改类似。

3. 数据查询语言

数据查询语言(Data Query Language,DQL)是 SQL 中用来从数据表中查询(SELECT)所需数据的语句,并支持数据的分组统计和排序。查询语句的语法如下：

```
SELECT  * | col_1, ......
FROM table_1, ......
[WHERE 查询条件]
[GROUP BY col_1, ......]
[ORDER BY col_1 ASC|DESC, ......]
```

其中,SELECT 关键字后紧跟的是要获取的字段,为"*"时获取所有字段;FROM 后面为查询的数据表名,可以在多个表中进行跨表查询;查询条件为检索出的数据应满足的条件,条件为空时检索所有数据;GROUP BY 和 ORDER BY 后面紧跟的为分组及排序的字段名;ASC 及 DESC 分别为升序排序和降序排序的关键字。

4. 数据控制语言

数据控制语言(Data Control Language,DCL)是 SQL 中用来设置更改数据库用户或角色权限的语句,包含授权(GRANT)、撤销授权(REVOKE)、拒绝授权(DENY)等语句。在默认状态下,只有数据库管理员、创建者等角色的成员才有权利执行 DCL 语句。

授权及拒绝授权的语法如下：

```
GRANT | DENY 权限名 ON 数据表名 TO 用户名
```

撤销授权的语法如下：

```
REVOKE 权限名 ON 对象名 FROM 用户名。
```

其中,权限名需要查询所使用数据库的编程手册。

5. 事务处理语言

事务处理语言(Transaction Process Language,TPL)是 SQL 中确保事务完整执行的

语句,即通过事务模式对数据库表进行更新时,如果所有 DML 语句都能正确执行,则提交事务,本次更新成功;否则,一旦执行到中间某一个 DML 语句时出现错误,则撤销事务,将本次事务对数据库的更改撤销,复原到执行前的状态,从而保证了数据库中数据记录的完整性和一致性。TPL 包含开始事务(BEGIN TRANSACTION)、提交事务(COMMIT)和撤销事务(ROLLBACK)三个基本语句,使用流程如下:

```
BEGIN TRANSACTION;
执行 DML 语句;
IF 执行成功 THEN
    COMMIT;
ELSE
    ROLLBACK;
```

6. 游标控制语言

游标控制语言(Cursor Control Language,CCL)是 SQL 中用于数据库游标操作的语句,用在数据库的存储过程及函数的编程开发中,主要包括定义游标(DECLARE CURSOR)、打开游标(OPEN)、提取数据(FETCH)和关闭游标(CLOSE)等语句,语法如下:

定义游标语法如下:

```
DECLARE cursor_name CURSOR FOR SELECT 字句
```

提取数据语法如下:

```
FETCH curor_name INTO var_1, ......
```

打开/关闭游标语法如下:

```
OPEN | CLOSE curor_name
```

其中,定义游标时 FOR 后面为一个完整的 SELECT 子句。游标的作用是作为遍历 SELECT 语句查询结果集的访问指针,记录当前的访问位置。

7.2.3 MySQL 数据库软件开发

MySQL(https://www.mysql.com)是瑞典 MySQL AB 公司在 2000 年开发的小型关系数据库,为遵循 GPL 的开源软件,现在归属于 Oracle 公司。MySQL 分为企业(Enterprise)和社区(Community)两种版本,前者是需要付费的商业软件,后者可以免费使用。MySQL 具有使用成本低、存储空间小和速度快的特点,是个人用户和中小型企业开发互联网应用的首选数据库。MySQL 数据库针对主流的 Windows、Linux 和 UNIX 等操作系统平台都有发行版本,读者可以根据自己计算机的操作系统环境在 MySQL 官网下载。

1. MySQL 数据库安装配置

下面介绍 Windows 操作系统下 MySQL 数据库社区版的安装和配置过程方法。

(1)下载 MySQL:打开社区版的下载页面 https://dev.mysql.com/downloads/

mysql/，根据使用的是 32 位还是 64 位操作系统选择下载对应的数据库。当前最新版为 MySQL5.71.21，下载到本地计算机为一个压缩包文件 mysql-5.7.21-win64.zip。

（2）创建安装目录：在 D 盘根目录下新建一个子目录 mysql，即 D：\mysql（读者也可以建立到其他位置，本书以此为例）。将 mysql-5.7.21-win64.zip 解压后，进入 README 文件所在的目录，将其中所有文件和子目录拷贝到 D：\mysql 目录下。

（3）配置环境变量：进入 Windows 的环境变量设置窗口，编辑系统变量 Path，在其末尾添加 MySQL 数据库 bin 和 lib 文件夹的所在路径，即加上"；D：\mysql\bin；D：\mysql\lib；"。

（4）安装 MySQL 系统服务：在 Windows 开始菜单里运行 cmd 打开命令行窗口，执行命令"mysqld － install"，如果安装成功会提示"Service successfully installed."。

（5）初始化系统数据库：在命令行窗口中执行命令"mysqld --initialize-insecure --user＝mysql"，命令执行完后 MySQL 会自建一个 data 文件夹，并且建好默认数据库。

（6）启动 MySQL 系统服务：在命令行窗口中执行命令"net start mysql"，如成功会提示"My SQL 服务已启动成功"。

（7）登录 MySQL：在命令行窗口中执行登录命令"mysql － u root － p"，首次登录时 root 用户没有密码，在 Enter password 后直接按"回车键"即可。登录成功后需要修改 root 用户的密码以确保数据库的安全，例如，将 root 密码设置为"123456"的过程如图 7.6 所示。

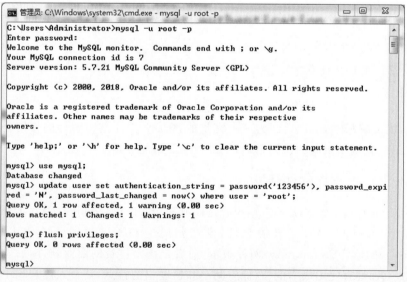

图 7.6　登录 MySQL 并修改 root 密码

注意，在安装 MySQL 5.7 以上版本时，需要使用 Visual C++ 12.0 以上版本的运行库。另外，修改 root 密码的 SQL 语句也做了相应的调整。MySQL 默认的管理界面为图 7.6 所示的字符界面模式，为了方便用户使用，也有一些扩展的 MySQL 管理工具（如 Navicat、MySQL Workbench 等）能够以可视化模式实现数据库的维护管理。

2. 使用 MySQL 数据库的软件开发流程

使用数据库开发的应用软件(简称"数据库软件")最基本的体系架构为图 7.7 所示的两层 Client/Server(C/S)架构,其中 Server 为数据库服务器,而 Client 为开发的客户端应用软件,两者均部署在企业局域网的计算机上。用户在客户端软件上工作,如需保存或者读取业务数据,客户端软件会将请求通过网络提交给数据库服务器,后者会在数据库中完成相应的数据存储或检索工作,并将结果返回给客户端软件展示给用户。C/S 架构软件一般为多客户端的应用系统,允许多个用户同时在客户端上工作和访问数据库。

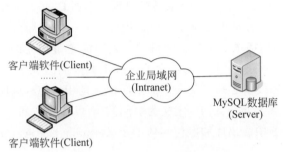

图 7.7　C/S 架构软件的网络拓扑结构

开发数据库软件的主要工作包含数据库定义和客户端软件开发两部分,具体任务和过程说明如下。

1) 数据库定义

软件开发时只需要根据业务需求在 MySQL 中把数据库定义好,在软件运行时,MySQL 作为提供数据服务的独立软件,会自动处理来自客户端的请求并完成数据维护管理工作。数据库定义的主要任务包括:

(1) 创建用户数据库。为了方便用户数据的管理组织,一般每个应用软件都会建立自己的独立数据库。登录 MySQL 的管理界面,通过以下命令可以创建、查看和选定数据库:

- 创建数据库:CREATE DATABASE database_name。例如,CREATE DATABASE ttms,执行完后可为 TTMS 创建一个名为 ttms 的数据库。
- 查看数据库:SHOW DATABASES。执行完后会显示当前所有数据库的列表。
- 选定数据库:USE database_name。选定当前执行 SQL 语句时操作默认的数据库。

(2) 定义数据表及约束。针对待开发软件业务领域的每一种业务实体,需要定义一个数据表,实体的属性即为表的字段。为方便软件工程师理解数据表的设计,让数据表及字段的名称与业务实体及其属性保持一致。MySQL 提供了丰富的数据类型来定义表的字段,常用的类型包括整型(INT)、单精度(FLOAT)、双精度(DOUBLE)、十进制数(DECIMAL)、日期(Date)、日期时间(DATATIME)、定长字符串(CHAR)和变长字符串(VARCHAR)等。

为了确保数据的完整性和一致性,通常需要为每个数据表都设置一个主键(PRIMARY KEY)。主键为表中一个字段或多个字段的组合,其值能唯一标识表中的一

条数据记录。相应的,在向拥有主键的表中添加一条新数据记录时需要为新记录分配唯一的主键,解决方案有两种:

(1) 将主键定义为自动增长的标识列(AUTO_INCREMENT),由 MySQL 添加新记录时自动分配;

(2) 开发人员自己编写算法来生成唯一的主键。

由于数据库软件为网络环境下的多用户并发软件,主键生成算法一般比较复杂[1],因此除非必要,一般采用第(1)种方案。

外键(FOREIGN KEY)也是数据库保持数据一致性的一个重要手段。对于存在数据约束关系的两个表,将需要约束的表(简称"从表")的一个字段或者多个字段的组合定义为外键,该外键要引用提供约束的表(简称"主表")的主键作为约束条件。从表外键包含的字段个数和类型必须和主表主键包含的字段个数和类型完全一致。例如 TTMS 中座位记录的 roomID 字段值必须是某一个演出厅记录的 ID(表示该座位从属于这个演出厅),在定义座位表时需要将 roomID 定义为引用演出厅 ID 的外键。

例如,根据 TTMS 中演出厅和座位实体的定义 studio_t 及 seat_t,创建 studio 和 seat 表的 SQL 语句为:

```
CREATE TABLE studio(
    id            int NOT NULL AUTO_INCREMENT,
    name          char(30),
    rowCount      int,
    colCount      int,
    seatsCount    int,
    PRIMARY KEY (id)
);
CREATE TABLE seat(
    id            int NOT NULL AUTO_INCREMENT,
    roomID        int NOT NULL,
    row           int,
    col           int,
    status        int,
    PRIMARY KEY (id),
    FOREIGN KEY (roomID) REFERENCES studio(id)
);
```

其中,两个表的 id 均为自动增长的标识列;PRIMARY KEY (id)将字段 id 定义为 studio 及 seat 表的主键;FOREIGN KEY (roomID) REFERENCES studio(id)将 seat 表的 roomID 定义为引用 studio 表的外键。另外,seat_t 中的属性 column 为 MySQL 的关键字,在 seat 表的定义中将对应的字段简写为 col。

除了在数据库中定义表之外,还可以根据需要创建索引、视图、存储过程、函数和触发

---

① 在前面章节的 TTMS 设计中,也给出了一种主键生成方法。请读者思考: (1)为什么这种方法不能直接拿过来直接用? (2)如何将该方法移植到数据库环境下?

器等,具体方法可查阅 MySQL 的用户手册。

2) 客户端软件开发

MySQL 数据库为方便应用软件开发,为 C、C++、Java、C♯ 常用编程语言均提供了专用的数据库访问组件,可以根据需要到 MySQL 官网下载。下载的 MySQL 数据库压缩包里带有 C 语言的访问组件,为 API 函数库的形式,执行代码在 lib 目录下,头文件在 include 目录下,在编程时需要包含头文件"mysql.h"。

数据库软件的客户端开发方法总体和单机版软件相同,唯一差别在于数据存储及读取时访问的是数据库而非本地文件。C 语言通过 MySQL 的编程组件访问数据库的流程如图 7.8 所示,下面结合实例进行具体说明。

(1) 定义数据库访问变量。使用 MySQL 访问数据库时,需要定义变量来保存数据库链接、执行的语句、查询的结果集等数据,通常定义的变量及类型主要包括:

- 数据库链接指针变量:MYSQL ＊ cnn,其中 MYSQL 为数据库链接类型。指针变量 cnn 用来保存创建好的数据库链接对象指针。
- 查询结果集指针变量:MYSQL_RES ＊ res,其中 MYSQL_RES 为查询结果集类型。指针变量 res 用来保存执行查询语句返回的结果集指针。
- 数据行指针变量:MYSQL_ROW row,其中 MYSQL_ROW 为 char ＊ ＊ 指针类型,用来读取查询结果集中的一行数据(一条记录)。

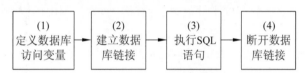

图 7.8　C 语言访问 MySQL 数据库的流程

(2) 建立数据库链接。建立数据库链接时,首先需要调用函数 mysql_init 来创建数据库链接对象,然后调用函数 mysql_real_connect 来链接数据库,具体语句如下:

```
cnn =mysql_init(NULL);              /＊初始化数据库链接对象,返回 NULL 表示失败＊/
if (NULL ==cnn) {
    return;
}
if (NULL ==mysql_real_connect(cnn, "localhost", "root", "123456",
        "ttms", 3306, NULL, 0)){      /＊链接数据库,返回 NULL 表示失败＊/
    return;
}
```

其中,mysql_real_connect 第 2 个参数为 MySQL 数据库服务器的 IP 地址(localhost 表示本地计算机),第 3 个参数为用户名,第 4 个参数为密码,第 5 个参数为链接的数据库名,第 6 个参数为数据库的网络端口号(MySQL 安装时默认为 3306),后面两个参数通常设置为 NULL 和 0 即可。

(3) 执行 SQL 语句。建立好数据库链接后,调用函数 mysql_real_query,将 SQL 语句传递给 MySQL 数据库服务器执行,完成后会将结果返给客户端进行处理,具体语句如下:

```
char sql[200]="INSERT INTO studio(name,rowCount,colCount,seatsCount)
    VALUES('Studio 1#', 10, 10, 100)";              /* 插入一个演出厅的 SQL 语句 */
if(0==mysql_real_query(cnn, sql, (unsigned long)strlen(sql))){
    /* 函数 mysql_real_query 返回 0 表示执行成功 */
    printf("A new studio with ID:%I64u is added!\n", mysql_insert_id(cnn));
}
strcpy(sql, "SELECT * FROM studio");                 /* 查询所有演出厅的 SQL 语句 */
if(0==mysql_real_query(cnn, sql, (unsigned long)strlen(sql))){
    res =mysql_store_result(cnn);                    /* 获取查询结果集 */
    printf("Retrieved %lu studio records!\n",
        (unsigned long)mysql_num_rows(res));          /* 获取并输出记录总数 */
    while ((row =mysql_fetch_row(res))) {            /* 依次提取每个记录到 row 中 */
        printf("ID:%s\n", row[0]);                    /* 输出当前演出厅的 ID */
        ……;                                          /* 输出当前演出厅的其他属性 */
    }
    mysql_free_result(res);                          /* 释放结果集所占内存空间 */
}
```

其中，在主键为自增长标识列的数据表（如 studio 表）中插入一条新记录时，不能给主键赋值，该值由 MySQL 数据库自动分配，插入语句执行后调用函数 mysql_insert_id 可以获取数据库为新记录分配的主键值；执行查询语句后，调用函数 mysql_num_rows 可以获取结果集中查询出的记录个数。

（4）断开数据库链接。当数据库访问完成后，调用函数 mysql_close 关闭数据库链接并释放数据库链接对象占据的内存空间。

上述开发过程的完整实例代码见例 7.8。

【例 7.8】 MySQL 数据库访问示例

```
/* Exam7_8.c */
#include <mysql.h>
#include <stdio.h>
int main(){
    MYSQL        * cnn =NULL;
    MYSQL_RES    * res=NULL;
    MYSQL_ROW    row;
    cnn =mysql_init(NULL);               /* 初始化数据库链接对象,返回 NULL 表示失败 */
    if (NULL ==cnn) {
        printf("Initialize the connection object failed\n");
        return 0;
    }
    if (NULL==mysql_real_connect(cnn, "localhost", "root", "123456", "ttms",
            3306, NULL, 0)) {  /* 链接数据库,返回 NULL 表示失败 */
        printf("Connect to the database failed. Error No: %d!\n",
            mysql_errno(cnn));
        return 0;
```

```
    }
    char sql[200]="INSERT INTO studio(name,rowCount,colCount,seatsCount)
            VALUES('Studio 1#', 10, 10, 100)";        /* 插入一个演出厅的 SQL 语句 */
    if(0==mysql_real_query(cnn, sql, (unsigned long)strlen(sql))){
        /* 函数 mysql_real_query 返回 0 表示执行成功,否则执行失败 */
        printf("A new studio with ID:%I64u is added!\n",
                mysql_insert_id(cnn));
    }else{
        printf("Add new studio to the database failed! Error No: %d\n",
                mysql_errno(cnn));                      /* 提示出错,并输出错误代码 */
    }
    strcpy(sql, "SELECT * FROM studio");                /* 查询所有演出厅的 SQL 语句 */
    if(0==mysql_real_query(cnn, sql, (unsigned long)strlen(sql))){
        res =mysql_store_result(cnn);                   /* 获取查询结果集 */
        printf("Retrieved %lu studio records!\n",
            (unsigned long)mysql_num_rows(res));        /* 获取并输出记录总数 */
        while ((row =mysql_fetch_row(res))) {           /* 提取每个记录到 row 中 */
            printf("ID:%s\n", row[0]) ;                 /* 输出当前演出厅的 ID */
            printf("Name:%s\n", row[1]);                /* 输出当前演出厅的名称 */
            printf("Row Count:%s\n", row[2]);           /* 输出当前演出厅的行数 */
            printf("Column Count:%s\n", row[3]);        /* 输出当前演出厅的列数 */
            printf("Seats Count:%s\n", row[4]);         /* 输出当前演出厅的座位数 */
        }
        mysql_free_result(res);                         /* 释放结果集所占内存空间 */
    }
    mysql_close(cnn);                                   /* 关闭数据库链接 */
    return 0;
}
```

7.2.4　开发实例

下面仍以 TTMS 中的管理演出厅用例为例,介绍在软件项目中如何使用数据库来存储业务数据。由于 TTMS 采用分层设计,只需要将持久化(Persistence)层各函数的文件读写替换为数据库访问即可,持久化层的函数接口保持不变,从而其他层不作任何修改就可以将单机版的 TTMS 移植为网络版的 TTMS。

管理演出厅用例的持久化层修改过程如下:

(1) 按照上一小节的方法,安装配置好 MySQL 数据库服务器后,创建 ttms 数据库,并在 ttms 数据库中建立演出厅表 studio。

(2) 在 TTMS 工程项目的 Persistence 目录下,添加“Database.h”和“Database.c”文件,用来将建立数据库的链接代码统一集中管理,具体内容如下:

【例 7.9】　创建数据库链接

```
/* /Persistence/Database.h */
```

```
#ifndef DATABASE_H_
#define DATABASE_H_
#include <mysql.h>
MYSQL * DB_Connect();                     /* 创建数据库的链接,返回链接对象指针 */
#endif


/* Persistence/Database.c */
const char * gl_db_ip = "localhost";      /* 数据库 IP 地址 */
const char * gl_db_usr = "root";          /* 数据库用户名 */
const char * gl_db_pwd = "123456";        /* 数据库用户密码 */
const char * gl_db_name = "ttms";         /* 数据库名称 */
const unsigned int gl_db_port = 3306;     /* 数据库端口号 */


/* 创建数据库的链接,返回链接对象指针。返回 NULL 表示创建失败 */
MYSQL * DB_Connect(){
    MYSQL * cnn = mysql_init(NULL);       /* 初始化数据库链接对象 */
    if (NULL == cnn)    return 0;
    if (NULL == mysql_real_connect(cnn, gl_db_ip, gl_db_usr, gl_db_pwd,
             gl_db_name, gl_db_port, NULL, 0)) {
        mysql_close(cnn);
        return NULL;
    }
    return cnn;
}
```

(3) 演出厅管理持久化层的头文件 Studio_Persist.h 保持不变,将 Studio_Persist.c 文件中的文件存储,改造为数据库存储,代码如下:

【例 7.10】 管理演出厅的持久化层

```
/* /Persistence/ Studio_Persist.c */
#include "Studio_Persist.h"
#include "Database.h"
#include "../Common/List.h"
#include <mysql.h>
#include <string.h>
#include <stdlib.h>
#include <stdio.h>


/* 向 studio 表中增加一条演出厅数据 data,并获取数据库为新演出厅分配的 ID */
int Studio_Perst_Insert(studio_t * data) {
    assert(NULL != data);
    int rtn = 0;
    MYSQL * cnn = DB_Connect();           /* 连接数据库 */
    if (NULL == cnn)    return 0;
    char sql[200];
```

```
    /*生成插入数据的 SQL 语句*/
    sprintf(sql, "INSERT INTO studio(name,rowCount,colCount,seatsCount)
        VALUES('%s', %d,%d, %d)",data->name, data->rowsCount,
        data->colsCount, data->seatsCount);
    if (0 ==mysql_real_query(cnn, sql, (unsigned long) strlen(sql))) {
        data->id =(int) mysql_insert_id(cnn);  /*获取新演出厅的 ID*/
        rtn =1;
    }
    mysql_close(cnn);                                /*关闭数据库链接*/
    return rtn;          *返回 0 表示添加失败,返回 1 表示成功*/
}


/*根据演出厅 ID 匹配原则,使用 data 修改 studio 表中对应的演出厅记录*/
int Studio_Perst_Update(const studio_t * data) {
    assert(NULL!=data);
    int rtn =0;
    MYSQL * cnn =DB_Connect();                    /*连接数据库*/
    if (NULL ==cnn)
        return 0;
    char sql[200];
    /*生成修改数据的 SQL 语句*/
    sprintf(sql, "UPDATE studio SET name='%s', rowCount=%d,
        colCount=%d,seatsCount=%d WHERE id=%d",    data->name,
        data->rowsCount, data->colsCount, data->seatsCount,data->id);
    if (0 ==mysql_real_query(cnn, sql, (unsigned long) strlen(sql))) {
        /*执行成功,则获取受影响的记录数*/
        rtn =(unsigned long) mysql_affected_rows(cnn);
    }
    mysql_close(cnn);            /*关闭数据库链接*/
    return rtn;                 /*返回 0 表示修改失败,否则为实际被修改的记录数*/
}


/*在 studio 表中删除给定 ID 的演出厅记录,返回 0 表示删除失败*/
int Studio_Perst_DeleteByID(int ID) {
    int rtn =0;
    MYSQL * cnn =DB_Connect();                      /*创建数据库链接*/
    if (NULL ==cnn)
        return 0;
    char sql[200];
    /*生成删除数据的 SQL 语句*/
    sprintf(sql, "DELETE FROM studio WHERE id=%d", ID);
    if (0 ==mysql_real_query(cnn, sql, (unsigned long) strlen(sql))) {
        /*执行成功,则获取受影响的记录数*/
        rtn =(unsigned long) mysql_affected_rows(cnn);
```

```
    }
    mysql_close(cnn);              /* 关闭数据库链接 */
    return rtn;                    /* 返回 0 表示删除失败,否则为实际被删除的记录数 */
}


/* 从 studio 表读出给定 ID 的演出厅记录到 buf 中,返回 0 表示读取失败 */
int Studio_Perst_SelectByID(int ID, studio_t * buf) {
    assert(NULL!=buf);
    int recCount =0;
    MYSQL * cnn =DB_Connect();                          /* 创建数据库链接 */
    if (NULL ==cnn)
        return 0;
    char sql[200];
    sprintf(sql, "SELECT * FROM studio WHERE id=%d", ID);/* 查询的 SQL */
    if (mysql_real_query(cnn, sql, (unsigned long) strlen(sql)) ==0) {
        MYSQL_RES * res =mysql_store_result(cnn);   /* 获取查询结果集 */
        MYSQL_ROW row =NULL;
        recCount =(unsigned long) mysql_num_rows(res); /* 获取总记录数 */
        if ((row =mysql_fetch_row(res))) {              /* 读取演出厅数据 */
            sscanf(row[0], "%d", &(buf->id));
            strcpy(buf->name, row[1]);
            sscanf(row[2], "%d", &(buf->rowsCount));
            sscanf(row[3], "%d", &(buf->colsCount));
            sscanf(row[4], "%d", &(buf->seatsCount));
        }
        mysql_free_result(res);                         /* 释放结果集所占内存空间 */
    }
    mysql_close(cnn);                                   /* 关闭数据库链接 */
    return recCount;                                    /* 返回读入的演出厅个数 */
}


/* 从 studio 表读出所有的演出厅记录到演出厅链表 list 中,返回读入的记录数 */
int Studio_Perst_SelectAll(studio_list_t list) {
    assert(NULL!=list);
    int recCount =0;
    MYSQL * cnn =DB_Connect();                          /* 创建数据库链接 */
    if (NULL ==cnn)
        return 0;
    char * sql ="SELECT * FROM studio";                 /* 查询的 SQL 语句 */
    if (mysql_real_query(cnn, sql, (unsigned long) strlen(sql)) ==0) {
        List_Free(list, studio_node_t);                 /* 释放演出厅链表的数据节点 */
        studio_node_t * newNode =NULL;
        studio_t data;
        MYSQL_RES * res =mysql_store_result(cnn);   /* 获取查询结果集 */
```

```
    recCount =(unsigned long) mysql_num_rows(res);/*获取结果集中记录数*/
    MYSQL_ROW row =NULL;
    while ((row =mysql_fetch_row(res))) {   /*遍历结果集中每一行的数据*/
        sscanf(row[0], "%d", &(data.id));   /*依次读出当前演出厅的属性*/
        strcpy(data.name, row[1]);
        sscanf(row[2], "%d", &(data.rowsCount));
        sscanf(row[3], "%d", &(data.colsCount));
        sscanf(row[4], "%d", &(data.seatsCount));
        newNode = (studio_node_t *) malloc(sizeof(studio_node_t));
        newNode->data =data;                 /*新建演出厅节点并保存演出厅数据*/
        List_AddTail(list, newNode);         /*新节点加入到演出厅链表中*/
    }
    mysql_free_result(res);                  /*释放结果集所占内存空间*/
}
mysql_close(cnn);                            /*关闭数据库链接*/
return recCount;                             /*返回读入的演出厅记录个数*/
}
```

7.3　本 章 小 结

　　本章为读者简要介绍了当前软件开发经常使用的两种主流技术,即图形用户界面技术和数据库技术,并利用这两种技术对前面章节的字符界面单击版的 TTMS 进行了升级改造,开发出了 GUI 界面网络版的 TTMS,已经能满足用户的实际需要。本章仅给出了演出厅管理用例的改造方案,期望能抛砖引玉,引导读者深入学习相关内容并完成其他用例的开发。另外,通过对 TTMS 界面层和持久化层的升级改造,为读者充分展示了分层设计在软件复用、移植和升级维护方面的魅力和巨大优势,让读者认识到软件分析设计在软件开发中的重要性。

附录 A

开 发 计 划

开发计划包括"项目组角色与人员分工"计划和"工作进度"计划。

1. 角色与人员分工

角色与人员分工计划如表 A.1 所示。

表 A.1 　角色与人员分工计划表

人员	角色	职责分工
XXX	XXXX	
XXX	XXXX	
XXX	XXXX	
XXX	XXXX	

　　备注：本表行数不够可自行添加，职责分工以用例为单位。

2. 工作进度表

项目组人员工作进度计划如表 A.2 所示。

表 A.2 　项目组人员工作进度计划表

项目组编号		项目组名称	
人员	时间（天）	工作内容	
XXX	XX 月 XX 日	（具体到函数）	
XXX	XX 月 XX 日	（具体到函数）	

　　备注：本表描述的是项目组整体的工作计划，包括每位人员，每天的工作，工作内容具体为某个用例的某个函数，如果项目人员较多可添加行数。

开 发 日 志

开发日志包括项目组工作日志和成员工作日志。

1. 项目组工作日志

项目组工作日志描述的是所有项目成员当日的工作情况，如表 B.1 所示。

表 B.1　项目组工作日志表

项目组编号	XXX		项目组名称	XXX		
日期	XXXX 年 XX 月 XX 日					
本日计划	开发计划安排	XXXX				
	实际计划安排	XXXX				
完成情况	成员姓名	工作内容			进度	对应打钩
	成员甲	XXXX（具体到函数）			正常	
					提前	
					延迟	

备注：本表描述的是项目组整体工作日志，包括每位成员，如果项目成员较多可添加行数。

2. 个人工作日志

个人工作日志描述的是项目成员当日的工作情况，如表 B.2 所示。

表 B.2　个人工作日志表

项目组编号	XXX		项目组名称	XXX
班级学号	XXX		姓名	XXX
日期	XXXX 年 XX 月 XX 日			
本日计划	开发计划安排	XXXX（具体到函数）		
	实际计划安排	XXXX（具体到函数）		
完成情况	已解决的问题	XXXX（具体到函数）		
	未解决的问题	XXXX（具体到函数）		
	关键问题解决思路	XXXX		
进度情况（对应打✓）	正常		提前	延迟

C 语言编程规范

C.1 排　版

C1.1　相对独立的程序块之间、变量声明之后必须加空行。

示例：

```
intconn_fd;
int    ret;

conn_fd = socket(AF_INET, SOCK_STREAM, 0);
if (conn_fd < 0) {
    perror("socket create");
}
```

C1.2　程序块要采用缩进风格编写，缩进为 4 个空格或一个 Tab 键。

如上个示例中，perror 缩进了一个 Tab 键，这样可以增加程序的可读性。

C1.3　对于较长的语句(超过个 80 字符)要分成多行书写，划分出的新行要进行适当的缩进，使排版整齐，语句可读。对于参数较长的函数也要划分成多行。

示例：

```
ret = connect(conn_fd, (structsockaddr *)&serv_addr,
            sizeof (structsockaddr));
```

C1.4　一行只写一条语句，不允许把多个短语句写在一行中。

示例：

以下语句是不规范的：

```
min_port = 1;    max_port = 65535;
```

应该如下书写：

```
min_port = 1;
max_port = 65535;
```

C1.5　if、for、do、while、case、switch、default 等语句各自占一行，且 if、for、do、while 等语句的执行语句部分无论多少都要加括号{ }。

以下语句是不规范的：

```
if (conn_fd<0) perror("socket create");
```

应该如下书写：

```
if (conn_fd<0) {
    perror("socket create");
}
```

C1.6 函数内的语句、结构的定义、循环和 if 语句中的代码都要采用缩进风格，case 语句后的处理语句也要缩进。

示例：

```
typedef struct _port_segment {
    structin_addr     dest_ip;        //struct 相对于 typedef 缩进 4 个字符
    unsigned short int  min_port;
    unsigned short int  max_port;
} port_segment;

if (conn_fd<0) {
    perror("socket create");          //perror 缩进 4 个字符
}

for (i=portinfo.min_port; i<=portinfo.max_port; i++) {
    serv_addr.sin_port =htons(i);     //serve_addr.sin_port 缩进 4 个字符
    ......
}
```

C1.7 程序块的两个分界符（C 语言中为‘{’和‘}’）应独占一行并且位于同一列。或者‘{’位于上一行的行末，此时‘}’与‘{’所在行的行首对齐，‘{’前至少有一个空格。

以下代码中‘{’和‘}’各自占一行，且位于同一列：

```
for (i=1; i<argc; i++)
{
    ......
}
```

或者在代码中'{'与 for 语句同行，'{'与其前面的'}'有一个空格，'}'与'{'语句所在行的行首对齐：

```
for (i=1; i<argc; i++) {
    ......
}
```

C.2 注 释

C2.1 注释的原则是有助于对程序的阅读和理解，注释不宜太多也不能太少。注释语言必须准确、易懂、简洁，没有歧义性。

C2.2　程序文件(如以.h 结尾的头文件、以.c 结尾的源程序文件)头部代码应进行注释。注释必须列出：版权说明、版本号、生成日期、作者、内容、功能、与其他文件的关系、修改日志等。头文件的注释中还应有函数功能简要说明。

示例：

```
/*
 * Copyright(C), 2007-2008, Red Hat Inc.    //版权声明
 * File name:                               //文件名
 * File ID:                                 //文件标识符
 * Author:                                  //作者
 * Version:                                 //版本
 * Date:                                    //完成日期
 */
```

C2.3　函数头部应进行注释,列出函数的功能、输入参数、输出参数、返回值、调用关系等。

示例：

```
/*
 * Function:                //函数名称
 * Function ID:             //模块 ID
 * Description:             //函数功能、性能等的描述
 * Input:                   //输入参数说明,包括每个参数的作用
 * Output:                  //输出参数说明,有时通过指针参数返回一些变量值
 * Return:                  //函数返回值的说明
 */
```

C2.4　对于所有有特定含义的变量、常量、宏、结构体等数据结构,如果其命名不是充分自注释的,在声明时都必须加上注释,说明其实际含义。变量、常量、宏的注释应放在其上方或右方。

C2.5　全局变量要有较详细的注释,包括功能,取值范围,哪些函数访问它,访问时的注意事项。

C2.6　对关键变量的定义、条件分支、循环语句必须写注释。这些语句往往是程序实现某一特定功能的关键代码,良好的注释能帮助理解程序,有时甚至优于看设计文档。

C.3　标识符、变量、宏、常量

C3.1　对于标识符的命名,要有自己的风格,一旦形成不可随意变更,除非团队项目开发中要求使用统一的风格。

C3.2　标识符的命名要清晰明了,有明确含义,同时使用完整的单词或大家基本可以理解的缩写,避免使人产生误解。

示例：

temp 可以简写为 tmp

message 可以简写为 msg

C3.3　对于变量命名,禁止使用单个字符(如 i、j、k),建议除了要有具体含义外,还能表明其数据类型等,但 i、j、k 作为局部循环变量是允许的。

示例:

```
intiwidth;                              //i 表明该变量为 int 型,width 指明是宽度
```

C3.4　注意运算符的优先级,并用括号明确表达式的操作顺序。

示例:

```
if ((a | b) < (c & d))
```

C3.5　避免使用不易理解的数字,用有意义的标识来替代。对于常量,不应直接使用数字,必须用有意义的枚举或宏来代替。

示例:

```
#define BUFF_SIZE         1024
input_data = (char * )malloc(BUFF_SIZE);
```

而应避免出现类似以下的代码:

```
p = (char * )malloc(1024);
```

C3.6　不要使用难懂的技巧性很高的语句,除非很有必要时。

示例:

不应出现类似以下的代码:

```
count +++=1;
```

而应改为:

```
count   +=1;
count++;
```

C3.7　尽量避免使用全局变量,全局变量增大了模块间的耦合性,不利于软件维护。

C3.8　严禁使用未经初始化的变量作为右值。在 C 程序中,引用未经赋值的指针,经常会引起程序崩溃。

以下代码在 Linux 下将导致错误,原因在于:没有使 p_string 指向某个内存空间的情况下,即对其进行操作是错误的。

```
char * p_string;
p_sting[0] = 'a';
```
应先进行初始化:
```
char * p_string;
p_string = (char * )malloc(BUFF_SIZE);       //这里假设 BUFF_SIZE 已定义
p_sting[0] = 'a';
```

C3.9　用宏定义表达式时,要使用完备的括号。

如下定义的宏存在一定的风险:

```
#define GET_AREA(a,b)      a * b
```

应该定义为:

```
#define GET_AREA(a,b)      ((a) * (b))
```

C3.10　若宏中有多条语句,应该将这些语句放在一对大括号中。

下面语句中只有宏的第一条表达式被执行。

```
#define INTI_RECT_VALUE( a, b )\
a = 0;\
b = 0;
for (index = 0; index < RECT_TOTAL_NUM; index++)
            INTI_RECT_VALUE(rect.a, rect.b );
```

正确的用法应为:

```
#define INTI_RECT_VALUE( a, b ) {  \
      a = 0;                    \
      b = 0;                    \
   }
for (index = 0; index < RECT_TOTAL_NUM; index++) {
    INTI_RECT_VALUE(rect[index].a, rect[index].b );
}
```

C3.11　常量的命名规则

常量命名一般是全大写的风格,应与变量进行区别。

C3.12　常量建议使用 const 定义代替宏。

C.4　函　　数

C4.1　一个函数完成一个特定的功能,不应尝试在一个函数中实现多个不相关的功能。

C4.2　检查函数所有输入参数的有效性,比如指针型参数要判断是否为空,数组成员参数判断是否越界。

C4.3　一个函数的规模应限制在 200 行以内(不包括空行和注释行)。

C4.4　函数的功能应该是可以预测的,也就是只要输入数据相同就应产生同样的预期输出。

C4.5　函数的参数不宜过多,以 1～3 个为宜。

C4.6　函数名应准确描述函数的功能,一般以动词加宾语的形式命名。

示例:

```
void print_record( struct * p_record, intrecord_len) ;
```

C4.7　函数的返回值要清楚、明了,让使用者不容易忽视错误情况。函数的每种出错返回值的意义要清晰、明确,防止使用者误用,理解错误或忽视错误返回码。

C4.8　减少函数本身或函数间的递归调用。

递归调用特别是函数间的递归调用(如 A—>B—>C—>A),影响程序的可理解性;递归调用一般都占用较多的系统资源(如栈空间);递归调用对程序的测试不利。

C4.9　编写函数时应注意提高函数的独立性,尽量减少与其他函数的联系;提高代码可读性、可维护性和效率。

用户手册模板

1．系统概述

　　对 TTMS 系统产品做简要介绍，包括使用场合、适用人群、基本业务流程、系统功能、特点和优势。

2．运行环境

　　说明适用的操作系统及对应操作系统的对 CPU、内存容量和硬盘容量的要求，其他设备（如显卡、声卡、CD-ROM）等的说明可以以软件产品的需要而给予列出。

3．安装与配置

　　详细描述系统在不同操作系统环境下的安装过程及对应过程中的注意事项，要做到详细准确。另外，要注明系统安装时的配置方法。

4．系统操作说明

　　本节应分章节，详细描述系统的使用方法，具体应包含系统功能菜单的各项指令说明。必要时加以图示。对于在使用过程中可能经常遇到的问题，可以视情况进行疑难解答。

5．系统操作流程

　　本节是对系统操作流程整体宏观的描述，包括对系统功能模块整体构架的描述，描述清楚各模块间的逻辑关系及操作顺序。

5.1　系统的启动

　　说明系统软硬件启动步骤。

5.2　用例名称（如管理演出厅）

5.2.1　功能 1

　　截图配文字说明功能 1 的使用方法。

　　……

6．常见问题

　　描述用户在使用 TTMS 中经常会碰到的典型问题。

　　（1）问：

　　　　答：

　　……

7．技术支持

　　本节给出用户使用产品遇到的问题，需要解决时，如何与开发人员联系。一般包括联系人的电话、传真、E-mail 地址和 Web 网址。